FUNKTIONENLEHRE UND ELEMENTE DER DIFFERENTIAL- UND INTEGRALRECHNUNG

LEHRBUCH UND AUFGABENSAMMLUNG

FÜR TECHNISCHE FACHSCHULEN (HÖHERE MASCHINEN-BAUSCHULEN USW.), ZUR VORBEREITUNG FÜR DIE MATHEMATISCHEN VORLESUNGEN DER TECHNISCHEN HOCHSCHULEN, SOWIE FÜR HÖHERE LEHRANSTALTEN UND ZUM SELBSTUNTERRICHT

VON

Dr. HEINRICH GRÜNBAUM

WEIL. REALLEHRER AM STAATLICHEN TECHNIKUM
NÜRNBERG

NEU BEARBEITET VON

DIPL.-ING. PROF. DR. SIEGFRIED JAKOBI

STUDIENRAT DER STAATL. VEREINIGTEN MASCHINENBAUSCHULEN
ELBERFELD - BARMEN

SIEBENTE AUFLAGE

MIT 93 ABBILDUNGEN

1928

SPRINGER FACHMEDIEN WIESBADEN GMBH

BEST.-NR 9005

„Ein Jurist kann manchen Fehlspruch tun, ein Mediziner kann manchen Patienten zu Tode kurieren, ohne daß der begangene Fehler je offenbar wird, so daß beide sich trotzdem andauernd der höchsten Anerkennung erfreuen können. Einen vom Ingenieur begangenen Fehler dagegen rügt und straft sofort die Natur selbst mit unerbittlicher Konsequenz: die zu schwach konstruierte Brücke bricht bei der ersten zu großen Beanspruchung zusammen, und eine falsch berechnete und gebaute Maschine versagt einfach den Dienst, und bei Versuchen, sie gewaltsam zur Arbeit zu zwingen, empört sie sich wohl· auch gegen den Menschen und richtet dann leicht noch schwereres Unheil an."

Max Eyth.

ISBN 978-3-663-15418-1 ISBN 978-3-663-15989-6 (eBook)
DOI 10.1007/978-3-663-15989-6

Vorwort zur 7. Auflage.

Einen Markstein in der Geschichte des Unterrichts der deutschen höheren Maschinenbauschulen bildete die Jahrhundertwende. — Während bis zum genannten Zeitpunkt den Anwärtern für die Laufbahn des höheren Maschinentechnikers kein Einblick in die Anfangsgründe der Infinitesimalrechnung gewährt wurde, mit ganz wenigen Ausnahmen einiger nicht aus öffentlichen Mitteln unterhaltenen Lehranstalten, und man ängstlich bemüht war, die Differential- und Integralrechnung durch oft äußerst geschickte, aber sehr zeitraubende Umgehungen zu vermeiden, haben in den beiden letztverflossenen Jahrzehnten die meisten höheren Maschinenbauschulen die Infinitesimalrechnung in ihre Lehrpläne aufgenommen.

Unter den Vertretern des mathematischen und technischen Unterrichts, die in Wort und Schrift immer wieder für die Einführung der Differential- und Integralrechnung gekämpft und dieses Ziel schließlich mit gutem Erfolg erreicht haben, ist besonders der großen Verdienste auf dem gekennzeichneten Gebiete dankbarlichst zu gedenken, die sich der Begründer des vorliegenden Buches erworben hat, Dr. Heinrich Grünbaum. Seine vielseitige praktische Erfahrung als Lehrer an den Techniken zu Bingen und Nürnberg hinsichtlich der Handhabung der Infinitesimalrechnung hat er erstmalig in diesem Werke im Jahre 1901 als „Lehr- und Übungsbuch der Differentialrechnung" veröffentlicht, 1907 folgte die zweite und 1912 die dritte Auflage. Letztere erhielt die neue Aufschrift „Funktionenlehre und Elemente der Differential- und Integralrechnung", da sie auch die Forderung der großen neuzeitlichen Reformbewegung auf mathematischem Gebiete, „Erziehung zur Gewohnheit des funktionalen Denkens" in weitestgehendem Maße berücksichtigte.

Leider war Grünbaum nur eine kurze Lebensdauer beschieden. Am 20. April 1915 ist er heimgegangen, tief betrauert nicht nur von Angehörigen und Freunden, sondern auch von der Gesamtheit der Fachgenossen an unseren technischen Fachschulen. Außer dem vorliegenden Buche veröffentlichte Grünbaum u a. noch, und zwar im Teubnerschen Verlage: „Der mathematische Unterricht an den deutschen mittleren Fachschulen der Maschinenindustrie" (im Auftrage der Internationalen mathematischen Unterrichtskommission), 1910 und „Lehr- und Aufgabenbuch der Geometrie", 1914.

Die glänzenden Besprechungen, die alle Arbeiten Grünbaums gefunden haben, kennzeichnen am besten, welch großen Verlust sein frühes Hinscheiden für den mathematischen Unterricht unserer höheren technischen Fachschulen bedeutet hat.

Das vorliegende Werk, dessen drei frühere Auflagen bei Fr. Grub in Stuttgart erschienen waren, ist 1919 in den Besitz des Teubnerschen Verlages in Leipzig übergegangen, der mich damals mit der Neubearbeitung der 4. Auflage erstmalig beauftragte. — Für die von mir dabei vorgenommenen Änderungen waren gewisse Wünsche maßgebend, die bei der Besprechung des Grünbaumschen Werkes zutage getreten waren. Aus solchen Erwägungen heraus ist namentlich die Reihenlehre auf einer viel breiteren Grundlage aufgebaut worden; auch hat die Lehre von den impliziten Funktionen und von den partiellen Differentialquotienten etwas weitergehende Berücksichtigung gefunden. — Schließlich hatte mein Aufsatz über „Ausbau des mathematischen Unterrichts an den höheren Maschinenbauschulen nach der volkswirtschaftlichen Seite" (Zeitschr. für gewerbl. Unterricht, 1917) so zahlreiche, zustimmende Zuschriften aus Kreisen unserer Fachgenossen zur Folge gehabt, daß ich mich gern entschloß, auch Abschnitte aus der Wirtschaftsmathematik aufzunehmen, natürlich stets auf dem Funktionsbegriff aufbauend, wie Zins-, Rabatt-, Zinseszins-, Renten- und Tilgungsrechnung, sowie einiges über die mathematischen Grundlagen des Versicherungswesens.

Sehr eingehend ist hierbei die Frage erörtert worden, ob die Wirtschaftsmathematik streng genommen in ein Werk über Funktionenlehre gut hineinpaßt. — Zunächst mag dies etwas zweifelhaft erscheinen. Da aber der Umfang des Stoffes, den man in der höheren Maschinenbauschule in der Wirtschaftsmathematik durchnehmen kann, nicht groß genug ist, um ein besonderes Buch darüber zu veröffentlichen, so habe ich mich bemüht, diese „Ungleichmäßigkeit des Inhaltes" zu mildern, indem ich bei allen behandelten Wirtschaftsfragen auf dem Funktionsbegriff aufbaute.

Ich hoffe gern, dem Buche dadurch einen guten Dienst geleistet zu haben, das im übrigen den von Grünbaum und mir vertretenen Grundsätzen in der alten, bisherigen Weise treu geblieben ist. Daher wurde bei der Stoffauswahl an Stelle des rein Formalen denjenigen Dingen der Vorzug gegeben, die für die funktionale und infinitesimale Auffassung der Vorgänge in Natur und Technik, sowie zur Behandlung wichtiger praktischer Fragen von besonderer Bedeutung sind. Außerdem wurde etwas mehr gebracht, als an unseren allgemein bildenden, sowie den technischen Fachschulen nach dem Lehrplan üblich ist. Einmal war hierbei der Gedanke maßgebend gewesen, das Buch so zu gestalten, daß es auch dem Hochschüler ein willkommener Wegweiser für die mathematischen Vorlesungen werden soll, ebenso unseren höheren Maschinenbauschülern, wenn sie nach bestandener Reifeprüfung in die Praxis gehen, ein treuer Berater in mathematischen Dingen. — Ein Hauptaugenmerk wurde ferner darauf gelegt, möglichst anschauliche Verfahren bei der Darstellung zu bringen. — „Streng wissenschaftliche" Ableitungen wurden natürlich vermieden, ohne daß dadurch gewissenhafte Darstellung und Entwicklung zu kurz gekommen wären.

An algebraischen Vorkenntnissen setzt das Buch einfache Gleichungen ersten und zweiten Grades mit einer und zwei Unbekannten voraus, Potenzen, Wurzeln und Logarithmen, ferner aus der Geometrie diejenigen Gebiete, die durch Kongruenz, Inhaltsgleichheit und Ähnlichkeit umgrenzt werden, sowie die trigonometrische Auflösung des recht- und schiefwink-

ligen Dreiecks, also etwa das, was in den beiden nachbenannten Werken
für Maschinenbauschulen des Teubnerschen Verlages geboten wird: Bar-
dey-Jakobi-Schlie, Arithm. Aufgaben nebst Lehrbuch der Arithmetik,
9. Aufl., 1928; H. Grünbaum-Wiegner, Lehr- und Aufgabenbuch der
Geometrie, 3. Aufl.,1926.

Es ist nun die Frage, ob man in der untersten Klasse der höheren
Maschinenbauschule zunächst die vorerwähnten Gebiete wiederholen und
erst dann mit der Infinitesimalrechnung beginnen soll, oder mit beiden
gleichzeitig. — Nach meiner langjährigen Unterrichtserfahrung ist der
erstere Weg der erfolgreichere. — Wir geben daher in Elberfeld unseren
neu eintretenden Schülern erst etwa 6—8 Wochen lang Gelegenheit, ihre
auf der allgemeinbildenden Schule erworbenen mathematischen Kenntnisse nach der zweijährigen praktischen Tätigkeit wieder aufzufrischen,
bevor wir mit der Differentiation und Integration beginnen. — Bei der
Abfassung des Buches sind aber die beiden Standpunkte gleichmäßig berücksichtigt worden, derartig, daß dem unterrichtenden Lehrer möglichst
weitgehend freie Hand gelassen wird. Aus diesem Grunde ist das Buch
so eingerichtet, daß es, zum Selbststudium wie zum Klassenunterricht sich
gleichmäßig eignend, eine zu breite Darstellung vermeidet. Der beleh-
rende Teil wurde daher nicht sehr umfangreich gestaltet, sondern die
Sätze vielfach durch methodisch aneinander gereihte Fragen und Aufgaben gewonnen. Auch die Aufeinanderfolge der einzelnen Abschnitte
kann innerhalb weitgezogener Grenzen nach der Lehrerfahrung des einzelnen Fachgenossen oder der Eigenart der betreffenden Schule geändert
werden. Der erste Abschnitt hat z. B. die eigentümliche Anordnung, die
mit raschen Schritten dem Integral zueilt, namentlich mit Rücksicht auf
die höheren Maschinenbauschulen, die schon etwa nach 10 Wochen in
der untersten Klasse die einfachsten Integrale im Mechanikunterricht bei
Besprechung der Schwerpunktsbestimmungen und der Trägheitsmomente
anwenden. Will der Lehrer nun aus irgendwelchen Gründen erst die
Differentiation vor Übergang zur Integralrechnung erledigen, so wird er
zunächst § 9—12 fortlassen und diese später hinter § 35 bringen.

Eine der wichtigsten Fragen scheint mir aber zu sein: „Wie soll der
Schüler das Buch bei häuslicher Wiederholung verwenden?" —
Ich rate meinen Schülern für die Belehrungen so zu verfahren, daß sie
dieselben erst mehrmals zu Hause durchlesen, dann bei geschlossenem Buch
die Entwicklung so oft wiederholen, dabei auch die erforderlichen Zeich-
nungen aus dem Gedächtnis freihändig ausführen, bis sie genügende
Sicherheit darin gewonnen haben. — Bei der Lösung von Aufgaben ist
im Buche meistens das Endergebnis mit abgedruckt. Es hat dies den
Zweck, dem Schüler die Gewähr zu bieten, daß er seine Hausaufgaben
richtig durchgeführt hat. — Mit Rücksicht auf die Forderungen der
Praxis soll auch der Schüler auf die richtige zahlenmäßige Durchführung der Rechnungen allergrößte Sorgfalt legen. — Nach
unserer Erfahrung wird die häusliche Wiederholung durch Zusammen-
arbeiten von 2 (höchstens aber 3) Schülern wesentlich gefördert. — Das
gegenseitige Abfragen und Erörtern des Stoffes trägt sehr viel zur Klä-
rung des Verständnisses bei.

Die im Buche enthaltenen Aufgaben sollen der Gewinnung einer genügenden Fertigkeit im Kurvenzeichnen, sowie im Differenzieren und Integrieren dienen. Die eingekleideten Beispiele haben einen gewissen anregenden Inhalt, teils aus allen Gebieten der Mathematik selbst, teils aus der Physik und dem Geldverkehrswesen erhalten. Wo für die häusliche Arbeit die fachlichen Kenntnisse des Schülers nicht zur Lösung der Textaufgaben ausreichen, empfehle ich in dem vorerwähnten „Lehrbuch und Aufgabensammlung der Geometrie" von Grünbaum-Wiegner nachzulesen, sowie in den Werken Wiegner-Stephan, „Lehr- und Aufgabenbuch der Physik" 4. Aufl. (Leipzig 1926), und Stöckhardt, „Lehrbuch der Elektrotechnik", 3. Aufl (Leipzig 1925), ferner Loewy, „Mathematik des Geld- und Zahlungsverkehrs" (Leipzig 1920) und Grosse, „Graphische Papiere und ihre vielseitige Anwendung" (Düren 1919).

Rein technische Fachaufgaben wurden in dem Buche tunlichst vermieden. Die Mathematik soll das Rüstzeug zur Bewältigung solcher Aufgaben bieten, aber nicht selbst ein verkappter Mechanikunterricht sein. Auch Aufgaben, die gar keinen Anspruch auf praktische Bedeutung haben, sind in dem Buche vielfach zu finden, um einen mathematischen Gedanken klar hervortreten zu lassen.

Mein im Vorwort zur 4. Auflage geäußerter Wunsch, „das Buch im Geiste seines allzu früh heimgegangenen Begründers neu bearbeitet und dadurch dazu beigetragen zu haben, zu den alten Freunden des Werkes noch einige neue zu erwerben", ist in außerordentlich erfreulicher Weise rasch in Erfüllung gegangen: Das Werk hat an den meisten staatlichen und privaten höheren Maschinenbauschulen Eingang gefunden und ebenso bei den Studierenden der Hochschulen zur Einführung in die mathematischen Vorlesungen für die Abteilung der Maschinen- und Elektro-Ingenieure. — Dankbarlichst gedenke ich hierbei der wertvollen Anregungen zu Ergänzungen, die mir aus dem Kreise der Herren Fachgenossen geäußert und von mir bei der 5. Auflage erstmalig gern berücksichtigt wurden, wie die Integration durch Partialbruchzerlegung, die stärkere Verwendung graphischer Verfahren bei der Infinitesimalrechnung, die Vermehrung der Aufgaben über Maxima und Minima, sowie die Erweiterung der Wirtschaftsmathematik und die neu aufgenommene Fehlerausgleichsrechnung. Auch das Sachverzeichnis am Schluß des Werkes hat eine Umarbeitung und Erweiterung erfahren. — Bei der jetzt vorliegenden 7. Auflage des Buches wurden einige Berichtigungen ausgeführt, sonst aber keine wesentlichen Veränderungen des Textes vorgenommen.

Elberfeld, im Juli 1928.

Jakobi.

Inhaltsübersicht.

Fünfter Abschnitt.

Exponentialfunktion und Logarithmus.

Sechster Abschnitt.

Die trigonometrischen und zyklometrischen Funktionen.

Siebenter Abschnitt.

Integralrechnung.

Achter Abschnitt.

Ergänzungen zu den letzten Abschnitten.

Neunter Abschnitt.

Wahrscheinlichkeitsrechnung und ihre Anwendungen.

I. Ganze Funktionen. Einige Differentialquotienten und Integrale.

§ 1. Veränderliche Größen und Funktionen.

I. Die Vorgänge in der Natur, wie die Erscheinungen und Verhältnisse des menschlichen Lebens, werden von unserem Geiste als Änderungen gewisser Größen aufgefaßt. Wenn unser Körper uns die Empfindung „Kälte" anzeigt, so sprechen wir von einem Kleinerwerden der Temperaturgröße; wenn ein Gegenstand sich bewegt, so reden wir vom Größer- oder Kleinerwerden seines Abstandes von einem anderen; die Vorgänge des Geborenwerdens und Sterbens sind für den Statistiker ein Größer- und Kleinerwerden der Bevölkerungszahl. Wollen wir also solche Erscheinungen der Messung und Rechnung unterwerfen, so werden wir genötigt, den vorkommenden Zahlgrößen bald diesen, bald jenen Wert beizulegen; wir müssen vom Wachsen und Abnehmen einer Größe sprechen.

Eine Größe, der wir während unserer Beobachtung oder im Lauf der Rechnung verschiedene Werte beilegen, nennen wir eine veränderliche Größe oder kurz Veränderliche (Variable); im Gegensatz hierzu nennen wir eine Größe, die stets einen und denselben Wert besitzt, eine unveränderliche oder konstante Größe oder kurz eine Konstante.

Beispiele: Konstant ist der Nennwert eines Wertpapiers, veränderlich sein Kurswert. — Druck und Temperatur einer fest abgeschlossenen Gasmenge sind veränderlich, das Gewicht oder die Masse derselben ist konstant. — Macht man den Durchmesser eines Kreises veränderlich, d. h. läßt man ihn ab- oder zunehmen, so wird auch der Umfang veränderlich; dagegen behält der Quotient: $\dfrac{\text{Umfang}}{\text{Durchmesser}}$ hierbei stets den konstanten Wert $\pi = 3{,}141 \ldots$

Veränderliche Größen bezeichnet man durch die letzten Buchstaben der ABC-Folge, wie x, y, z, u, v, konstante Größen durch die übrigen Buchstaben oder durch einen beigesetzten Zeiger (Index), also a, b, c, m, n, x', y_1, z_2 usw.

II. Bei der Beobachtung von Naturvorgängen beschränken wir uns aber nicht auf die Betrachtung einer einzelnen veränderlichen Größe; wir versuchen vielmehr Zusammenhänge, Verknüpfungen zwischen mehreren solchen Größen aufzufinden, um hieraus die Bedingungen und Gesetze des Geschehens herzuleiten. Das Ziel des Ingenieurs ist ja, die Natur zu beherrschen, d. h. aus den vorhandenen Bedingungen vorherzusagen, was eintreten wird, und die Bedingungen eines Vorgangs so zu verwirklichen, daß dieser Vorgang eintritt. Haben wir z. B. durch Versuche festgestellt, daß der Druck eines fest abgeschlossenen Gases sich in bestimmter Weise vergrößert, wenn die Temperatur steigt, so kann uns diese Erkenntnis dazu dienen, dem Gas einen bestimmten Druck zu verleihen, dadurch, daß wir die Temperatur in geeigneter Weise regeln. Wir sagen: Druck und Temperatur eines Gases sind voneinander abhängige Größen. Eine Größe, die von einer anderen abhängig ist, bezeichnet man als deren **Funktion** (Leibniz 1694). Im soeben erwähnten Beispiel ist also der Druck eine „**Funktion**" der Temperatur oder die Temperatur eine „**Funktion**" des Druckes. Die „Abhängigkeit" zwischen diesen beiden Größen ist uns aber erst dann vollkommen bekannt, wenn wir imstande sind, zu jedem Wert der Temperatur den zugehörigen Wert des Druckes anzugeben und umgekehrt. Mit solchen Verknüpfungen zwischen zwei veränderlichen Größen werden wir uns im folgenden zu beschäftigen haben.

Wertetabelle für $y = x^2$	
x	y
-3	$+9$
-1	$+1$
0	0
$+0,5$	$+0,25$
$+2$	$+4$
$+3,2$	$+10,24$

Sind uns zwei veränderliche Größen x und y gegeben, und ist jedem Wert von x ein ganz bestimmter Wert von y zugeordnet, dann nennt man y eine Funktion von x.

Um ein rein mathematisches Beispiel zu geben, sei x eine beliebige reelle Zahl und y das Quadrat von x (also $y = x^2$), dann läßt sich zu jedem beliebig angenommenen Wert von x ein bestimmter Wert von y angeben, wie nebenstehende Wertetabelle zeigt; y ist also eine Funktion von x. Wir schreiben dafür $y = f(x)$. (Lies „y gleich Funktion von x".[1]))

Weitere Beispiele von Funktionen: Ein bewegter Körper hat in jedem Augenblick seiner Bewegung einen bestimmten Weg zurückgelegt; also ist der Weg eine Funktion der Zeit. — Ein Metallstab hat für jeden Wert seiner Temperatur eine bestimmte Länge; daher ist seine Länge eine Funktion der Temperatur. — Der Kreisinhalt besitzt für jeden Wert des Durchmessers eine bestimmte Größe; also ist der Kreisinhalt eine Funktion des Durchmessers. Ebenso ist die Steuerstufe eine Funktion des Jahreseinkommens des Steuerzahlers. Ferner ist die Lebensversicherungsprämie eine Funktion der Summe, für die die Versicherungspolice abgeschlossen worden ist.

§ 2. Darstellung der Funktionen durch Tabellen und Gleichungen.

I. Um die einander entsprechenden Werte zweier Veränderlichen x und y auf bequeme und übersichtliche Weise zusammenzustellen, bedient man sich, wie oben bereits angeführt, der **Tabelle**. Dies geschieht besonders oft bei Funktionen, die in der Physik, Chemie, Maschinenbau und Elektrotechnik vorkommen.

Beispiel: Das spezifische Gewicht y des Quecksilbers ändert sich mit der Temperatur x (in Celsiusgraden ausgedrückt); y ist also eine Funktion von x, und in nachstehender Tabelle sind zu einigen Werten von x die zugeordneten Werte von y angegeben.

---

1) Schreibweise von Euler 1734.

Auch die Werte der bekannten mathematischen Tabellen, wie Quadrat- und Kubikzahltabellen, Logarithmentafeln, Sinus- und Tangenstabellen stellen **Funktionen** anderer Größen dar.

II. Eine zweite Art, y als Funktion von x darzustellen, besteht darin, daß man mit x irgendwelche Rechnungsarten ausführt und deren Ergebnis gleich y setzt.

x	y
-20	13,65
0	13,60
20	13,55
40	13,50
60	13,45
80	13,40
100	13,35
150	13,23
200	13,12

Zum Beispiel: Unter x sei eine beliebige Veränderliche verstanden; erheben wir nun x ins Quadrat und addieren hierzu die Zahl 3, dann erhalten wir eine neue Zahl, die wir y nennen wollen. Es ergibt sich dann folgende Zuordnung:

$$\begin{array}{llllll}
\text{Aus } x = & 1 & \text{wird gebildet} & 1^2 + 3 = & 4 & \text{also } y = 4 \\
\text{„ } x = & 2 & \text{„ „} & 2^2 + 3 = & 7 & \text{„ } y = 7 \\
\text{„ } x = & 3 & \text{„ „} & 3^2 + 3 = 12 & & \text{„ } y = 12 \\
\text{„ } x = & 4 & \text{„ „} & 4^2 + 3 = 19 & & \text{„ } y = 19 \\
\text{„ } x = & -1{,}5 & \text{„ „} & (-1{,}5)^2 + 3 = & 5{,}25 & \text{„ } y = 5{,}25
\end{array}$$

Die Art, wie y aus x gebildet wird, läßt sich durch eine **Gleichung** ausdrücken: $$y = x^2 + 3.$$

Ebenso wird durch irgendeine andere Gleichung zwischen x und y eine Funktion dargestellt, etwa durch

$$y = \frac{1}{x+1}.$$

Setzt man hier für x nacheinander die Größen der umstehenden Wertetabelle, so ergeben sich entsprechende Größen für y.

Kurz: Eine Gleichung, eine sogenannte „Funktionsgleichung", zwischen zwei Veränderlichen x und y stellt im allgemeinen y als eine Funktion von x dar.

III. Der Ausdruck

$$2x - 5y - 10 = 0$$

Wertetabelle für $y = \dfrac{1}{x+1}$ [1]	
x	y
-3	$-\frac{1}{2}$
-2	-1
-1	∞
0	$+1$
$+1$	$+\frac{1}{2}$
$+2$	$+\frac{1}{3}$
$+3$	$+\frac{1}{4}$

stellt eine Funktionsbeziehung zwischen x und y her. Man kann hier der Veränderlichen x willkürliche Werte erteilen, z. B. $x = 0, 1, 2 \ldots$ und dann die Gleichung nach y auflösen, wobei man $y = -2, -1{,}6, -1{,}2 \ldots$ erhält. Man kann aber auch ebensogut der Veränderlichen y willkürliche Werte erteilen und alsdann die zugeordneten Werte von x berechnen. Die gegebene Gleichung zeigt uns keine Andeutung, welches von beiden Verfahren vorzuziehen sei. Die Veränderlichen x und y kommen, mit anderen Größen verbunden, ganz gleichberechtigt in der Gleichung vor. Man sagt, die Gleichung

$$2x - 5y - 10 = 0$$

stellt eine „unentwickelte" Funktion oder **implizite Funktion** dar. Löst man die Gleichung nach y auf, also

$$y = \tfrac{1}{5}(2x - 10),$$

---

1) Das Zeichen ∞ für „Unendlich" wurde 1655 von Wallis eingeführt.

so nennt man jetzt y eine „entwickelte Funktion" oder explizite Funktion von x. Die Form dieser Gleichung weist uns darauf hin, nur der Veränderlichen x willkürliche Werte beizulegen, die Werte von y aber als abhängig von diesen Werten zu betrachten. Man nennt daher jetzt

x die willkürliche oder unabhängige Veränderliche,
y die abhängige Veränderliche.

Hätten wir unsere erste Gleichung aber nach x aufgelöst, also

$$x = \tfrac{1}{2}(5y + 10),$$

dann wären diese Bezeichnungen zu vertauschen. Es ist übrigens nicht immer möglich, eine unentwickelte Funktion nach einer der beiden Veränderlichen aufzulösen, d. h. eine entwickelte Funktion daraus herzustellen.

§ 3. Zeichnerische (graphische) Darstellungen.

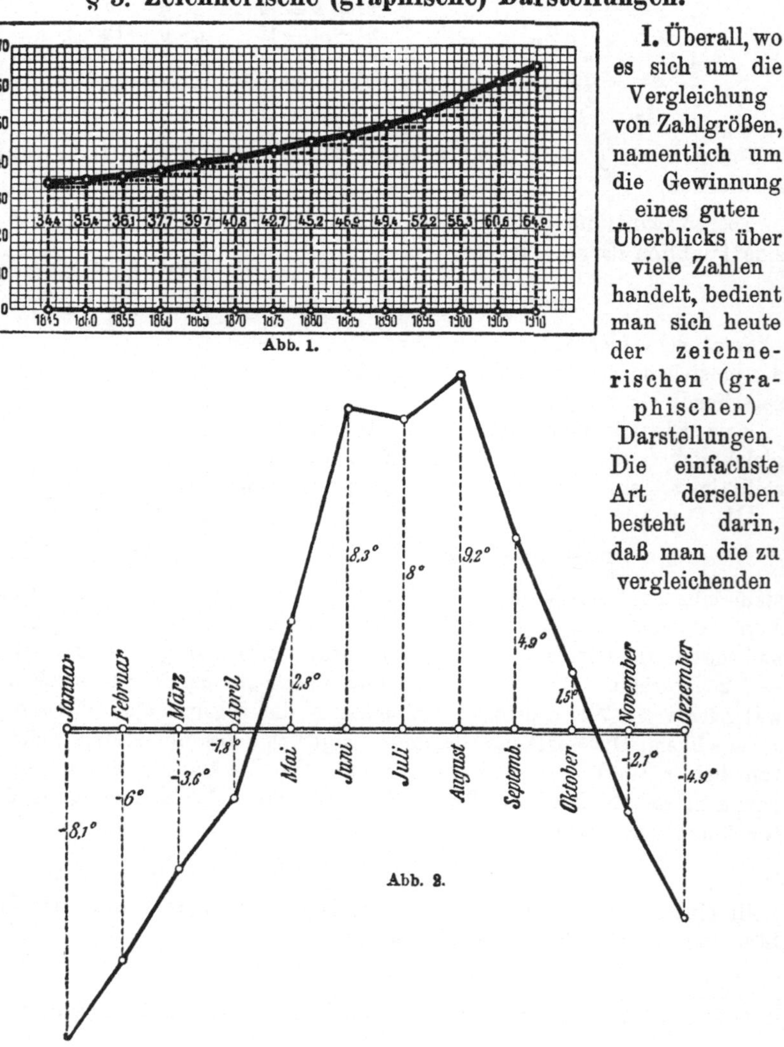

Abb. 1.

Abb. 2.

I. Überall, wo es sich um die Vergleichung von Zahlgrößen, namentlich um die Gewinnung eines guten Überblicks über viele Zahlen handelt, bedient man sich heute der zeichnerischen (graphischen) Darstellungen. Die einfachste Art derselben besteht darin, daß man die zu vergleichenden

Zahlen durch Strecken entsprechender Größe versinnbildlicht und diese Strecken dann auf einer wagerechten Linie senkrecht aufträgt. Das Auge überblickt die Anordnung und Größe dieser Strecken weit rascher als die entsprechenden Zahlenverhältnisse. Hierzu kommt noch, daß oft aus einer solchen zeichnerischen Darstellung durch einfaches Ziehen einer Linie oder auf ähnliche Weise Ergebnisse gefunden werden können, die durch Rechnung nicht so rasch und übersichtlich zu ermitteln sind.

Abb. 1 z. B. zeigt uns die Bevölkerungszahl des Deutschen Reiches von 1845 bis 1910 in Zeitabständen von 5 zu 5 Jahren in Millionen.

Verbindet man die Endpunkte der aufeinanderfolgenden Strecken durch einen Linienzug, so kann man auch für die Zwischenjahre die ungefähren

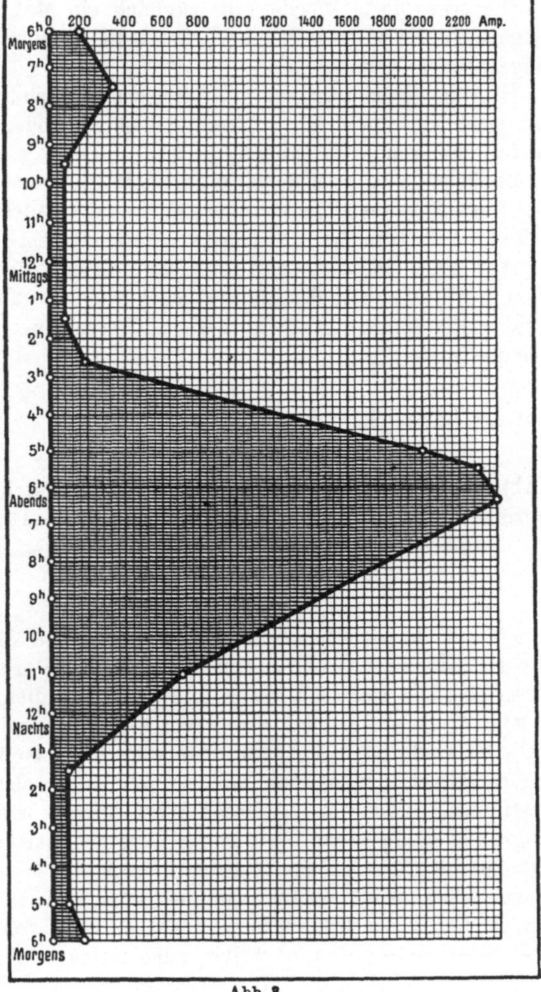

Abb. 3.

Werte ablesen. Aus der Abbildung lassen sich ferner leicht die Zunahmen der Bevölkerung in den 5-jährigen Zeiträumen überblicken und miteinander vergleichen.

Eine derartige zeichnerische Darstellung der Veränderungen irgendwelcher Größen bezeichnet man als Schaubild oder Diagramm. — Vgl. die Bezeichnung Indikatordiagramm bei der Untersuchung der Dampfmaschine usw.

Von besonderem Vorteil für derartige Darstellungen erweist sich das bekannte Millimeterpapier, das auch in Abb. 1 und 3 benutzt ist.

Abb. 2 zeigt uns den monatlichen Durchschnittswärmegrad in Celsiusgeraden auf der Schneekoppe[1]). Die positiven Grade werden üblicherweise nach oben, die negativen nach unten aufgetragen.

Abb. 3 stellt uns den Stromverbrauch in Ampere für ein Elektrizitätswerk im Verlauf eines Tages dar (h = hora = Stunde).

---

1) Temperaturkurve.

Die schraffierte Fläche gibt zugleich ein Maß für die Anzahl der abgegebenen Amperestunden und, wenn die Spannung konstant ist, für die abgegebenen Wattstunden.

II. Wir gehen nun zur zeichnerischen Darstellung rein mathematisch ausgedrückter Funktionen über. Es sei x wieder die unabhängige Veränderliche und y die abhängige.

Zunächst wird es sich darum handeln, die verschiedenen Werte, die die beliebige Veränderliche x annehmen kann, bildlich darzustellen. Dies geschieht mit Hilfe der Zahlengeraden oder Zahlenachse.

Auf einer Geraden trägt man von einem beliebigen Anfangspunkt 0, dem Nullpunkt, aus die gleiche, willkürlich gewählte Längeneinheit nach beiden Richtungen wiederholt ab und bezeichnet die Endpunkte auf der rechten Seite durch

$$1, \quad 2, \quad 3, \quad 4 \ . \ . \ .,$$

auf der linken Seite durch

$$-1, \ -2, \ -3, \ -4 \ . \ . \ .,$$

(Abb. 4). Durch Eintragen von Zwischenpunkten können wir auch alle übrigen reellen Zahlen wie 0,6, 1,75, 2,33, — 10,37 ... andeuten. Die

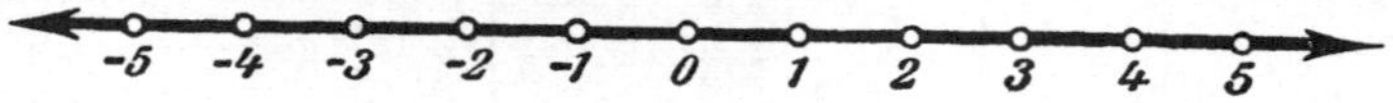

Abb. 4.

auf dieser Geraden liegenden Punkte sollen uns die Werte darstellen, die die veränderliche Größe x annehmen kann. Durchläuft etwa ein Punkt unsere Gerade von — 5 bis + 3, so bedeutet dies, daß die Veränderliche x vom Wert — 5 an bis zum Wert + 3 wächst. Die Gerade heißt deshalb x-Gerade oder **X-Achse** oder auch **Abszissenachse**. Da nun weiter y eine Funktion von x sein soll, so gehört zu jedem Wert von x ein ganz bestimmter Wert von y; diesen Wert tragen wir nun — wieder unter Zugrundelegung einer bestimmten Längeneinheit — als Senkrechte (**Ordinate**) im Punkt x an. Natürlich muß wieder ein Unterschied zwischen einem positiven und einem negativen y gemacht werden können. Zu diesem Zweck setzen wir fest, daß ein positiver Wert von y stets nach oben, ein negativer nach unten aufzutragen sei (Abb. 5).

Die Strecken x und y heißen auch die „Koordinaten" des hierdurch bestimmten Punktes; x heißt die „Abszisse", y die „Ordinate", (Descartes 1619).

Es liege z B. die Funktion vor:

$$y = x^2 + x - 6 .$$

x	y
— 4	+ 6
— 3,5	+ 2,75
— 3	0
— 2,5	— 2,25
— 2	— 4
— 1,5	— 5,25
— 1	— 6
— 0,5	— 6,25
0	— 6
+ 0,5	— 5,25
+ 1	— 4
+ 1,5	— 2,25
+ 2	0
+ 2,5	+ 2,75
+ 3	+ 6
+ 3,5	+ 9,75
+ 4	+ 14

In der nebenstehenden Wertetabelle sind einige entsprechende Größen von x und y zusammengestellt. Verfahren wir mit diesen Werten, wie eben gezeigt, so ergibt sich das Bild der Abb. 5.

Die gezeichneten y-Strecken (Ordinaten) veranschaulichen uns jetzt das Wachsen und Abnehmen der veränderlichen Größe y. Zwischen $x = 0$ und $x = 0,5$, ebenso zwischen $x = 0,5$ und $x = 1$ usw. können wir

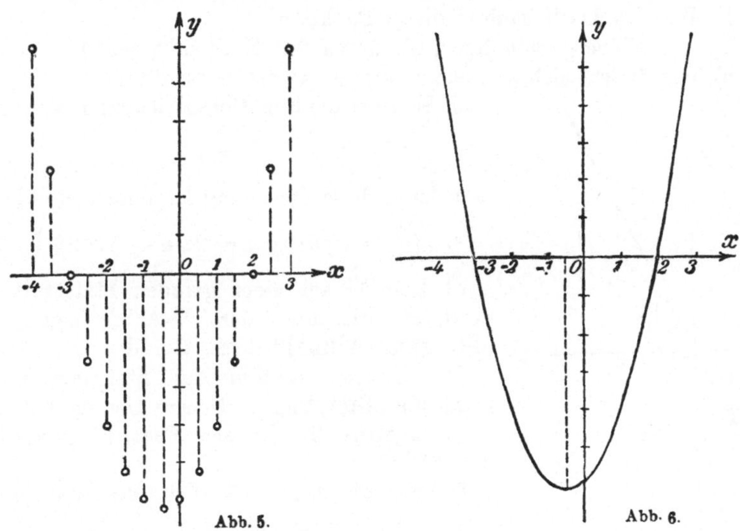

Abb. 5.   Abb. 6.

noch beliebig viele Zwischenwerte einschalten; dann erhalten wir auch für y noch entsprechende Zwischenwerte. Die Endpunkte der y-Strecken schließen sich dann immer dichter zusammen; sie ordnen sich zu einer zusammenhängenden Linie, einer **Kurve** (Abb. 6). Diese Kurve ist das eigentliche Bild (Schaubild oder Diagramm oder graphische Darstellung) der Funktion

$$y = x^2 + x - 6 \,.$$

Im Nullpunkt pflegt man noch eine Senkrechte zu errichten und darauf die Werte von y aufzutragen. Diese Gerade heißt dann die **Y-Achse** oder auch **Ordinatenachse**.

Die Kurve bringt die Veränderung von y zu deutlichem Ausdruck. Hat x einen großen negativen Wert, so ist y positiv und sehr groß; mit wachsendem x (der Übergang von -100 auf -99, -98, -97, -96 usw. gilt ja in der Algebra als ein Wachsen) wird y kleiner; bei $x = -3$ ist $y = 0$; wächst x noch weiter (-2, $-1 \ldots$), so wird y negativ und sinkt bis auf $-6{,}25$ herunter (bei $x = -0{,}5$); dann geht y wieder empor, erreicht bei $x = +2$ nochmals den Wert 0, wird dann positiv und immer größer. Was hier mühsam durch viele Worte beschrieben wurde, zeigt das Schaubild der Funktion auf einen Blick. Solche zeichnerische Darstellungen von Funktionen sind für die Naturwissenschaften und die Technik von allergrößter Wichtigkeit.

§ 4. Übungsaufgaben über zeichnerische (graphische) Darstellungen. Die ganzen Funktionen.

> Die Darstellung von Funktionen in Kurven eröffnet eine neue Welt von Vorstellungen und lehrt den Gebrauch einer der fruchtbringendsten Methoden, durch welche der menschliche Geist seine eigene Leistungsfähigkeit erhöhte.
>
> *E. du Bois-Reymond.*

I. Die Funktion: $y = 2x$ (Abb. 7) ist gegeben.

a) Nimm für x beliebige Werte an und berechne die zugehörigen Werte von y!

b) Was ist das Schaubild dieser Funktion?

(Eine gerade Linie, die durch den Nullpunkt geht.)

c) Wie ändert sich y, wenn x von $-\infty$ bis $+\infty$ läuft?

d) Schreibe die Funktionsgleichung in der Form

$$\frac{y}{x} = 2$$

und deute diese Gleichung trigonometrisch!

$$\left(\frac{y}{x} = \operatorname{tg}\alpha;\ \operatorname{tg}\alpha = 2;\ \alpha = 63^0 26'\right)$$

e) Der Winkel einer geraden Linie mit der positiven Richtung der X-Achse heißt der „**Steigungswinkel**" dieser Geraden.

Die Tangensfunktion des Steigungswinkels heißt die „**Steigung**". Unsere Gerade hat also die Steigung 2 oder den Steigungswinkel $\alpha = 63^0 26'$.

f) Behandle in gleicher Weise die Funktionen:

$$y = 3x;\quad y = \tfrac{1}{2}x;\quad y = x.$$

g) Ebenso die Funktionen

$$y = -2x;\quad y = -3x;\quad y = -\tfrac{3}{4}x.$$

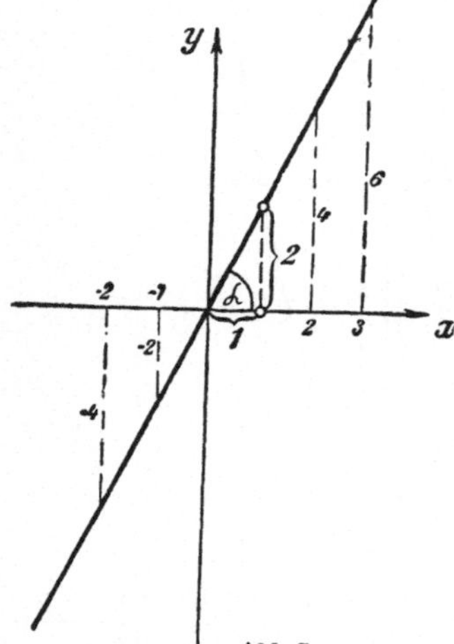

Abb. 7.

h) Die Steigungen dieser Geraden sind: -2; -3; $-\tfrac{3}{4}$.

Was bedeutet also eine negative Steigung?

(Der Winkel α mit der positiven X-Achse ist ein stumpfer; die Gerade hat keine eigentliche „Steigung", sondern „Gefälle".)

i) Sind die Veränderlichen x und y durch eine Gleichung von der Form

$$y = ax$$

miteinander verbunden, so sagt man: y wäre zu x **proportional** oder auch: x und y wären miteinander proportional. a heißt der „Proportionalitätsfaktor". Die Proportionalität zwischen zwei veränderlichen Größen kann man also zeichnerisch durch eine gerade Linie durch den Nullpunkt darstellen.

k) Sind x_1 und x_2 zwei beliebige Werte von x, y_1 und y_2 die zugehörigen Werte von y, so ist

$$y_1 = ax_1 \qquad y_2 = ax_2;$$

dividiert man beide Gleichungen durcheinander, so erhält man

$$\frac{y_1}{y_2} = \frac{x_1}{x_2} \quad \text{oder} \quad y_1 : y_2 = x_1 : x_2.$$

Welchen Namen hat eine solche Gleichung und wie läßt sie sich in Worten aussprechen? Man kann auch schreiben: $y_1 x_2 = y_2 x_1$. Deute diesen bekannten Satz aus der Proportionslehre geometrisch!

l) Die Gleichung für die gleichförmige Bewegung lautet:

$$s = c \cdot t,$$

worin t die veränderliche Zeit, s den veränderlichen Weg, c die konstante
Geschwindigkeit bedeutet. Stelle diese Gleichung bildlich dar. (Anwendung beim graphischen Fahrplan, Abb. 8.)

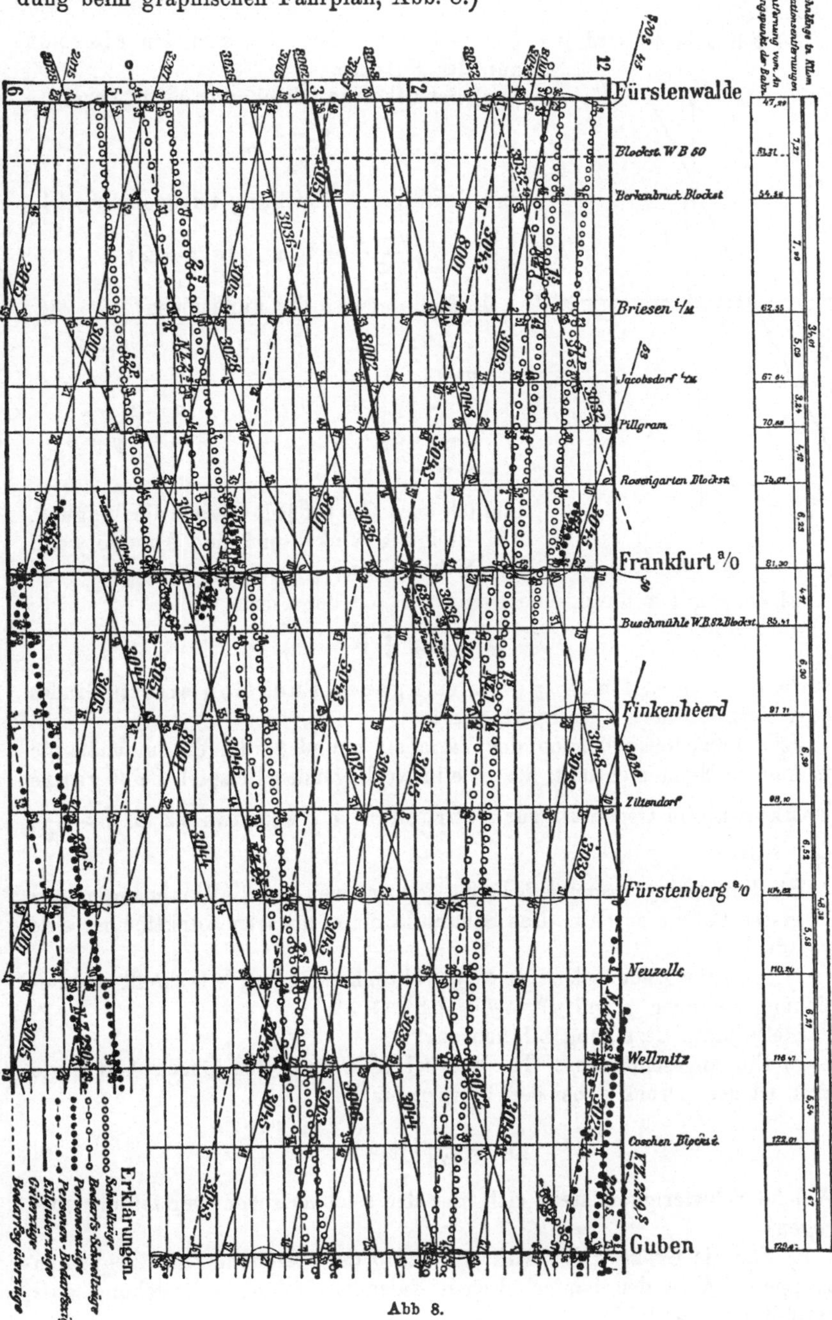

Abb 8.

II. Die Funktion $\qquad y = 2x + 3 \qquad$ sei gegeben.

a) Stelle diese Funktion durch Zeichnung dar! (Gerade Linie, vgl. Abb. 9.)

b) Für $x = 0$ wird $y = 3$; die Größe 3 bedeutet also den Abschnitt auf der Y-Achse.

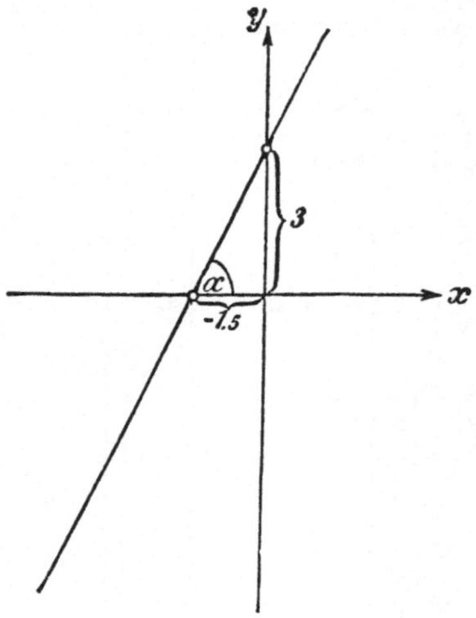

c) Schreibe die Gleichung in der Form

$$\frac{y - 3}{x} = 2$$

und deute diese Gleichung trigonometrisch!

$$\left(\frac{y - 3}{x} = \operatorname{tg}\alpha, \quad \operatorname{tg}\alpha = 2\right)$$

d) Stelle ebenso die Funktionen:

$$
\begin{array}{ll}
y = 2x - 3 & x + y = 6, \\
y = \tfrac{1}{3}x + 1, & y = -2x - 3, \\
2x - 3y - 6 = 0, & y = x + 4, \\
y = -2x + 3, & x - 4y = 0 \\
y = -\tfrac{3}{4}x - 7, &
\end{array}
$$

bildlich dar! Gib für jede Gerade die Steigung, den Steigungswinkel und den Abschnitt auf der Y-Achse an!

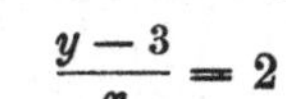

Abb. 9.

e) Ist y mit x durch eine Gleichung von der Form

$$y = ax + b$$

verbunden, so sagt man, y wäre eine ganze **Funktion ersten Grades** oder kurz **lineare Funktion** von x.

Jede Funktionsgleichung der Variabeln x und y, die die unabhängige in keinem Nenner enthält, also wie im vorliegenden Beispiel, heißt **ganze** Funktion, im Gegensatz zur **gebrochenen Funktion** (z. B. $y = \dfrac{1}{x}$, vgl. § 16.)

Die Funktion $y = ax + b$ heißt **linear**, weil sie die Unabhängige nur in erster Potenz enthält. Das Schaubild einer linearen Funktion ist eine gerade Linie.

f) x Celsiusgrade seien gleich y Fahrenheitgraden; wie heißt die Beziehung zwischen x und y? $(y = 1{,}8\,x + 32.)$

Stelle diese Beziehung bildlich dar!

g) Ein abgeschlossenes Gas hat bei 0^0 Celsius den Druck 1 at.; wie groß ist sein Druck p bei der Temperatur t^0?

$$\left(p = \frac{1}{273}\,t + 1\right).$$

Welche Schwierigkeit stellt sich hier der zeichnerischen Darstellung entgegen?

h) Für die Größe x des Auftritts und y der Steighöhe einer bequemen Treppe wird in den bautechnischen Kalendern folgende Beziehung aufgestellt und empfohlen: $\qquad x + 2y = 63$ cm.

Man stelle hieraus einige passende Werte für x und y zusammen.

i) Ein Kapital von a Mark verzinst sich mit $p\%$[1]); wie hoch sind die Zinsen z nach einem Jahre? — Es verhält sich $a : z = 100 : p$, folglich ist $z = 0{,}01\,a \cdot p$. Bei konstantem Zinsfuß p sind also die Zinsen z eine Funktion des Kapitals a. Nach n Jahren betragen somit die Zinsen n-mal soviel, wenn es sich um einfache Zinsen handelt, das heißt, wenn die Zinsen nicht jährlich dem Kapital zugefügt und in den folgenden Jahren mitverzinst werden. Wir erhalten also $z = 0{,}01\,a \cdot n \cdot p$, worin bei unveränderlichen Werten für a und p die Beziehung besteht: $z = f(n)$.

Nach n Jahren wird das Kapital (Anfangskapital) a mit den einfachen Zinsen zum Kapital (Endkapital) b angewachsen sein und zwar ist dann $b = a + z = a + 0{,}01\,a \cdot n \cdot p$ oder $b = a(1 + 0{,}01\,n \cdot p)$.

Hat man, wie dies meistens im Geschäftsverkehr der Fall ist, die Zinsen nicht für Jahre, sondern für Tage zu ermitteln, so rechnet man jeden Monat (also auch Februar und die Monate mit 31 Kalendertagen) zu 30 Tagen, somit das Jahr zu $12 \cdot 30 = 360$ Tagen, wobei der Ein- oder der Rückzahlungstag mitverzinst wird.

Soll z. B. die Zahl t der Zinstage vom 5. Juni 1928 bis zum 19. August 1928 ermittelt werden, so findet man

$$t = 25\ (\text{im Juni}) + 30\ (\text{im Juli}) + 19\ (\text{im August}) = 74\ \text{Tage.}$$

Der Kaufmann findet dies kürzer, indem er den Einzahlungstag (5. Juni, der mitverzinst wird) und den letzten Zinstag, also den 19. Aug., je in Form eines Bruches schreibt, dessen Nenner die Ordnungsnummer des Monats in römischen Ziffern ist, der Zähler der Tag des Monats in arabischen Ziffern, um den es sich handelt, also

$$5.\ \text{Juni} = \frac{5}{\text{VI}} \quad \text{und} \quad 19.\ \text{Aug.} = \frac{19}{\text{VIII}}.$$

Durch Subtraktion der römischen Zahlen einerseits und der arabischen andererseits, erhält man die Zahl der Monate und Tage der gesuchten Zeit t. Es ergibt sich also:

$$t = \frac{19 - 5}{\text{VIII} - \text{VI}} = \frac{14}{\text{II}} = 2\ \text{Monate} + 14\ \text{Tage} = 74\ \text{Tage,}$$

wie oben auf anderem Wege gefunden.

Für die Zeit vom 12. Juli 1928 bis zum 25. April 1929 ergibt sich entsprechend:

$$t = \frac{25 - 12}{\text{XVI} - \text{VII}} = \frac{13}{\text{IX}} = 9\ \text{Monate} + 13\ \text{Tage} = 283\ \text{Tage.}$$

Handelt es sich nicht um ganze Jahre n, sondern um Tage t, also Bruchteile von Jahren, so geht in der Zinsgleichung $z = 0{,}01\,a \cdot n \cdot p$ die Größe n in $\dfrac{t}{360}$ über und wir erhalten:

$$z = 0{,}01\,a \cdot \frac{t}{360} \cdot p \quad \text{oder} \quad z = 0{,}01\,a \cdot t \cdot \frac{p}{360}.$$

---

[1]) Das Zeichen $\%$ stammt von de la Porte, 1685. Der Zins ist die Miete für ein geliehenes Kapital.

Wertetabelle	
p	c
0	
1	360
2	180
3	120
4	90
5	72
6	60

Setze den Quotienten $\dfrac{360}{p} = c$, dem Zinsdivisor, dann wird

$$z = 0{,}01\,a \cdot \frac{t}{c}\,.$$

Zur Ermittelung dieses Zinsdivisors c bestimmen wir aus der Gleichung $c = \dfrac{360}{p}$ für beliebig gewählte Werte der unabhängigen Veränderlichen p die abhängige c. (Vgl. nebenstehende Wertetabelle)[1]. Trage zur bildlichen Darstellung p auf der Abszissenachse (für $p = 1$ gleich 1 cm) und c auf der Ordinatenachse (für $c = 10$ gleich 1 cm) ab. Was für eine Kurve ergibt sich? Wie kann man aus dem Schaubild die Werte für c leich. ermitteln, wenn p gleich $3{,}5\%$, $4{,}75\%$ oder $5{,}3\%$ ist?

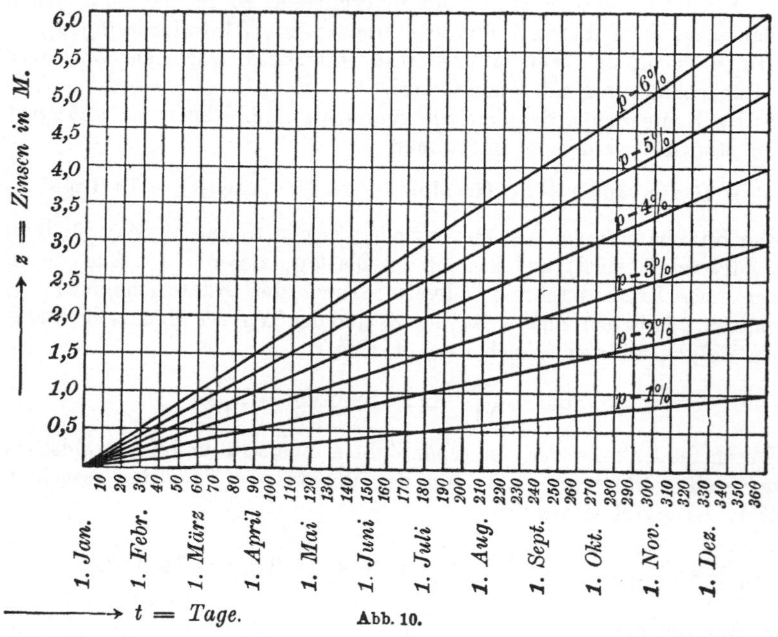

Abb. 10.

Abb. 10 zeigt (in verkleinertem Maßstabe), wie wir mit Hilfe der Zeichnung ermitteln können, wieviel Zinsen 100 $\mathcal{M}$ bei $p\%$ in t Tagen bringen. In der Gleichung

$$z = 0{,}01\,a \cdot \frac{t}{360} \cdot p \quad\text{wird dann}\quad a = 100,$$

also $z = \dfrac{t}{360} \cdot p$. Hierin ist p die Konstante, t die unabhängige und z die abhängige Veränderliche. Im Schaubild ist t auf der Abszissenachse (10 Tage $= 2{,}5$ mm) und z auf der Ordinatenachse (1 $\mathcal{M} = 10$ mm) abgetragen und p der Reihe nach gleich 1 bis 6% gesetzt. Bei entsprechend

---

1) $c = \dfrac{360}{p}$ ist ein Beispiel für eine **gebrochene Funktion** (vgl. § 16), im Gegensatz zur **ganzen Funktion** c, bei der eine Variable als Nenner eines Bruches vorkommt, wie z. B. $y = ax + b$.

größerer Zeichnung, nämlich für t eine Einheit gleich 1 Tag, kann man aus dem Schaubild sowohl die Zinsen, als auch die Zahl der Zinstage genau ablesen.

Solche graphische Tabellen, die als Ersatz für Zahlentabellen dienen und in der Praxis sehr gebräuchlich sind, bezeichnet man als „Nomogramme".[1])

k) Zeichne in ähnlicher Weise folgende Nomogramme:

1. Tages- und Wochenlohn eines Arbeiters (Arbeitszeit: 8 Std. täglich, 48 Std. wöchentlich) für 2000, 3000, 4000 und 5000 $\mathcal{M}$ Stundenlohn. (Trage auf der X-Achse die Zeit im Maßstab 1 Std. $= 2{,}5$ mm auf und auf der Y-Achse die Lohnbeträge im Maßstabe 1000 $\mathcal{M} = 1$ mm ab usw.). Dies sind dann die Bruttobeträge der Lohnzahlungen. Stelle entsprechend das Nomogramm der Nettobeträge dar, die sich aus den ersteren nach dem gesetzlichen Steuerabzug von 10% ergeben.

2. Nach dem Mannschaftsversorgungsgesetz vom 31. Mai 1906 erhielt bei völliger Erwerbsunfähigkeit der Gemeine 540 $\mathcal{M}$ jährlich, der Unteroffizier 600 $\mathcal{M}$, der Sergeant 720 $\mathcal{M}$ und der Feldwebel 900 $\mathcal{M}$, wozu noch für alle 180 $\mathcal{M}$ Kriegszulage und bei $60—100\%$ Erwerbsunfähigkeit außerdem 324 $\mathcal{M}$ Verstümmelungszulage kommen. Zeichne das Nomogramm der gesamten Monatsrente der genannten Dienstgrade bei 10, 20, 30, ... 100% Erwerbsunfähigkeit.

3. Zeichne das Nomogramm der für die Krankenversicherung (der Ortskrankenkasse Elberfeld) und die Invalidenversicherung im Jahre 1919 zu entrichtenden Beträge unter Berücksichtigung, daß zu ersterer Arbeitgeber und Arbeitnehmer im Verhältnis 1 : 2 beizutragen haben, zu letzterer im Verhältnis 1 : 1, entsprechend folgender Tabelle

Lohnstufe	Wochenlohn	Kranken-versicherung	Invaliditäts-versicherung
I.	bis 8,99 $\mathcal{M}$	0,36 $\mathcal{M}$	0,18 $\mathcal{M}$
II.	9,00—14,99 $\mathcal{M}$	0,72 $\mathcal{M}$	0,34 $\mathcal{M}$
III.	15,00—20,99 $\mathcal{M}$	1,08 $\mathcal{M}$	0,42 $\mathcal{M}$
IV.	21,00—26,99 $\mathcal{M}$	1,44 $\mathcal{M}$	
V.	27,00—32,99 $\mathcal{M}$	1,80 $\mathcal{M}$	
VI.	33,00—38,99 $\mathcal{M}$	2,16 $\mathcal{M}$	
VII.	39,00—44,99 $\mathcal{M}$	2,52 $\mathcal{M}$	0,50 $\mathcal{M}$
VIII.	45,00—50,99 $\mathcal{M}$	2,88 $\mathcal{M}$	
IX.	51,00—56,99 $\mathcal{M}$	3,24 $\mathcal{M}$	
X.	57,00 $\mathcal{M}$ und mehr	3,60 $\mathcal{M}$	

1) Häufig werden die Zinsformeln bei der Rabatt- und Diskont-Rechnung gebraucht. Der Rabatt R ist die Vergütung, die man auf den Bezugspreis P gewährt erhält, wenn man eine Ware im großen bezieht. — Eine Maschinenfabrik hat z. B. ihren gesamten Jahresbedarf an Kohlen bei einer Zeche auf Abruf bestellt und erhält dafür am Ende des Jahres einen Rabatt von 5% vergütet. Der zahlbare Bruttobetrag P ist 13 550 $\mathcal{M}$,

---

1) Vgl. die ausführliche Behandlung der Nomogramme in Band 59/60 der Mathematisch-Physikalischen Bibliothek, P. Luckey, Nomographie. Leipzig 1927.

also der Nettobetrag $x = P - R$ und es verhält sich $R : P = 5 : 100$, also $R : 13550 = 5 : 100$ oder

$$R = 13\,550 \cdot 0{,}05 = 677{,}50 \; \mathscr{M}$$

und
$$x = 13\,550 - 677{,}50 = 12\,872{,}50 \; \mathscr{M}.$$

Der Diskont ist die Zinsvergütung, die der Geldempfänger dem Geldgeber dafür gewährt, daß letzterer ihm eine Zahlung vor dem Fälligkeitstage leistet. Wird z. B. eine erst am 21. April 1929 fällige Forderung $a = 5500 \; \mathscr{M}$ schon am 15. Nov. 1928 beglichen, so ist beim Zinsfuß $p = 5\,\%$ die wirklich zu leistende Zahlung $b = a - z$ und $z = 0{,}01\,a \cdot \dfrac{t}{360} \cdot p$,

also
$$b = a \left(1 - 0{,}01\, \frac{t}{360}p\right)$$

$$b = 5500 \cdot \left(1 - 0{,}01 \cdot \frac{t}{360} \cdot 5\right) \quad \text{und da} \quad t = 156 \; \text{Tage,}$$

$$b = 5500 \left(1 - 0{,}01 \cdot \frac{156}{360} \cdot 5\right) = 5380{,}90 \; \mathscr{M}.$$

In ähnlicher Weise erfolgt die Diskontierung von Wechseln (d. i. die schriftliche Verpflichtung des Schuldners an einem bestimmten Tage, wohl auch Verfallstag genannt, dem Gläubiger die schuldige Summe zu zahlen). Der Gläubiger kann den Wechsel bei einer Bank diskontieren, d. h. diese zahlt ihm die Summe, vermindert um den Diskont, den Zinsen für die Zeit vom Zahlungstag der Summe an den Gläubiger durch die Bank bis zum Verfallstage, an dem letztere vom Schuldner das Geld erhält. — Auch für die Zeit der Beleihung (Verpfändung, Lombardierung) von Wertpapieren eines Geldsuchenden werden seitens der Bank entsprechende Tageszinsen gerechnet.

m) Die wichtigste Anwendung findet die tägliche Verzinsung beim jetzt allgemein üblichen bargeldlosen Zahlungsverkehr. Der Kaufmann vereinbart zu diesem Zwecke mit einem Bankhause die Eröffnung einer Scheck- oder Kontokorrentrechnung. Bei ersterer (Scheckkonto) muß er bei der Bank ständig ein Guthaben besitzen, bei letzterer (offener Kredit) dagegen nicht. In beiden Fällen nimmt die Bank für den Kaufmann Zahlungen in Empfang und leistet solche für ihn. Für sein Guthaben erhält er von der Bank Tageszinsen. Da sie das Geld aber wieder zu höherem Zinsfuß verleiht, so ist die Differenz der Gewinn der Bank. — Über die Einnahmen und Ausgaben erhält der Kaufmann von der Bank eine halbjährliche oder jährliche Abrechnung. Eine solche wollen wir als Beispiel für die Buchführung hier näher betrachten. Die Abrechnung enthält links unter „Soll" die Beträge, die der Kaufmann zu zahlen hat (seine Ausgaben), rechts unter „Haben" sein Guthaben (seine Einnahmen). Unter „Haben" werden die eingehenden Beträge vom Tage der Einzahlung bis zum Tage des Rechnungsabschlusses verzinst, unter „Soll" dagegen die Auszahlungen vom Tage des Rechnungsbeginns bis zum Tage der Auszahlung (vgl. umseitiges Beispiel).

Hierbei verwendet man wieder für die Zinsberechnung die Formel $z = 0{,}01\,a \cdot \dfrac{t}{360} \cdot p$ in entsprechender Weise, indem man für jede Ein-

und Auszahlung das Produkt $0{,}01 \cdot a \cdot t$ bildet und das Ergebnis in die mit „Zahlen" überschriebene Spalte setzt. Sowohl „Soll" als auch „Haben" enthalten nun folgende Spalten: Datum, Geschäftsvorfall, Tage (d. h. die Zahl der zu verzinsenden Tage), Zahlen (wie soeben angegeben) und Betrag. — Wird z. B. der Kaufmann am 25. Januar des Rechnungsjahres einen Betrag von 500 $\mathscr{M}$ von seinem Guthaben erheben, so ist einzusetzen bei „Tage" 25 und bei Zahlen $0{,}01 \cdot 500 \cdot 25$, also 125. Hat er dagegen am 10. Februar den Betrag von 600 $\mathscr{M}$ eingezahlt, so kommt unter „Tage" 40 und unter „Zahlen" 240. — Im ersten Falle hat also die Bank dem Kaufmann für 25 Tage Zinsen gutzuschreiben, im anderen verliert er für 40 Tage Zinsen. Das nachfolgende Kontokorrent ist für die Zeit vom 1. Januar bis 30. Juui 1928 ausgestellt. Am Abschlußtage sind unter „Haben" 2400 $\mathscr{M}$, unter „Soll" 2100 $\mathscr{M}$ verbucht, die Differenz von 300 $\mathscr{M}$ wird nun unter „Soll" als Kapitalsaldo gebucht, als ob der Kontoinhaber das Geld ausgezahlt bekommen hätte, und ist für 180 Tage zu verzinsen. Die Differenz der „Zahlen" unter „Haben" und „Soll" ist $2785 - 2415 = 370$, für welch letztere die Zinsen im Betrage von 2,05 $\mathscr{M}$ unter „Haben" zu buchen sind, so daß sich ein Saldovortrag auf die neue Rechnung von 302,05 $\mathscr{M}$ ergibt. (Verdeutschung für Saldo: Rest oder Bestand.)

Das vorstehende Buchführungsbeispiel ist nach dem sogenannten retrograden Verfahren angelegt worden, d. h. alle Berechnungen von Zinsen, die dem Kunden auf der Soll- oder Habenseite zu berechnen sind (je nachdem, ob es sich um Geldein- oder -auszahlungen für ihn handelt), werden auf den Anfangstag des Kontokorrents, also in unserem Beispiel auf den 1. Januar 1928 berechnet. Im Gegensatz hierzu steht das progressive Verfahren, bei dem die Zinsberechnung auf den Abschlußtag des Kontokorrents, also in unserem Beispiel auf den 30. Juni 1928 gerechnet werden. Das retrograde Verfahren bedeutet eine Zeitersparnis für die Bank, weil bei jeder Ein- oder Auszahlung die Zahlen und Tage, bezogen auf den Anfangstag des Kontokorrents sofort eingetragen werden können, was eine bessere Verteilung der Arbeit der Bank bedeutet, als wenn die Berechnung der Tage und Zahlen erst am Abschlußtage des Kontokorrents erfolgen würde.

Die Berechnung der Zinsen vom Anfangs- bzw. Abschlußtag des Kontokorrents nennt man die Valutierung. Dagegen versteht man unter Bilanzierung, den Ausgleich der Soll- und Habenposten, die zu der gleichen Summe führen müssen. Dies wurde in unserem Beispiel erreicht, indem wir links den Kapitalsaldo hinzufügten und so als Endergebnis beiderseits 2402,05 $\mathscr{M}$ erhielten. — Tritt, wie in der Gegenwart leicht möglich, während des Jahres (Halbjahres) eine Zinsfußänderung ein, so rechnet man erst vom Anfangstag des Kontokorrents bis zum Tage der Änderung des Zinsfußes mit dem alten Prozentsatz und von da ab mit dem neuen. (Zerlegung der Kontokorrentzeit in zwei Teile.) Gewährt die Bank dem Kontokorrentinhaber Kredit, indem sie für ihn größere Zahlungen leistet, als sein Guthaben beträgt, so kann der Fall eintreten, daß die Zinszahlen der Sollseite höher als diejenigen der Habenseite sind, so daß die Sollseite mit dem Saldo zu belasten ist.

Soll

Jahr	Monat	Tag	Geschäftsvorfall	Tage	Zahlen	Betrag
19	Jan.	25	Bar erhalten	25	125	$\mathcal{M}$ 500,00
„	März	20	Scheck Nr. 525	80	320	$\mathcal{M}$ 400,00
„	Juni	1	Steuerkasse in X	150	1800	$\mathcal{M}$ 1200,00
„	„	30	Kapitalsaldo von 300 $\mathcal{M}$.	180	540	
„	„	30	Saldo auf neue Rechnung			$\mathcal{M}$ 302,05
					2785	$\mathcal{M}$ 2402,05

Das Kontokorrent ist ein Beispiel für die **einfache Buchführung** im Gegensatz zur **doppelten**, bei der die Geschäftsvorfälle, Vermögensänderungen, im Hauptbuch eine planmäßige Darstellung auf Einzelrechnungen oder Konten finden und so einen genauen Aufschluß über alle Einzelheiten des Besitzes und der Geschäftstätigkeit geben.

III. Die Funktion $y = x^2$ sei gegeben.

a) Berechne für $x = -4, -3, -2, -1, -0,5, 0, 0,5, 1, 2, 3, 4, \ldots$ die zugehörigen Werte von y und zeichne alsdann das Schaubild der Funktion!

b) Gib die Änderung von y an, wenn x von $-\infty$ bis $+\infty$ wächst!

c) Für $x = -a$ erhält y den gleichen Wert wie für $x = +a$; was bedeutet dies geometrisch? (Die Kurve ist symmetrisch bezüglich der Y-Achse?

d) Zeichne ebenso die Kurven:

$$y = 2x^2, \quad y = \tfrac{1}{4}x^2, \quad y = -0,3 \cdot x^2, \quad y = x^2 + 4, \quad y = x^2 - 4$$

und vergleiche sie mit der Kurve $y = x^2$.

e) Die Funktion
$$y = ax^2$$
heißt eine **rein quadratische Funktion** von x (weil x nur in der 2. Potenz vorkommt); ihr Schaubild ist eine „Parabel".

f) Für den freien Fall gilt die Formel: $s = \tfrac{1}{2}gt^2$, worin g (die Beschleunigung der Schwere) auf 10 $^\mathrm{m}/\mathrm{sek^2}$ abgerundet werden kann, also: $s = 5t^2$; man stelle diese Beziehung zwischen Weg und Zeit bildlich dar!

g) Die in der Sekunde durch einen elektrischen Strom von der Stärke von i Ampere in einem Draht mit dem Widerstand von w Ohm erzeugte Wärmemenge Q in Grammkalorien ist nach dem Gesetz von Joule: $Q = 0,24 \, w \cdot i^2$; man stelle für einen festen Widerstand (etwa für $w = 1$ Ohm) die Wärme Q als Funktion der Stromstärke i zeichnerisch dar!

h) Das Gewicht G eines Meters □-Eisen (sp. G. 7,79 kg/cdm) von der Dicke d mm beträgt: $G = 0,00779 \cdot d^2$ kg. Man stelle das Gewicht G als Funktion der Dicke d bildlich dar!

IV. Die Funktion $y = \tfrac{1}{2}x^2 - \tfrac{7}{2}x + 5$ sei gegeben.

a) Die bildliche Darstellung zeigt, daß auch dieser Funktion eine Parabel entspricht.

b) Wo schneidet die Kurve die X-Achse.)

(Aus der aufgestellten Tabelle ersieht man, daß $y = 0$ ist für $x = 2$ und für $x = 5$.)

c) Wie hätte man diese Schnittpunkte auch ohne Hilfe der Tabelle finden können?

Haben

Jahr	Monat	Tag	Geschäftsvorfall	Tage	Zahlen	Betrag
19	Jan.	1	Saldo von 1918.........			$\mathcal{M}$ 300,00
„	Febr.	10	Bar eingezahlt......... ..	40	240	$\mathcal{M}$ 600,00
„	Mai	15	Wechsel von N. N......	135	1350	$\mathcal{M}$ 1000,00
„	Juni	15	Verschiedene Zinsscheine	165	825	$\mathcal{M}$ 500,00
„	„	30	Zinsen zu 2 %		370	$\mathcal{M}$ 2,05
					2785	$\mathcal{M}$ 2402,05
„	Juli	1	Saldovortrag			$\mathcal{M}$ 302,05

(Man muß die Veränderliche y gleich 0 setzen und die quadratische Gleichung $\frac{1}{2}x^2 - \frac{7}{2}x + 5 = 0$ nach x auflösen.)

d) Wo liegt der Scheitel der Parabel?

(Er läßt sich, wegen der Symmetrie der Kurve, sowohl durch Rechnung, wie durch Zeichnung, leicht auffinden: $x = 3\frac{1}{2}$, $y = -1\frac{1}{8}$.)

e) Untersuche und zeichne folgende Funktionen:

$$y = x^2 + x - 6, \quad y = -\tfrac{1}{4}x^2 + \tfrac{1}{2}x + 2, \quad y = 2x^2 + x + 4.$$

f) Die Funktion $\qquad y = ax^2 + bx + c$

heißt eine **ganze Funktion zweiten Grades** oder eine quadratische Funktion (weil x in der 1. und 2. Potenz vorkommt); ihr Schaubild ist eine Parabel, deren Symmetrieachse parallel zur Y-Achse liegt. Die Schnittpunkte der Kurve mit der X-Achse ergeben sich durch Auflösung der Gleichung $\qquad ax^2 + bx + c = 0.$

Sind α und β die Lösungen dieser Gleichung, so läßt sich bekanntlich die Funktion auch in der Form

$$y = a \cdot (x - \alpha)(x - \beta) \quad \text{schreiben.}[1]$$

g) Man untersuche und zeichne die Funktionen:

$$y = \tfrac{1}{3}(x - 1)(x - 5), \quad y = -\tfrac{1}{2}(x + 3)(x - 4), \quad y = x^2 - 9,$$
$$y = x \cdot (x - 4), \qquad y = (x - 3)^2, \qquad y = \tfrac{1}{5}(x + 1)^2.$$

h) Ein parabolischer Brückenbogen hat die Spannweite 20 m und die Scheitelhöhe 4 m. Man berechne die Ordinaten von Meter zu Meter.

Legt man den Nullpunkt an den Brückenanfang, so hat man die Parabelgleichung $y = a \cdot x(x - 20)$. Zur Bestimmung von a beachte man, daß für $x = 10$ sich $y = 4$ ergeben muß; somit $y = -\frac{1}{25} \cdot x(x - 20)$ usw.

i) Ein mit der Geschwindigkeit c unter dem Winkel α gegen den Horizont schief aufwärts geworfener Körper beschreibt eine Parabel (wenn vom Luftwiderstand abgesehen wird); die Gleichung der Parabel ist:

$$y = -\frac{g}{2c^2 \cos^2 \alpha} \cdot x^2 + \operatorname{tg} \alpha \cdot x.$$

---

1) Aus $ax^2 + bx + c = 0$ folgt nämlich: $a\left(x^2 + \dfrac{b}{a}x + \dfrac{c}{a}\right) = 0$, und da nach dem Satz von Vieta $\dfrac{b}{a} = -(\alpha + \beta)$, sowie $\dfrac{c}{a} = \alpha\beta$ ist,

$$a[x^2 - (\alpha + \beta)x + \alpha\beta] = 0 \quad \text{oder} \quad a[x^2 - \alpha x - \beta x + \alpha\beta] = 0,$$

also $\qquad a(x - \alpha)(x - \beta) = 0 \quad \text{und} \quad y = a(x - \alpha)(x - \beta).$

Man suche die Lage des Scheitels und die Wurfweite!

V. Die Funktion $y = x^3$ ist gegeben.

Diese Kurve heißt **Wendeparabel**. Wodurch unterscheidet sie sich von einer Parabel? Zeichne auch die Kurven

$$y = \tfrac{1}{8}\,x^3 \quad \text{und} \quad y = -\tfrac{1}{8}\,x^3\,!$$

VI. Die Funktion $y = x^4$ ist gegeben.

a) Vergleiche diese Kurve mit der Kurve $y = x^2$!

b) Zeichne die Kurven $y = x^5$ und $y = x^6$!

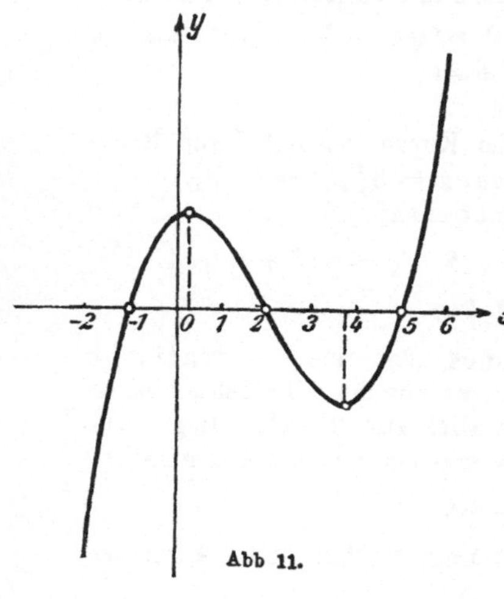

Abb 11.

VII. Die Funktion $y = 0{,}2\,x^3 - 1{,}2\,x^2 + 0{,}6\,x + 2$ ist gegeben.

Die zusammengehörigen Werte von x und y sind in nebenstehender Tabelle vereinigt. Abb. 11 zeigt das Schaubild der Funktion. Die X-Achse wird, wie die Tabelle ergibt, in den Punkten $-1, 2, 5$ geschnitten; die Funktion läßt sich daher auch in der Form

x	y
$\vdots$	$\vdots$
-3	-16
-2	$-5{,}6$
-1	0
0	$+2$
$+1$	$+1{,}6$
$+2$	0
$+3$	$-1{,}6$
$+4$	-2
$+5$	0
$+6$	$+5{,}6$
$+7$	$+16$
$\vdots$	$\vdots$

$$y = 0{,}2 \cdot (x + 1) \cdot (x - 2) \cdot (x - 5)$$

schreiben. Sie ist eine ganze Funktion dritten Grades.[1]

1) Bei der kubischen Gleichung besteht zwischen ihren Koeffizienten und Wurzeln der ganz entsprechende Zusammenhang wie bei der quadratischen.

Aus

$$a x^3 + b x^2 + c x + d = 0$$

folgt

$$x^2 + \frac{b}{a}\,x^3 + \frac{c}{a}\,x + \frac{d}{a} = 0;$$

und wenn α, β und γ die Wurzeln sind, so ist:

$$\frac{b}{a} = -(\alpha + \beta + \gamma); \quad \frac{c}{a} = (\alpha\beta + \alpha\gamma + \beta\gamma); \quad \frac{d}{a} = -(\alpha\,\beta\cdot\gamma)$$

Die Gleichung 4. Grades (mit den Wurzeln α, β, γ und δ)

$$a x^4 + b x^3 + c x^2 + d x + e = 0$$

liefert

$$x^4 + \frac{b}{a}x^3 + \frac{c}{a}x^2 + \frac{d}{a}x + \frac{e}{a} = 0.$$

Hierin ist:

$$\frac{b}{a} = -(\alpha + \beta + \gamma + \delta)$$

$$\frac{c}{a} = (\alpha\beta + \alpha\gamma + \alpha\delta + \beta\gamma + \beta\delta + \gamma\delta)$$

$$\frac{d}{a} = -(\alpha\beta\gamma + \alpha\beta\delta + \alpha\gamma\delta + \beta\gamma\delta)$$

$$\frac{e}{a} = (\alpha \cdot \beta \cdot \gamma \cdot \delta).$$

a) Ein Rechteck aus Blech habe die Seiten 20 cm und 24 cm. Man soll an den Ecken vier gleiche Quadrate mit der Seite x herausschneiden, so daß nach Aufbiegung der Seitenteile ein oben offener Kasten entsteht. Der Inhalt y dieses Kastens soll als Funktion des Abschnittes x dargestellt und untersucht werden (Abb. 12).

(Die Funktion lautet: $y = (24 - 2x) \cdot (20 - 2x)x$; die Größe x kann sich vernünftigerweise nur zwischen 0 und 10 ändern. Warum?)

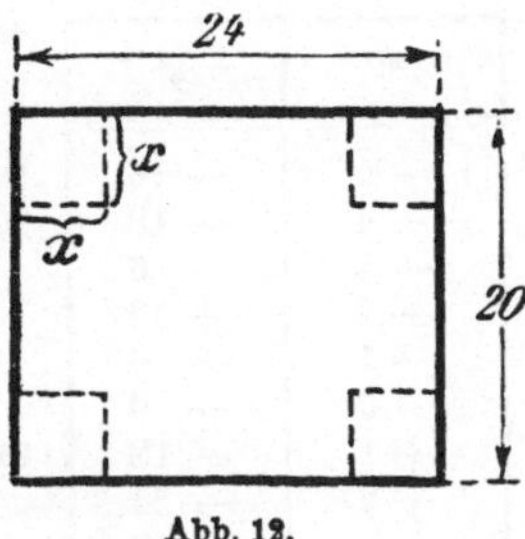

Abb. 12.

b) Aus vier gleichen Stäben von der Länge $a = 5$ m soll eine quadratische Pyramide gebildet werden; die Höhe der Pyramide sei x; man soll den Rauminhalt y der Pyramide als Funktion der Höhe x ausdrücken und zeichnerisch darstellen.

($y = \frac{2}{3}(25 - x^2) \cdot x$; zwischen welchen Werten kann sich x ändern?)

VIII. Untersuche und zeichne folgende Funktionen:

$$y = x^3 - \tfrac{1}{9}x^5, \quad y = x^2(9 - x^2), \quad y = \tfrac{1}{4}(x^4 - x^3 - 14x^2 + 2x + 24),$$
$$y = \tfrac{1}{10}(x + 5)(x + 2)(x - 3)(x - 4), \quad y = \tfrac{1}{20}(x^6 - 64).$$

IX. Die Funktion

$$y = ax^n + bx^{n-1} + cx^{n-2} + \cdots + kx + l,$$

worin n eine positive ganze Zahl und $a, b, c, \ldots k, l$ beliebige reelle Zahlen bedeuten, heißt eine „**ganze Funktion vom n-ten Grade**" (weil x in der n-ten und in niedrigeren Potenzen vorkommt).

§ 5. Zeichnerische (graphische) Lösung von Gleichungen.[1]

I. Bestimme die Unbekannte x aus der Gleichung

$$x^3 - x^2 - 9x + 9 = 0.$$

Man bildet sich zu diesem Zweck die Funktion

$$y = x^3 - x^2 - 9x + 9$$

und stellt sie als Kurve dar; es kommt nun darauf an, diejenigen Werte von x zu ermitteln, für die $y = 0$ wird, d. h. also die Stellen zu finden, an denen die Kurve auf die X-Achse herunterkommt.

Zunächst wird man sich nebenstehende Tabelle der zusammengehörigen x und y berechnen und die Kurve in bekannter Weise aufzeichnen (Abb. 13). (Um die Kurve bequem zeichnen zu können, sind die Ordinaten auf $\frac{1}{10}$ verkleinert worden, also statt 16 ist nur 1,6 aufgetragen.) Aus Tabelle und Zeichnung erkennt man bereits, daß die obige Gleichung die drei Lösungen (Wurzeln) hat:

$$x_1 = -3, \quad x_2 = 1, \quad x_3 = 3.$$

x	y
-5	-96
-4	-35
-3	0
-2	$+15$
-1	$+16$
0	$+9$
$+1$	0
$+2$	-5
$+3$	0
$+4$	$+21$
$+5$	$+64$

[1] Vgl. die ausführliche Behandlung der zeichnerischen Lösung von Gleichungen in Band 708 der Sammlung Aus Natur und Geisteswelt: O. Prölß, Graphisches Rechnen, Leipzig 1920.

x	y
-5	-66
-4	-18
-3	$+\ 6$
-2	$+12$
-1	$+\ 6$
0	$-\ 6$
$+1$	-18
$+2$	-24
$+3$	-18
$+4$	$+\ 6$
$+5$	$+54$

Weitere Lösungen kann es nicht geben, da bekanntlich eine Gleichung n-ten Grades nach Gauß n Wurzeln hat, unter denen sich allerdings auch imaginäre Lösungen befinden können.

II. $\qquad x^3 - 13\,x - 6 = 0.$

Verfährt man wie bei der obigen Gleichung, so ergibt sich die nebenstehende Tabelle.

Aus der zugehörigen Kurve (Abb. 14) erkennt man ohne weiteres, daß die Kurve an drei Stellen die X-Achse schneidet, nämlich zwischen -4 und -3, zwischen -1 und 0 und zwischen $+3$ und $+4$.

Aus der Zeichnung lassen sich auch bereits die ungefähren Werte der drei Wurzeln erkennen:

$$x_1 = -0{,}5$$
$$x_2 = -3{,}3$$
$$x_3 = 3{,}8\,.$$

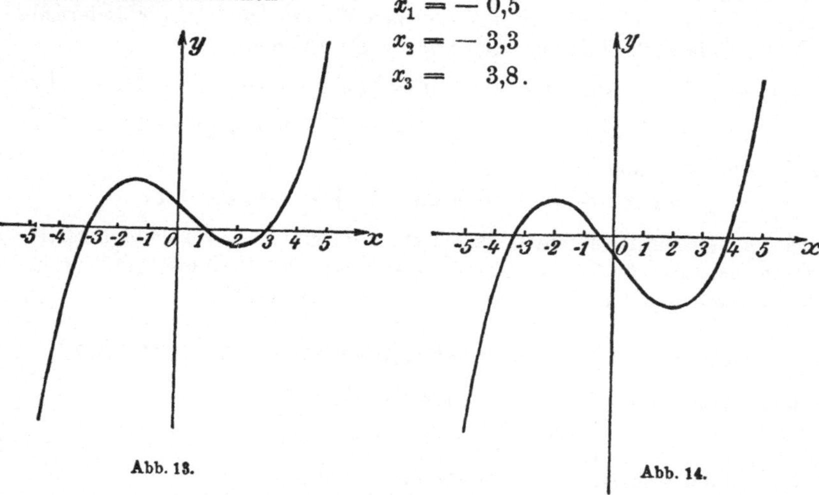

Abb. 13.   Abb. 14.

Es ist nun nicht schwer, diese Wurzeln viel genauer, ja auf jeden beliebigen Grad der Genauigkeit zu berechnen. Der einzuschlagende Weg heißt das „**Näherungsverfahren**" (Bürgi 1590, Newton 1669) und beruht auf folgendem leicht verständlichen Satz:

Wird eine Funktion für einen Wert x_1 positiv, für einen Wert x_2 aber negativ, und verläuft ihre Kurve zwischen x_1 und x_2 in einem ununterbrochenen (stetigen) Linienzug, so liegt zwischen x_1 und x_2 auch (mindestens) ein Wert x, für den sie Null wird.

Die mehrmalige Anwendung dieses Satzes führt zu einer immer größeren Annäherung.

Dies zeigt die folgende Aufgabe, in der die zwischen 3 und 4 liegende Wurzel der Gleichung

$$x^3 - 13x - 6 = 0$$

auf zwei Dezimalstellen genau zu berechnen ist.

Zur Abkürzung setzen wir für die auf der linken Seite stehende Funktion das Zeichen $f(x)$, gelesen „Funktion von x"; es bedeutet dann z. B.

$$f(2) = 2^3 - 13 \cdot 2 - 6 \quad \text{usw}$$

Es ergibt sich dann folgende Rechnung:

I.
$$f(3) = 3^3 - 13 \cdot 3 - 6 = -18$$
$$f(4) = 4^3 - 13 \cdot 4 - 6 = +\ 6.$$

Also liegt x zwischen 3 und 4 und ist somit gleich 3, . . . Nun untersuchen wir die Zwischenwerte; wir sehen, daß 3,1, 3,2 . . . bis 3,8 negative Werte liefern; erst 3,9 ergibt einen positiven Wert; also

II.
$$f(3,8) = 3,8^3 - 13 \cdot 3,8 - 6 = -0,528$$
$$f(3,9) = 3,9^3 - 13 \cdot 3,9 - 6 = +0,619.$$

Nunmehr liegt also x zwischen 3,8 und 3,9, ist also gleich 3,8 . . . Die Untersuchung der Zwischenwerte zeigt, daß 3,81 noch einen negativen, 3,82 aber schon einen positiven Wert liefert; also

III.
$$f(3,81) = 3,81^3 - 13 \cdot 3,81 - 6 = -0,224$$
$$f(3,82) = 3,82^3 - 13 \cdot 3,82 - 6 = +0,083.$$

x ist also jetzt auf zwei Dezimalen genau bestimmt, und zwar gleich 3,81 . . . In dieser Weise könnte man fortfahren und die dritte, vierte . . . Dezimale bestimmen; doch würde die Rechnung immer umfangreicher werden, da die üblichen Tabellen nicht mehr ausreichen. Allein eine so weit getriebene Genauigkeit ist für die praktischen Anwendungen nicht erforderlich; vielmehr kann man sich hier mit zwei genauen Dezimalstellen begnügen und die dritte Dezimale abschätzen: Der genaue Wert liegt zweifellos näher an 3,82 als an 3,81; denn im ersten Fall ist der erzeugte „Fehler" nur 0,083 gegen 0,224 im zweiten Fall. Schätzt man die dritte Stelle etwa auf 7, so kann der Fehler vielleicht $\frac{1}{1000}$ betragen, und wir erhalten also das schon recht genaue Ergebnis:

$$x = 3,817.$$

Wir wollen das Schema dieser Rechnung nochmals aufstellen:

$$x^3 - 13x - 6 = 0$$

$$\left.\begin{array}{l} f(3) = -18 \\ f(4) = +\ 6 \end{array}\right\} x = 3,..$$

$$\left.\begin{array}{l} f(3,8) = -0,5 \\ f(3,9) = +2,6 \end{array}\right\} x = 3,8..$$

$$\left.\begin{array}{l} f(3,81) = -0,224 \\ f(3,82) = +0,083 \end{array}\right\} x = 3,81\ldots$$

$$x = 3,817$$

In gleicher Weise kann man die beiden anderen Wurzeln der Gleichung bestimmen. Man findet:

$$\left.\begin{array}{l} f(0) = -6 \\ f(-1) = +6 \end{array}\right\} x = -0,\ldots \qquad \left.\begin{array}{l} f(-3) = +6 \\ f(-4) = -18 \end{array}\right\} x = -3,\ldots$$

$$\left.\begin{array}{l} f(-0,4) = -1,44 \\ f(-0,5) = +0,39 \end{array}\right\} x = -0,4,\ldots \qquad \left.\begin{array}{l} f(-3,3) = +0,96 \\ f(-3,4) = -1,10 \end{array}\right\} x = -3,3,\ .$$

$$\left.\begin{array}{l} f(-0,46) = -0,117 \\ f(-0,47) = +0,006 \end{array}\right\} x = -0,46,\ldots \qquad \left.\begin{array}{l} f(-3,34) = +0,160 \\ f(-3,35) = -0,045 \end{array}\right\} x = -3,34,\ .\ .$$

$$x = -0,470 \qquad\qquad x = -3,348$$

III. Die nachfolgenden Gleichungen sind zeichnerisch zu lösen; die Wurzeln sollen alsdann (wenn nötig) auf zwei Dezimalstellen genau berechnet werden:

a) . . . . . $x^3 + 6x^2 + 11x + 6 = 0$ $(x_1 = -1;\ x_2 = -2;\ x_3 = -3)$.

b) . . . . $x^3 - 3x + 2 = 0$ $(x_1 = -2;\ x_2 = 1;\ x_3 = 1)$.

c) . . . . . $x^3 - 6x^2 + 12x - 8 = 0$ $(x_1 = 2;\ x_2 = 2;\ x_3 = 2)$.

d) . . . . $x^3 + 2x - 3 = 0$ $\left(x_1 = 1;\ x_2 = \dfrac{-1 + \sqrt{-11}}{2}\right.$ und

$$x_3 = \frac{-1 - \sqrt{-11}}{2}.$$

e) . . $x^3 - 4{,}5x^2 + 6{,}3x - 2{,}65 = 0$ $(x_1 = 2{,}106;\ x_2 = 0{,}779;\ x_3 = 1{,}614)$.

f) . . $x^4 - x^3 - 13x^2 + x + 12 = 0$ $(x_1 = 1;\ x_2 = -1;$

$$x_3 = -3;\ x_4 = 4).$$

g) $3x^4 - 2x^3 - 21x^2 - 4x + 11 = 0$ $(x_1 = 0{,}634;\ x_2 = 3{,}007;$

$$x_3 = -0{,}950;\ x_4 = -2{,}024).$$

h) $x^4 + 4x^3 - 7x^2 - 23x + 20 = 0$ $(x_1 = -4;\ x_2 = -2{,}949;$

$$x_3 = 0{,}783;\ x_4 = 2{,}166).$$

IV. Auch bei der Lösung zweier Gleichungen mit zwei Unbekannten wird die bildliche Darstellung mit Vorteil benutzt. Es seien z. B. die beiden Gleichungen

$$x^2 + y^2 = 25$$
$$2x + 3y = 6$$

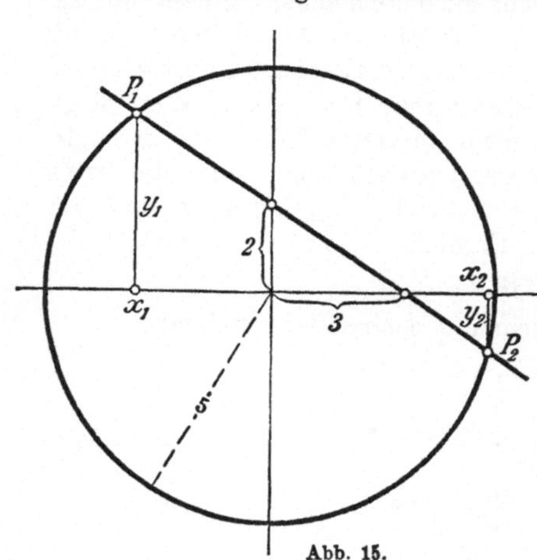

zu lösen. Denkt man sich die den beiden Gleichungen entsprechenden Kurven gezeichnet, so wird ein Wertepaar x, y, das beiden Gleichungen genügt, einen Punkt ergeben, der beiden Kurven angehört (d. h. zwei Schnittpunkte oder einen Berührungspunkt). Die zeichnerische Lösung eines Systems von zwei Gleichungen mit zwei Unbekannten x und y besteht also einfach darin, daß man die beiden entsprechenden Kurven zeichnet und die Koordinaten ihrer Schnittpunkte mißt.

Abb. 15.

Nun folgt aus $x^2 + y^2 = 25$ bzw. aus $2x + 3y = 6$

$$y = \sqrt{25 - x^2} \qquad \text{bzw.} \qquad y = \frac{6 - 2x}{3}.$$

Wertetabelle	
x	y
0	± 5
± 1	$\pm 4{,}89$
± 2	$\pm 4{,}58$
± 3	± 4
± 4	± 3
± 5	0

Wertetabelle	
x	y
0	$+2$
$+3$	0

Bei der zeichnerischen Darstellung erhält man einen Kreis[1]) und eine gerade Linie, die sich schneiden, und kann bei Benutzung von Millimeterpapier leicht die Lösungen angeben (Abb. 15).

$$(x_1 = -3,$$
$$y_1 = 4,$$
$$x_2 = 4{,}85,$$
$$y_2 = -1{,}23.)$$

§ 6. Der Differentialquotient einer Funktion.[2]) Steigung einer Kurve. Geschwindigkeit und Beschleunigung.

> Die Sprache der höheren Analysis (der Differential- und Integralrechnung) ist die natürliche, leichte und einfache Sprache des Ingenieurs.
> *John Perry.*

I. Auf der Kurve $y = x^2$ (Abb. 16) sei ein Punkt P mit den Koordinaten x und y gegeben und nach der „Steigung" gefragt, die die Kurve im Punkt P besitzt. Stellen wir uns die Kurve etwa wie den Rücken eines Berges vor, und nehmen wir an, ein Wanderer wäre von P nach dem höher gelegenen Punkt P_1 gegangen. Er ist dann in wagerechter Richtung um das Stück $\varDelta x$ vorwärts gekommen und hat gleichzeitig die Höhe $\varDelta y$ überwunden. ($\varDelta x$, gelesen „Delta x", soll nicht ein Produkt vorstellen, sondern wie ein untrennbares Zeichen, ähnlich dem Index, etwa wie x_1 oder x' behandelt werden; es bedeutet: Zunahme von x). — Hier bedeuten $\varDelta x$ und $\varDelta y$ die wagerechten und senkrechten Differenzen der Punkte P und P_1. — Das Zeichen $\varDelta$ für Differenzen stammt von Joh. Bernoulli (1706).

Der Quotient $\dfrac{\varDelta y}{\varDelta x}$ wird nun im gewöhnlichen Leben, ebenso wie in der Mathemathik, als die **„Steigung zwischen P und P_1"** bezeichnet. Ist etwa $\varDelta x = 100$ m, $\varDelta y = 3$ m, so sagt man, die Steigung wäre $3 : 100$ oder $\frac{3}{100}$.

Zieht man durch PP_1 die Sekante, so heißt der von letzterer mit der positiven X-Achse gebildete Winkel α der „Steigungswinkel" für den Weg PP_1.

Bekanntlich ist
$$\frac{\varDelta y}{\varDelta x} = \operatorname{tg} \alpha,$$

d. h. die Steigung zwischen den Punkten P und P_1 ist auch gleich der Tangensfunktion des zugehörigen Steigungswinkels.

II. Die so erklärte Steigung ist aber, wie erörtert, nicht die Steigung im Punkt P, sondern die Steigung für den ganzen Weg PP_1.

Wir lassen nun P_1 auf der Kurve immer näher an P heranrücken; hierbei werden $\varDelta x$ und $\varDelta y$ immer kleiner und schließlich 0; die Sekante durch

---

1) Durch Anwendung des pythagoreischen Lehrsatzes erkennt man leicht, daß $x^2 + y^2 = 25$ einen Kreis um den Nullpunkt mit dem Halbmesser 5 darstellt.

2) Die Differential- und Integralrechnung wurden 1675 von Leibniz, etwa in derselben Zeit (unabhängig von Leibniz) von Newton als „Fluxionsrechnung" entdeckt. Die nachfolgend gebrauchten Zeichen $\dfrac{dy}{dx}$ und $\int$ stammen von Leibniz.

P und P_1 nähert sich dabei immer mehr einer Grenzlage, nämlich der durch P gehenden Tangente (Abb. 17). Ist τ der Winkel der Tangente mit der positiven X-Achse, so wird die Steigung tg α nunmehr den Wert tg τ annehmen. Der Quotient $\frac{\varDelta y}{\varDelta x}$ nimmt aber dabei den Wert $\frac{0}{0}$ an. In der Arithmetik wird gezeigt, daß $\frac{0}{0}$ keinen bestimmten Wert hat; es kann sich vielmehr jeder beliebige Zahlwert hinter dem Ausdruck $\frac{0}{0}$ verbergen.

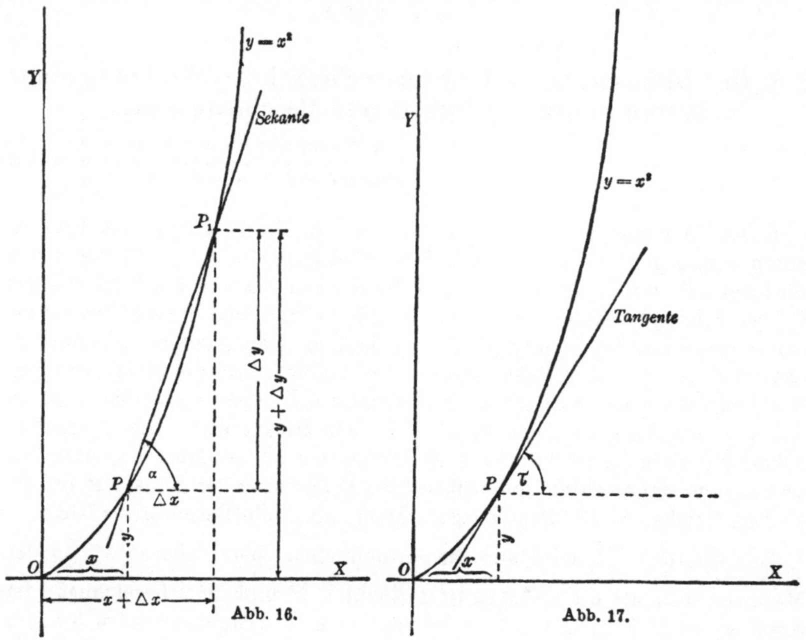

(Da beispielsweise $0 \cdot 6 = 0$ ist, so kann $\frac{0}{0} = 6$ sein usw.) In unserem Fall erscheint der bestimmte Wert tg τ zugleich auch in der unbestimmten Form $\frac{0}{0}$.

Der hinter dem unbestimmten Zeichen $\frac{0}{0}$ sich verbergende bestimmte Zahlwert, also der Zahlwert tg τ, wird durch das Zeichen $\frac{dy}{dx}$ (gelesen: dy nach dx) angedeutet. Die Form dieses Zeichens soll an die Entstehung aus $\frac{\varDelta y}{\varDelta x}$ erinnern. Man hat also folgende Schreibweise:

$$\text{Steigung von } P \text{ nach } P_1 \text{ ist } \frac{\varDelta y}{\varDelta x} = \text{tg } \alpha,$$

$$\text{Steigung im Punkt } P \text{ ist } \frac{dy}{dx} = \text{tg } \tau.$$

$\frac{\varDelta y}{\varDelta x}$ heißt auch der „Differenzenquotient", $\frac{dy}{dx}$ der „Differentialquotient".

Für $\frac{dy}{dx}$ schreibt man auch y' oder $f'(x)$. (Lies letzteren Ausdruck: „Erste abgeleitete Funktion von x.")

Das Zeichen $\frac{dy}{dx}$ ist geschichtlich so entstanden, daß man für die sehr kleine Zunahme $\varDelta x$ eben dx und für die kleine Zunahme $\varDelta y$ ebenso dy geschrieben hat. Die Zunahmen $\varDelta x$ und $\varDelta y$ nannte man „Differenzen", die sehr kleinen Größen dx und dy „Differentiale".

Wir wollen uns diese Auffassung zunächst nicht aneignen, sondern unter $\frac{dy}{dx}$ den bestimmten Zahlwert verstehen, der aus $\frac{\varDelta y}{\varDelta x}$ hervorgeht, wenn $\varDelta x = 0$ und damit auch $\varDelta y = 0$ gesetzt wird, wenn also die Sekante zur Tangente wird. Man sagt auch, $\frac{dy}{dx}$ wäre der „**Grenzwert**" von $\frac{\varDelta y}{\varDelta x}$, für den Fall, daß $\varDelta x$ und damit auch $\varDelta y$ sich immer mehr der Null nähern. Es sollen nun für einige wichtige Kurven die Steigungen berechnet werden.

III. Die Kurve $y = x^2$ ist gegeben.

Für den Ausgangspunkt P mit den Koordinaten x und y gilt entsprechend Abb. 16 die Gleichung

$$1. \qquad\qquad y = x^2.$$

Gehen wir nun auf der Kurve bis zum Punkte P_1 weiter, so vergrößert sich x um $\varDelta x$ und y um $\varDelta y$; der Punkt P_1 hat daher jetzt die Koordinaten $x + \varDelta x$ und $y + \varDelta y$. Die Kurvengleichung sagt aber aus, daß die Ordinate stets gleich dem Quadrat der Abszisse sei; also gilt für den Punkt P_1 die Gleichung:

$$2. \qquad\qquad y + \varDelta y = (x + \varDelta x)^2.$$

Durch Subtraktion der Gleichung 1 von der Gleichung 2 ergibt sich der Wert für $\varDelta y$, nämlich:

$$3. \qquad \varDelta y = (x + \varDelta x)^2 - x^2 = 2x \cdot \varDelta x + \varDelta x^2,$$

und hieraus findet man sofort durch Division durch $\varDelta x$ die „Steigung":

$$4. \qquad \operatorname{tg} \alpha = \frac{\varDelta y}{\varDelta x} = 2x + \varDelta x.$$

Dies ist jedoch die Steigung zwischen den Punkten P und P_1, oder, was dasselbe, die Steigung über der Strecke $\varDelta x$. Wollen wir nun die **„Steigung im Punkt P"** haben, so müssen wir die Strecke $\varDelta x$ immer kleiner und schließlich 0 werden lassen. Die Sehne durch PP_1 nimmt dabei ihre Grenzlage an, sie wird zur Tangente in P; $\operatorname{tg} \alpha$ geht in $\operatorname{tg} \tau$ über (Abb. 17); der Bruch $\frac{\varDelta y}{\varDelta x}$ nimmt die unbestimmte Form $\frac{0}{0}$ an, hinter der sich aber der ganz bestimmte Wert $2x$ verbirgt. Wir schreiben also:

$$5. \qquad \operatorname{tg} \tau = \frac{dy}{dx} = 2x.$$

Also: In dem zur Abszisse x gehörigen Punkt P der Kurve $y = x^2$ hat die Steigung den Wert $2x$.

Die Berechnung des „Differentialquotienten" nennt man das **„Differenzieren"**. Wir sind jetzt imstande, in jedem Punkt unserer Parabel $y = x^2$ die Tangente zu bestimmen. Die folgende Tabelle stellt für einige Punkte die nötigen Größen zusammen:

x	$y = x^2$	$\dfrac{dy}{dx} = \operatorname{tg} \tau = 2x$	τ
-3	9	-6	$99^0\,28'$
-2	4	-4	$104^0\ \ 2'$
-1	1	-2	$116^0\,34'$
$-\frac{1}{2}$	$\frac{1}{4}$	-1	135^0
0	0	0	0^0
$\frac{1}{2}$	$\frac{1}{4}$	1	45^0
1	1	2	$63^0\,26'$
2	4	4	$75^0\,58'$
3	9	6	$80^0\,32'$

Zur weiteren Veranschaulichung der Differentiation von $y = x^2$ zeigt Abb. 18 ein Quadrat von der Seitenlänge x und dem Inhalt y, also

$$y = x^2.$$

Wachsen nun die Seiten je um das Stück $\varDelta x$, so nimmt der Inhalt y um das Flächenstück $\varDelta y = 2x \cdot \varDelta x + (\varDelta x)^2$ zu. Es ist dann also der Differenzenquotient hieraus zu erhalten durch Division durch $\varDelta x$:

$$\frac{\varDelta y}{\varDelta x} = \frac{2\,x \cdot \varDelta x}{\varDelta x} + \frac{(\varDelta x)^2}{\varDelta x}$$

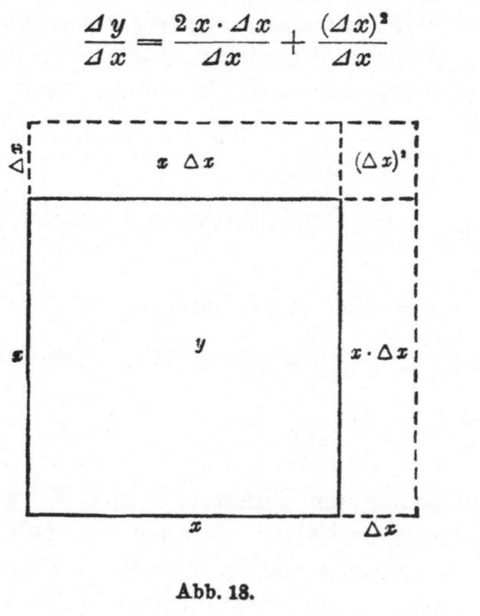

Abb. 18.

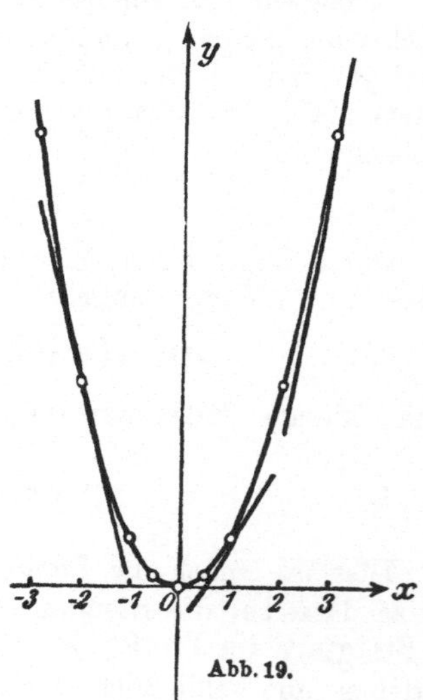

Abb. 19.

oder $\dfrac{\varDelta y}{\varDelta x} = 2x + \varDelta x$. Beim Übergang in den Differentialquotienten nähern sich $\varDelta x$ und $\varDelta y$ unbegrenzt 0 und wir erhalten

$$\frac{dy}{dx} = 2x.$$

Man zeichne jetzt die Kurve $y = x^2$ nochmals und in einigen Punkten die Tangente (Abb. 19). Wie läuft die Tangente im Falle, daß $\dfrac{dy}{dx}$ positiv bzw. negativ wird?

IV. Geschwindigkeit beim freien Fall.

In einem bestimmten Zeitpunkt, etwa t Sekunden nach Beginn der Bewegung, hat der Körper den Weg s durchfallen. In der nun folgenden

Zeit $\varDelta t$ wird der Körper den Weg $\varDelta s$ zurücklegen. Hierbei gelten also die Gleichungen:

1. $$s = \tfrac{1}{2} g t^2$$

2. $$s + \varDelta s = \tfrac{1}{2} g (t + \varDelta t)^2$$

und durch Subtraktion:

3. $\varDelta s = \tfrac{1}{2} g \cdot [(t + \varDelta t)^2 - t^2]$ oder $\varDelta s = \tfrac{1}{2} g \cdot [2 t \cdot \varDelta t + \varDelta t^2]$.

Nun bilden wir den „Differenzenquotienten":

4. $$\frac{\varDelta s}{\varDelta t} = g \cdot t + \tfrac{1}{2} g \cdot \varDelta t.$$

Welches ist nun aber die mechanische Bedeutung von $\frac{\varDelta s}{\varDelta t}$? $\varDelta s$ ist der in der Zeit $\varDelta t$ durchlaufene Weg; $\frac{\varDelta s}{\varDelta t}$ ist also die **durchschnittliche Geschwindigkeit** des Körpers während dieser Zeit $\varDelta t$.

Um die **wirkliche Geschwindigkeit** des Körpers, t Sekunden nach Beginn der Bewegung, zu erhalten, müssen wir die Beobachtungszeit $\varDelta t$ immer kleiner werden lassen; natürlich wird dann auch der Weg $\varDelta s$ immer kleiner. Der Quotient $\frac{\varDelta s}{\varDelta t}$ nimmt wieder die unbestimmte Form $\tfrac{0}{0}$ an; aber man erkennt aus der rechten Seite der Gleichung 4., daß dieser Quotient trotzdem einem ganz bestimmten Wert, einem „Grenzwert", nämlich $g \cdot t$ zustrebt. Wir schreiben also:

5. $$\frac{ds}{dt} = g \cdot t \quad \text{oder} \quad s' = g t.$$

Die wirkliche Geschwindigkeit v drückt sich also aus als der Differentialquotient des Weges nach der Zeit:

$$v = \frac{ds}{dt} = g t.$$

V. Die Beschleunigung beim freien Fall.

Zur Zeit t hat der Körper die Geschwindigkeit v; lassen wir nun weitere $\varDelta t$ Sekunden verfließen, so vergrößert sich die Geschwindigkeit um $\varDelta v$ und wir haben:

1. $$v = g t$$

2. $$v + \varDelta v = g(t + \varDelta t);$$

durch Subtraktion kommt:

3. $$\varDelta v = g \cdot \varDelta t;$$

4. also $$\frac{\varDelta v}{\varDelta t} = g,$$

d. h. der Differenzenquotient $\frac{\varDelta v}{\varDelta t}$ hat einen konstanten Wert g; dieser Wert bleibt also derselbe, wenn $\varDelta t$ und damit auch $\varDelta v$ sich der Null nähern. Wir können also auch schreiben:

5. $$\frac{dv}{dt} = g.$$

Welche mechanische Bedeutung hat diese Gleichung? $\varDelta v$ ist die Geschwindigkeitszunahme während der Zeit $\varDelta t$; $\frac{\varDelta v}{\varDelta t}$ ist also die durchschnittliche Beschleunigung während der Zeit $\varDelta t$. Der Ausdruck $\frac{dv}{dt}$, der hier allerdings den gleichen Zahlwert wie $\frac{\varDelta v}{\varDelta t}$ hat, ist die wirkliche Beschleunigung zur Zeit t. Die wirkliche Beschleunigung a zur Zeit t drückt sich also aus als Differentialquotient der Geschwindigkeit nach der Zeit:

$$a = \frac{dv}{dt} = g\,.$$

Man hat auch folgende Ausdrucksweise:

$$\text{Weg } s = \tfrac{1}{2}g t^2;$$

durch Differenzieren nach der Zeit findet man:

$$\text{Geschwindigkeit } v = \frac{ds}{dt} = g \cdot t;$$

durch nochmaliges Differenzieren nach der Zeit findet man:

$$\text{Beschleunigung } a = \frac{dv}{dt} = g\,.$$

Für $\frac{dv}{dt}$ hat man auch die Bezeichnung $\frac{d^2 s}{dt^2}$, um anzudeuten, daß man die Funktion s zweimal differenziert hat (vgl. noch die Bezeichnung „2. Differentialquotient" später § 25).

§ 7. Differenzieren einiger einfachen Funktionen. Steigen und Fallen, Maxima und Minima von Kurven.

I. Aus
$$y = x^3$$

folgt $y + \varDelta y = (x + \varDelta x)^3$ und finden durch Subtraktion:

$$\varDelta y = (x + \varDelta x)^3 - x^3,$$

oder
$$\varDelta y = 3 \cdot x^2 \cdot \varDelta x + 3x \cdot \varDelta x^2 + \varDelta x^3;$$

und daraus
$$\operatorname{tg} \alpha = \frac{\varDelta y}{\varDelta x} = 3x^2 + 3x \cdot \varDelta x + \varDelta x^2.$$

Gehen wir zum Grenzwert über, indem wir $\varDelta x = 0$ setzen, dann fallen rechts das zweite und dritte Glied fort und es bleibt:

$$\operatorname{tg} \tau = \frac{dy}{dx} = 3x^2.$$

a) Wie groß ist die Steigung der Kurve $y = x^3$ im Punkt $x = 1$? ($\operatorname{tg} \tau = 3$.)

b) Welche Richtung hat die Tangente im Nullpunkt?

($\operatorname{tg} \tau = 0$; die X-Achse ist also zugleich Schnittlinie und Tangente; sie heißt Wendetangente.)

c) Differenziere die Funktion $y = ax^3$!

$$\left(\frac{dy}{dx} = 3ax^2 \quad \text{oder} \quad y' = 3ax^2.\right)^{1)}$$

d) Differenziere die Funktionen $y = x^4$ und $y = ax^4$!

$$\left(\frac{dy}{dx} = 4x^3; \quad \frac{dy}{dx} = 4ax^3.\right)$$

e) Differenziere: $y = x$ und $y = ax$!

$$\left(\frac{dy}{dx} = 1, \quad \frac{dy}{dx} = a.\right)$$

f) Erläutere die letzten Ergebnisse geometrisch!

g) Wie lassen sich die Ergebnisse:

$$\begin{aligned}
y &= x & y' &= 1, \\
y &= x^2 & y' &= 2x, \\
y &= x^3 & y' &= 3x^2, \\
y &= x^4 & y' &= 4x^3
\end{aligned}$$

in eine allgemeine Formel zusammenfassen?

$y = x^n, \dfrac{dy}{dx} = nx^{n-1}$. Die ausführliche Ableitung dieser Formel s. im § 21, III.

In Worten: **Der Differentialquotient einer n-ten Potenz ist gleich dem n-fachen Wert ihrer $(n-1)$-ten Potenz.**

II. Berechne die Steigung der Kurve $y = x^2 - 3x - 10$.

1. $$y = x^2 - 3x - 10,$$

2. $$y + \Delta y = (x + \Delta x)^2 - 3(x + \Delta x) - 10,$$

3. $$\Delta y = 2x \cdot \Delta x + \Delta x^2 - 3\Delta x,$$

4. $$\operatorname{tg}\alpha = \frac{\Delta y}{\Delta x} = 2x - 3 + \Delta x;$$

5. $$\operatorname{tg}\tau = \frac{dy}{dx} = 2x - 3.$$

a) Zeichne die Kurve und berechne die Steigung für die Punkte $x = 0$, 1, 1,5, 2, -1, -2.

$$(\operatorname{tg}\tau = -3, \quad -1, \quad 0, \quad 1, \quad -5, \quad -7.)$$

b) Suche denjenigen Punkt, in dem die Tangente der X-Achse parallel geht!

$$(2x - 3 = 0, \quad x = 1,5.)$$

c) Berechne die Steigung der Parabel $y = ax^2 + bx + c$!

$$\left(\frac{dy}{dx} = 2ax + b.\right)$$

---

1) Nachfolgend wird der Differentialquotient abwechselnd mit $\dfrac{dy}{dx}$ und mit y' bezeichnet, um an beide gebräuchlichen Schreibweisen frühzeitig zu gewöhnen.

d) Wie kann man den Scheitel dieser Parabel finden?

$$\left(2\,ax + b = 0, \qquad x = -\,\frac{b}{2\,a}\cdot\right)$$

e) Berechne Geschwindigkeit und Beschleunigung der gleichförmig beschleunigten (verzögerten) Bewegung $s = ct \pm \frac{1}{2}\,at^2$!

$$\left(\frac{ds}{dt} = c \pm at, \quad \frac{d^2 s}{dt^2} = \pm\,a.\right)$$

f) Die Gleichung der Wurfparabel lautet:

$$y = -\,\frac{g}{2\,c^2\cos^2\alpha}\cdot x^2 + \operatorname{tg}\alpha\cdot x.$$

Welche Richtung schlägt der geworfene Körper im Punkt x der Bahn ein? Für welchen Wert von x wird seine Höhe am größten?

$$\left(\operatorname{tg}\tau = \frac{dy}{dx} = -\,\frac{g}{c^2\cos^2\alpha}\cdot x + \operatorname{tg}\alpha = 0;\ x = \frac{\operatorname{tg}\alpha}{\dfrac{g}{c^2\cos^2\alpha}} = \frac{c^2}{g}\cdot\sin\alpha\cos\alpha.\right)$$

III. Berechne die Steigung der Kurve

$$y = \tfrac{1}{10}\,(2\,x^3 - 3\,x^2 - 12\,x + 5).$$

$$\left(\frac{dy}{dx} = \frac{1}{10}\cdot(6\,x^2 - 6\,x - 12) = \frac{3}{5}\cdot(x^2 - x - 2).\right)$$

Der konstante Faktor $\frac{1}{10}$ findet sich beim Differentialquotienten wieder.
a) Berechne die Abszissen für diejenigen Punkte, in denen die Tangente der X-Achse parallel geht (**Maximum-** oder **Minimumpunkte**). (Abb. 20.)

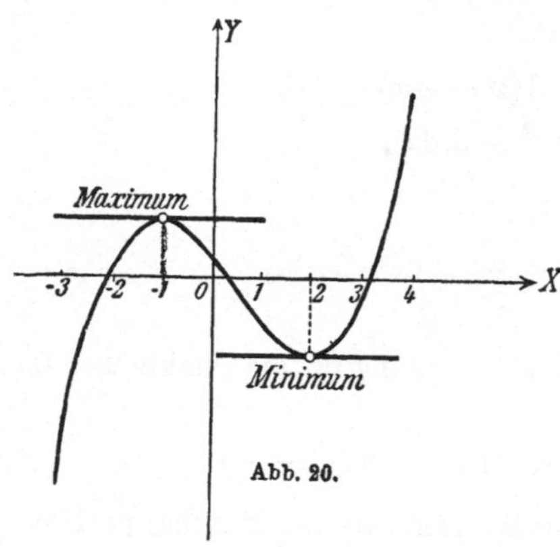

$$(x^2 - x - 2 = 0,\ x_1 = -1,\ x_2 = 2.)$$

b) Berechne die Steigung der Kurve:

$$y = ax^3 + bx^2 + cx + n$$
$$(y' = 3\,ax^2 + 2\,bx + c.)$$

IV. Wie unterscheiden sich die Differentialquotienten der beiden Funktionen $y = x^3$ und $y = x^3 + a$?

Man erhält in beiden Fällen dasselbe, nämlich $\frac{dy}{dx} = 3\,x^2$; d. h. ein **konstanter Summand (a) bleibt beim Differenzieren unbeachtet.**

Deute dies geometrisch durch Zeichnen der Kurven $y = x^3$ und $y = x^3 + a$! Beide Kurven haben für ein bestimmtes x die gleiche Steigung, denn die zweite Kurve ist ja nur gegen die erste parallel verschoben um das Stück a.

V. Ist $y = x^3$, dann ist $\frac{dy}{dx} = 3\,x^2$,

$$\text{„}\quad y = 4\,x^3,\ \text{„}\quad\text{„}\quad \frac{dy}{dx} = 4\cdot 3\,x^2,$$

$$\text{„}\quad y = ax^3,\ \text{„}\quad\text{„}\quad \frac{dy}{dx} = a\cdot 3\,x^2,$$

$$\text{ist } y = x^2 + 3x + 1, \qquad \text{dann ist } \frac{dy}{dx} = 2x + 3,$$

$$\text{„ } y = \frac{1}{5}(x^2 + 3x + 1), \quad \text{„ „ } \frac{dy}{dx} = \frac{1}{5}(2x + 3),$$

$$\text{„ } y = a(x^2 + 3x + 1), \quad \text{„ „ } \frac{dy}{dx} = a(2x + 3).$$

Man ersieht aus diesen Beispielen, daß **ein konstanter Faktor beim Differenzieren erhalten bleibt.**

Deute dies geometrisch an der Kurve!

Zeichnet man die beiden Kurven

$$y = x^3 \quad \text{und} \quad y = 4x^3,$$

so erkennt man, daß bei der zweiten Kurve alle Ordinaten viermal so groß sind als bei der ersten. Damit werden aber auch die Steigungen der zweiten Kurve viermal so groß wie bei der ersten; also muß tg τ das eine Mal $3x^2$, das andere Mal $4 \cdot 3x^2$ werden.

VI. Ist $y = x^3 + x^4$, dann ist $\frac{dy}{dx} = 3x^2 + 4x^3$, wie sich bereits aus mehreren Beispielen ergeben hat, d. h. **man differenziert eine algebraische Summe, indem man die einzelnen Summanden differenziert.** (Geom. Deutung?)

VII. Wenn y eine beliebige Funktion von x ist, etwa

$$y = f(x),$$

so findet man diejenigen Kurvenpunkte, in denen die Tangente der X-Achse parallel und die Steigung also 0 wird, indem man die Funktion differenziert und den Differentialquotienten $\frac{dy}{dx}$ gleich 0 setzt. Löst man die entstehende Gleichung nach x auf, so findet man die zu den gesuchten Punkten gehörigen Abszissen. Unter den so ermittelten Punkten befinden sich diejenigen Punkte, die höher liegen als ihre beiderseitigen Nachbarpunkte; sie heißen Maximumpunkte oder Maxima; desgleichen befinden sich unter ihnen diejenigen Punkte, die tiefer liegen als ihre Nachbarpunkte; sie heißen Minimumpunkte oder Minima (Abb. 20.[1])

VIII. Um zu entscheiden, ob eine Kurve in einem Punkt P steigt oder fällt, braucht man nur das Vorzeichen des Differentialquotienten zu beachten; denn ist

$$\frac{dy}{dx} = \text{tg } \tau = +, \ \tau \text{ also} < 90^0, \text{ dann steigt die Kurve.}$$

$$\frac{dy}{dx} = \text{tg } \tau = -, \ \tau \text{ also} > 90^0, \text{ dann fällt die Kurve.}$$

(Abb. 21 u. 22.)

---

1) Erste Untersuchung der Maxima und Minima von Fermat (1637).

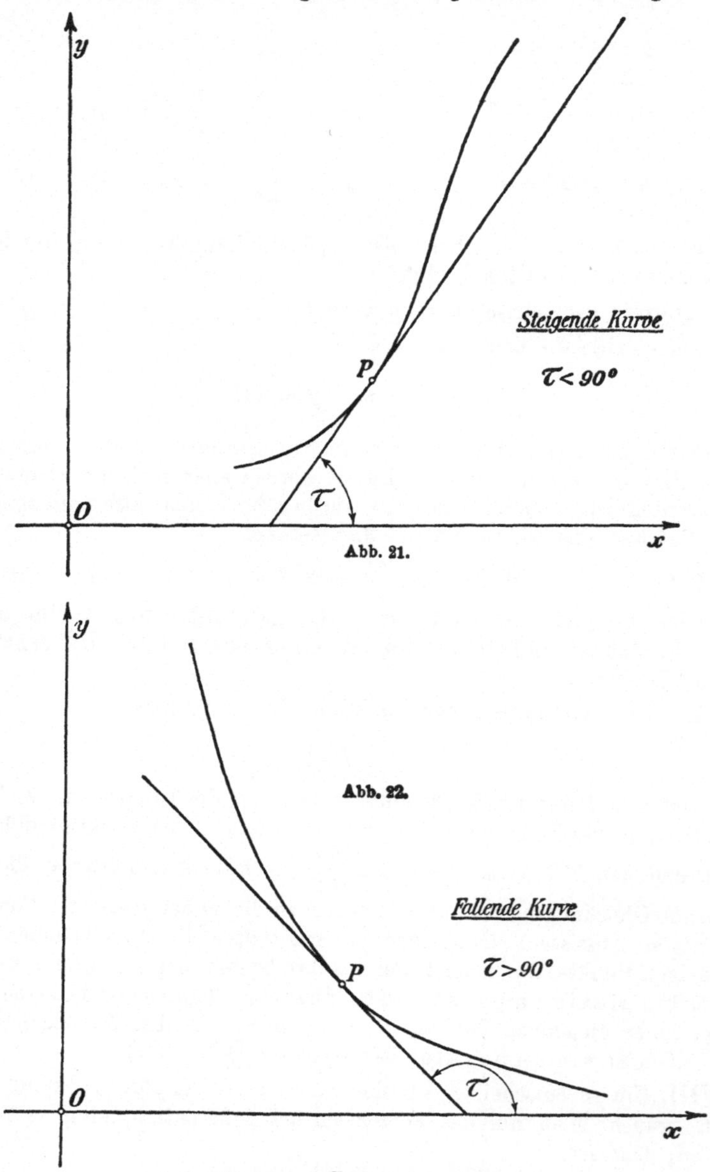

§ 8. Weitere Übungsaufgaben.

I. Man differenziere folgende Funktionen:

a) $y = 2x$, $y = mx + n$, $y = ax + b$,
                                   $y = 1 + 4x$,

b) $y = 3x^2 - x + 7$, $y = 7 - 2x + 5x^2$, $y = \frac{1}{4}x^2$,
                                                   $y = 9 - 2x^2$,

c) $y = \frac{1}{3}x^3 + \frac{1}{2}x^2$, $y = 1 + 2x - x^3$, $y = ax^3 - b$,
                                                                     $y = x^2 - abx^3$,

d) $y = x^2 + x^4$, $y = \frac{1}{4}x^4 + 3$, $y = a + b + 3x^4$,

                                             $y = mx^4 - nx^3 + p$,

e) $y = (x - 2)(x - 3)$, $y = x^2(x + a)$, $y = (x^3 - 1)(x + 1)$,

                                             $y = x^2(x^2 - a^2)$.

Lösungen:

     a) 2, m, a, 4,

     b) $6x - 1$, $-2 + 10x$, $\frac{1}{2}x$, $-4x$,

     c) $x^3 + x$, $2 - 3x^2$, $3ax^2$, $2x - 3abx^2$,

     d) $2x + 4x^3$, x^3, $12x^3$, $4mx^3 - 3nx^2$,

     e) $2x - 5$, $3x^2 + 2ax$, $4x^3 + 3x^2 - 1$, $4x^3 - 2a^2x$.

II. Untersuche das Steigen und Fallen folgender Kurven und gib, wenn nötig, mit Hilfe der Zeichnung die Lage der Maxima und Minima an!

a) $y = 4x^2$ b) $y = -\frac{1}{10}x^4$,   c) $y = -2x^2$,

d) $y = x^3$,   e) $y = -\frac{1}{3}x^3$,   f) $y = 2x + 1$,

g) $y = -\frac{1}{3}x - 2$,   h) $y = x^2 - 2x$,   i) $y = x^2 + 12x$,

k) $y = (2 - x)(x - 6)$,   l) $y = x^3 - 12x + 1$,   m) $y = x^3 + 3x - 4$.

Lösungen:

a) $\frac{dy}{dx} = 8x$, für $x = -$ fällt die Kurve, für $x = +$ steigt sie; für $x = 0$ hat sie ein Minimum.

b) $\frac{dy}{dx} = -\frac{2}{5}x^3$, $x = -$,   Kurve steigt; $x = +$,   Kurve fällt, $x = 0$, Maximum.

c) $\frac{dy}{dx} = -4x$,   wie bei b).

d) $\frac{dy}{dx} = 3x^2$, Kurve steigt immer, da $\frac{dy}{dx}$ immer $+$.

e) $\frac{dy}{dx} = -x^2$, Kurve fällt immer, da $\frac{dy}{dx}$ immer $-$.

f) $\frac{dy}{dx} = 2$, wie bei d).

g) $\frac{dy}{dx} = -\frac{1}{3}$, wie bei e).

h) $\frac{dy}{dx} = 2x - 2 = 2(x - 1)$, ist $x < 1$, dann ist $\frac{dy}{dx} = -$, K. fällt,[1]

                      $x > 1$,   „   „ $\frac{dy}{dx} = +$, K. steigt,

                      $x = 1$,   „   „ $\frac{dy}{dx} = 0$, Minimum.

---

[1] K. bedeutet Kurve.

i) $\dfrac{dy}{dx} = 2x + 12 = 2(x + 6)$, ist $x < -6$, dann ist $\dfrac{dy}{dx} = -$, K. fällt,

$\qquad\qquad\qquad\quad x > -6,\ \text{„}\quad\text{„}\ \dfrac{dy}{dx} = +$, K. steigt,

$\qquad\qquad\qquad\quad x = -6,\ \text{„}\quad\text{„}\ \dfrac{dy}{dx} = 0$, Minimum.

k) $\dfrac{dy}{dx} = -2x + 8 = -2(x - 4)$, ist $x < 4$, „   „ $\dfrac{dy}{dx} = +$, K. steigt,

$\qquad\qquad\qquad\quad x > 4,\ \text{„}\quad\text{„}\ \dfrac{dy}{dx} = -$, K. fällt,

$\qquad\qquad\qquad\quad x = 4,\ \text{„}\quad\text{„}\ \dfrac{dy}{dx} = 0$, Maximum.

l) $\dfrac{dy}{dx} = 3x^2 - 12 = 3(x^2 - 4)$, $x < -2$, $\dfrac{dy}{dx} = +$, K. steigt,

$\qquad\qquad\qquad\quad x = -2,\ \dfrac{dy}{dx} = 0$, Maximum,

$\qquad\qquad\quad x > -2 \text{ bis } x = 2,\ \dfrac{dy}{dx} = -$, K. fällt,

$\qquad\qquad\qquad\quad x = 2,\ \dfrac{dy}{dx} = 0$, Minimum.

$\qquad\qquad\qquad\quad x > 2,\ \dfrac{dy}{dx} = +$, K. steigt.

m) $\dfrac{dy}{dx} = 3x^2 + 3$, K. steigt immer, da $\dfrac{dy}{dx}$ stets $+$.

III. Berechne die Maxima und Minima folgender Funktionen:
(Die Entscheidung bringt immer die Zeichnung.)

a) $y = 3x^2 - 24x + 5$,   Min. für $x = 4$,

b) $y = 2x^2 - 12x + 1$,   Min. „ $x = 3$,

c) $y = 2x^2 + 18x - 7$,   Min. „ $x = -4{,}5$,

d) $y = 1 - 6x - 3x^2$,   Max. „ $x = -1$,

e) $y = 5 + 8x - 2x^2$,   Max. „ $x = 2$,

f) $y = x^3 - 12x^2 + 36x - 15$, Max. „ $x = 2$,   Min. für $x = 6$,

g) $y = x^3 - 2x^2 + x - 1$,   Max. „ $x = \frac{1}{3}$,   Min. „ $x = 1$,

h) $y = \frac{1}{3}x^3 - \frac{1}{2}x^2 - 6x - \frac{1}{2}$, Max. „ $x = -2$, Min. „ $x = 3$,

i) $y = x^3 - 12x$,   Max. „ $x = -2$, Min. „ $x = 2$,

k) $y = -x^3 + 9x + 2$,   Max. „ $x = \sqrt{3}$, Min. „ $x = -\sqrt{3}$,

l) $y = x^2 - x^3$,   Max. „ $x = \frac{2}{3}$,   Min. „ $x = 0$,

m) $y = x^2(4 - x)^2$,   Max. „ $x = 2$,   Min. „ $x = 0$ und $x = 4$,

n) $y = x^3 - \frac{1}{5}x^5$,   Max. „ $x = 2{,}32$, Min. „ $x = -2{,}32$.

o) $y = x^2(16 - x^2)$,   Min. „ $x = 0$,   Min. „ $x = +2{,}82$ und $-2{,}82$.

IV. Bei den folgenden Aufgaben aus der Geometrie usw. muß die Größe, die einen größten oder kleinsten Wert annehmen soll, als Funktion einer Veränderlichen x ausgedrückt werden. Die aufgestellte Funktion ist dann zu differenzieren. Setzt man den gefundenen Differentialquotienten gleich 0, so erhält man eine Gleichung, aus der man x berechnen kann. Doch ist der aus der Gleichung berechnete Wert von x erst noch durch eine besondere Überlegung oder durch Zeichnen der Funktionskurve daraufhin zu prüfen, ob für ihn tatsächlich die Funktion zu einem Maximum oder Minimum gemacht wird.

a) Einer Kugel vom Durchmesser d soll ein Zylinder von möglichst großem Rauminhalt eingeschrieben werden. Wie groß muß die Höhe dieses Zylinders gewählt werden, wie groß wird sein Durchmesser und sein maximaler Rauminhalt? (Abb. 22 a).

Sei x die Höhe, y der Durchmesser des Zylinders, so ist der Rauminhalt:

$$V = \frac{y^2\pi}{4}\cdot x = \frac{\pi}{4}(d^2 - x^2)\cdot x,$$

also $V = \frac{\pi}{4}(d^2 x - x^3)$.

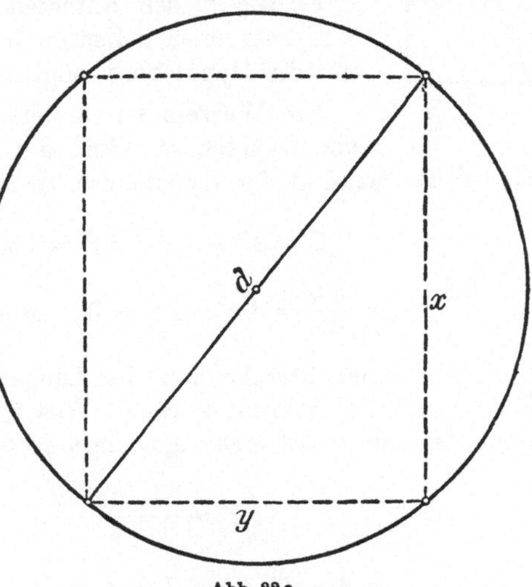

Abb. 22 a.

Somit ist jetzt der Rauminhalt als Funktion der Höhe x dargestellt. Durch Differenzieren erhalten wir nun:

$$\frac{dV}{dx} = \frac{\pi}{4}\cdot(d^2 - 3x^2).$$

Durch Nullsetzen dieses Ausdrucks ergibt sich die Gleichung:

$$\frac{\pi}{4}(d^2 - 3x^2) = 0$$

oder

$$d^2 - 3x^2 = 0$$

und hieraus

$$x = \frac{d}{\sqrt{3}} = 0,577\,d.$$

Daß sich in diesem Fall auch wirklich ein Maximum ergibt, folgt durch geometrische Überlegung oder durch Zeichnen der Kurve

$$V = \frac{\pi}{4}(d^2 x - x^3).$$

Der zugehörige Wert des Durchmessers y ergibt sich nunmehr leicht:

$$y^2 = d^2 - x^2 = d^2 - \left(\frac{d}{\sqrt{3}}\right)^2 = d^2 - \frac{d^2}{3} = \frac{2}{3}d^2.$$

$$y = \sqrt{\tfrac{2}{3}}\cdot d = 0,817\,d.$$

Endlich ergibt sich für den größten Zylinder der Rauminhalt:

$$V_{\max} = \frac{y^2\pi}{4}\cdot x = \frac{\pi}{4}\cdot\frac{2}{3}d^2\cdot\frac{d}{\sqrt{3}} = \frac{\pi}{6}d^3\cdot\frac{1}{\sqrt{3}},$$

$$V_{\max} = 0,577\cdot\frac{\pi}{6}d^3,$$

d. h. der größte Zylinder nimmt 0,577 vom Rauminhalt der Kugel ein.

b) Eine Strecke von a Meter Länge soll zum Umfang eines Rechtecks genommen werden. Wie muß man die Seiten des Rechtecks wählen, damit der Flächeninhalt desselben möglichst groß wird?

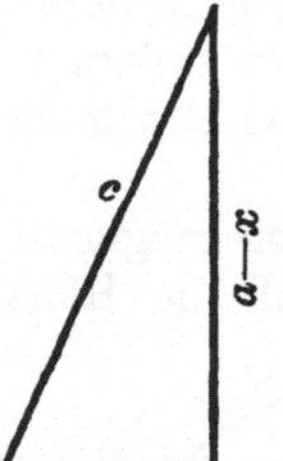

(Sind x und $\dfrac{a}{2} - x$ die Seiten, so ist $F = x\left(\dfrac{a}{2} - x\right)$ usw. Es ergibt sich $x = \dfrac{a}{4}$; was für ein Rechteck entsteht also?)

c) Die beiden Katheten eines rechtwinkligen Dreiecks sind zusammen a Zentimeter. Wie sind sie zu wählen, damit die Hypotenuse möglichst klein wird? (Abb. 23.)

Um Wurzeln zu vermeiden, berechnet man das Quadrat der Hypotenuse. Sind die Katheten x und $a - x$ und ist $C = c^2$ das Quadrat der Hypotenuse, so ist

$$C = x^2 + (a - x)^2 = 2x^2 - 2ax + a^2,$$

$$\frac{dC}{dx} = 4x - 2a = 0, \quad x = \frac{a}{2}.$$

d) Aus einer Strecke von der Länge s soll der Gesamtumfang eines Kreisausschnitts geformt werden. Was ist als Halbmesser x zu wählen, wenn der Ausschnitt einen möglichst großen Inhalt erhalten soll?

$$\left(F = \frac{(s - 2x) \cdot x}{2}, \quad x = \frac{s}{4}.\right)$$

e) Ein gerader Kreiskegel hat den Durchmesser d und die Höhe h; man soll einen Zylinder mit möglichst großem Rauminhalt einbeschreiben; wie ist die Zylinderhöhe x zu wählen, wie groß wird der Durchmesser y und der Rauminhalt V_{max} dieses Zylinders? (Abb. 24.)

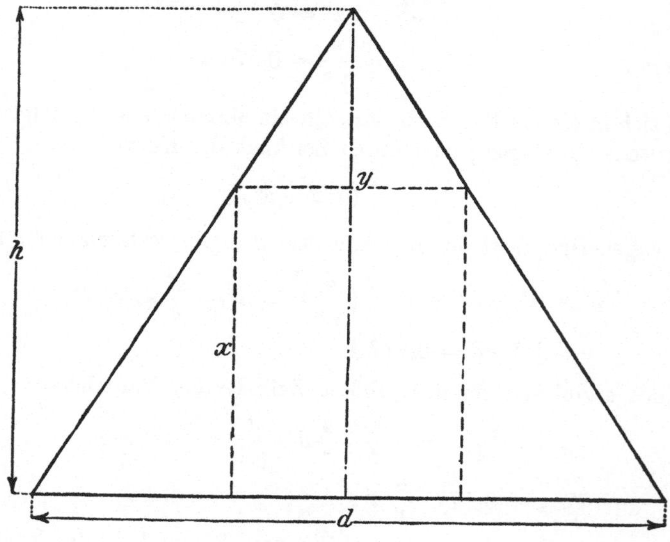

Abb. 24.

$$V = \frac{y^2 \pi}{4} \cdot x, \quad \text{wobei} \quad y : d = (h - x) : h,$$

da die beiden gleichschenkligen Dreiecke mit den Grundlinien d und y einander ähnlich sind, also

$$y^2 = \frac{d^2}{h^2}(h - x)^2$$

und somit $\quad V = \frac{\pi}{4} \cdot \frac{d^2}{h^2}(h - x)^2 \cdot x = \frac{\pi}{4}\frac{d^2}{h^2} \cdot (h^2 x - 2hx^2 + x^3).$

Die Differentiation ergibt

$$V' = \frac{\pi}{4}\frac{d^2}{h^2}(h^2 - 4hx + 3x^2) = 0 \quad \text{oder} \quad h^2 - 4hx + 3x^2 = 0.$$

Letztere Gleichung liefert die beiden Werte

$$x_1 = h, \quad x_2 = \frac{h}{3}.$$

Welcher Wert ist der richtige? $x = \dfrac{h}{3}$, nun folgt sofort: $y = \dfrac{2}{3}d$ $V_{\max} = \dfrac{4}{9}$ des Kegels.

f) Einer Kugel vom Durchmesser d ist ein Kegel von möglichst großem Inhalt einzubeschreiben. Gesucht die Höhe x, der Grundkreisradius ϱ und der Inhalt $V_{\max}$ des Kegels?

$$\left(V = \varrho^2 \pi \cdot \frac{x}{3},\ \varrho^2 = (d - x) \cdot x^1),\ x = \frac{2}{3}d,\ \varrho = \frac{d}{3}\sqrt{2},\ V_{\max} = \frac{8}{27}\ \text{Kugel.}\right)$$

g) Aus den 4 Ecken eines Quadrates von der Seite a sollen gleiche Quadrate ausgeschnitten und aus dem übrigbleibenden Stück ein oben offener Kasten gebildet werden. Wie groß müssen die Seiten der abzuschneidenden Quadrate gemacht werden, wenn man einen möglichst großen Inhalt des Kastens erzielen will?

$$\left(x = \frac{a}{6} \cdot\right)$$

h) Bei welcher Temperatur t hat das Wasser die größte Dichte, wenn nach Kopp die Beziehung gilt, daß, wenn man das Volumen des Wassers bei 0^0 gleich 1 setzt, es für eine Temperatur t (zwischen $0 - 25^0$) nach der Formel

$$v_t = 1 - 0{,}000061045\,t + 0{,}0000077183\,t^2 - 0{,}00000003734\,t^3$$

berechnet werden kann? ($t = 4{,}075^0$).

i) Bei welcher Temperatur ist die spezifische Wärme c_t des Wassers ein Minimum, wenn sie nach der Formel

$$c_t = 1 - 0{,}0006684\,t + 0{,}00001092\,t^2$$

berechnet werden kann? ($t = 30{,}6^0$).

---

1) Nach dem Höhensatz.

§ 9. Integrale.

I. Es sei die Kurve $y = x^2$ gezeichnet (Abb. 25) und es liege die Aufgabe vor, die von der Kurve, der X-Achse und den beiden Ordinaten y_a und y_b eingegrenzte Fläche F zu berechnen (Abszissen a und b).

Wir teilen die Fläche in beliebig viele gleich schmale Streifen von der Breite $\varDelta x$. Von diesen Streifen schneiden wir noch durch Parallelen zur X-Achse die oberen dreieckähnlichen Flächen ab, so daß wir nur Rechtecke übrig behalten, die völlig innerhalb der gesuchten Fläche liegen.

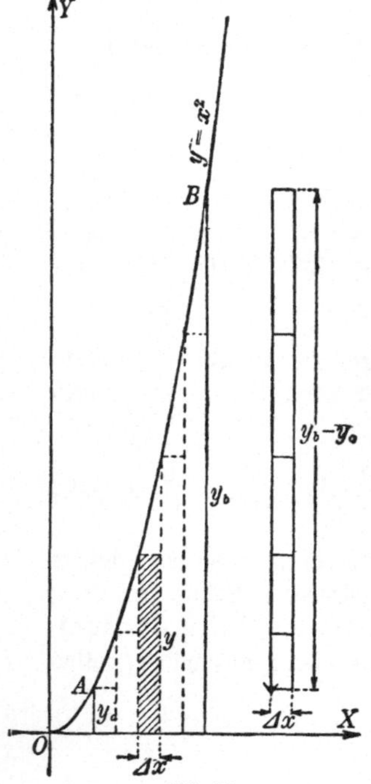

Abb. 25.

Ein solches Rechteck hat dann den Flächeninhalt $y \cdot \varDelta x$. Die gesamte Summe bezeichnen wir durch:

$$\sum_a^b y \cdot \varDelta x$$

(gelesen: Summe aller $y \cdot \varDelta x$ von a bis b).[1]

Diese Summe ist zweifellos kleiner als die gesuchte Fläche F. Der Fehler, den man begeht, wenn man statt F die genannte Summe setzt, ist gleich der Summe der abgeschnittenen dreieckähnlichen Flächen. Ergänzt man diese dreieckähnlichen Flächen zu Rechtecken, so ist der Fehler sicher kleiner als die Summe aller dieser neuen kleinen Rechtecke. In Abb. 25 sind rechts die verschiedenen Rechtecke, die alle die gleiche Grundlinie $\varDelta x$ haben, übereinandergestellt und man erkennt leicht, daß sie die Summe $\varDelta x \cdot (y_b - y_a)$ besitzen, d. h. der Fehler, den man macht, wenn man für das Flächenstück F die Summe

$$\sum_a^b y \cdot \varDelta x$$

setzt, ist kleiner als der Inhalt des schmalen Rechtecks $(y_b - y_a) \cdot \varDelta x$.

Läßt man nun die Strecke $\varDelta x$ immer kleiner und kleiner werden, wodurch die Anzahl der Rechtecke immer größer wird, dann wird der Fehler

$$(y_b - y_a) \cdot \varDelta x$$

auch immer kleiner und die Summe $\sum_a^b y \cdot \varDelta x$ nähert sich immer mehr dem wahren Flächeninhalt F.

Der „Grenzwert“, dem sich diese Summe bei kleiner werdendem $\varDelta x$ immer mehr und mehr nähert, soll durch das Zeichen

$$\int_a^b y \cdot dx$$

(gelesen: Integral $y \cdot dx$ von a bis b) ausgedrückt werden.

---

[1] Das Summenzeichen $\sum$ stammt von Euler 1755.

Durch das neue Zeichen $\int$ soll angedeutet sein, daß die Anzahl der Glieder dieser Summe jetzt unbegrenzt wächst, durch dx, daß die Strecke Δx unbegrenzt abnimmt.

Der gesuchte Flächeninhalt ist nun

$$F = \int_a^b y \cdot dx = \int_a^b x^2\, dx,$$

da hier bekanntlich nach der Kurvengleichung $y = x^2$ ist.

II. Jetzt wird es sich darum handeln, den Zahlenwert dieser Fläche F oder des Integrals $\int_a^b x^2\, dx$ zu berechnen. Zu diesem Zweck müssen wir eine neue Überlegung machen.

Wieder sei die Kurve $y = x^2$ gezeichnet (Abb. 26). In dem ganz beliebigen Punkt x_0 ziehen wir eine Ordinate, ebenso in dem bestimmten Punkt x[1]). Die nunmehr von der Kurve und der X-Achse bestimmte Fläche von dem beliebigen Ausgangspunkt x_0 an bis zu dem ganz bestimmten Punkt x soll durch $z = F(x)$ bezeichnet werden. Durch die Bezeichnung $F(x)$ ist angedeutet, daß die gekennzeichnete Fläche eine Funktion des Endpunktes x ist, denn machen wir x größer oder kleiner, so wird auch unsere Fläche größer bzw. kleiner. Wir suchen jetzt diese noch unbekannte Funktion $z = F(x)$ zu bestimmen.

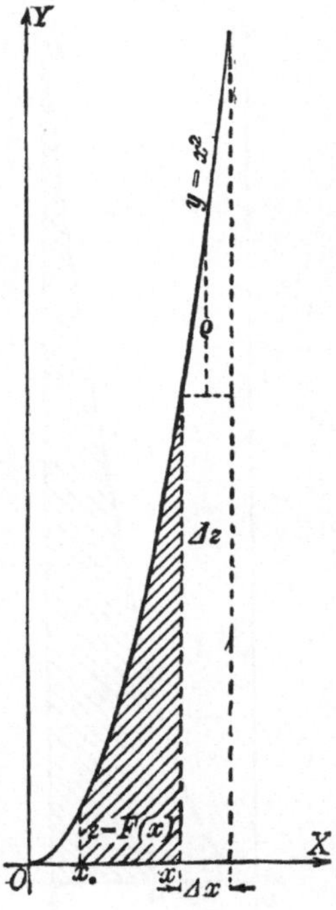

Denken wir uns x um ein kleines Stück Δx vergrößert, dann wird auch z um ein Flächenstück Δz wachsen. Nach der Abb. 26 besteht der Streifen Δz aus einem Rechteck $y \cdot \Delta x$ und einer dreieckähnlichen Fläche, die wir durch die Grundlinie Δx und die mittlere Höhe ϱ ausdrücken können ($\varrho \cdot \Delta x$). Also haben wir

$$\Delta z = y \cdot \Delta x + \varrho \cdot \Delta x$$

oder

$$\frac{\Delta z}{\Delta x} = y + \varrho,$$

und da nach der Kurvengleichung $y = x^2$ ist,

$$\frac{\Delta z}{\Delta x} = x^2 + \varrho.$$

Lassen wir endlich den Zuwachs Δx sehr klein und schließlich gleich 0 werden, dann geht der linksstehende Quotient in bekannter Weise in den Differentialquotienten $\frac{dz}{dx}$ über, die mittlere Höhe ϱ wird hierbei gleich 0 und es bleibt die wichtige Gleichung:

$$\frac{dz}{dx} = x^2,$$

d. h.: Die Funktion z ist uns zwar unbekannt, aber wir wissen jetzt von

Abb. 26.

---

[1]) Die Punkte sind hier kurz x_0 und x genannt, weil ihre Abszissen x_0 und x sind.

ihr, daß sie den Differentialquotienten $\dfrac{dz}{dx} = x^2$ besitzt. Welche Funktion gibt nun differenziert x^2? Dies ist offenbar die Funktion:

$$\tfrac{1}{3}x^3 + C,$$

hierbei bedeutet C eine beliebige Konstante, auch Integrationskonstante genannt. Damit ist die gesuchte unbekannte Funktion $z = F(x)$ nunmehr gefunden:

$$z = F(x) = \tfrac{1}{3}x^3 + C.$$

Die von der Kurve $y = x^2$ und der X-Achse eingeschlossene Fläche, die links von der Ordinate in dem beliebigen Punkt x_0, rechts von der Ordinate in dem bestimmten Punkt x begrenzt ist, hat also den Inhalt:

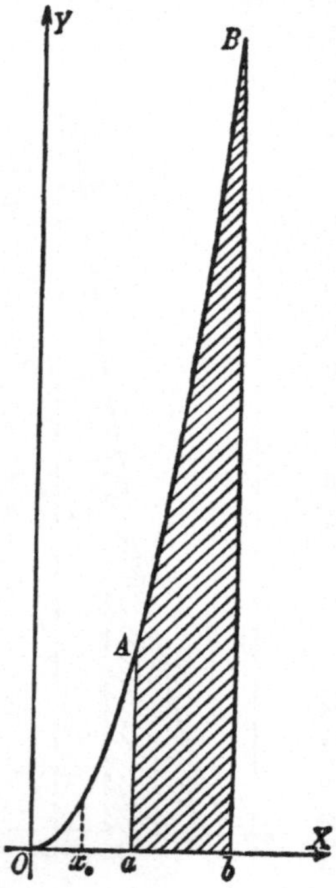

$$F(x) = \tfrac{1}{3}x^3 + C.$$

Die willkürliche Konstante C erklärt sich geometrisch dadurch, daß unsere Fläche auf der linken Seite keine feste Grenze hat, denn der Anfangspunkt x_0 ist ganz beliebig.

III. Nach dieser Betrachtung kehren wir wieder zu unserer ersten Aufgabe zurück.

Die von der Kurve $y = x^2$, der X-Achse und den Ordinaten aA und bB eingegrenzte Fläche F (Abb. 27), die wir oben durch das Integral

$$\int_a^b x^2\,dx$$

ausgedrückt haben, können wir nun berechnen. Unter $F(x)$ verstanden wir die Fläche von x_0 bis x. Die Fläche von x_0 bis a ist demgemäß $F(a)$, die Fläche von x_0 bis b ist ebenso $F(b)$. Die gesuchte Fläche F endlich ist die Differenz dieser beiden Flächen:

Abb. 27.

$$F = F(b) - F(a).$$

Nun ist
$$F(x) = \tfrac{1}{3}x^3 + C,$$

also
$$F(a) = \tfrac{1}{3}a^3 + C, \qquad F(b) = \tfrac{1}{3}b^3 + C,$$

somit
$$F = (\tfrac{1}{3}b^3 + C) - (\tfrac{1}{3}a^3 + C)$$

oder
$$F = \tfrac{1}{3}b^3 - \tfrac{1}{3}a^3.$$

Man sieht, daß jetzt die unbekannte Konstante C durch Subtraktion herausfällt.

Für die letzte Gleichung hat man eine kürzere Schreibweise:

$$F = \left| \tfrac{1}{3}x^3 \right|_a^b.$$

Ihre Bedeutung ist: In dem Ausdruck $\tfrac{1}{3}x^3$ setzt man für x zuerst den Wert b, dann den Wert a ein und zieht die Ergebnisse voneinander ab.

Wir können nun für das vorhin aufgestellte Integral den Wert angeben:

$$\int_a^b x^2\,dx = \left|\tfrac{1}{3}\,x^3\right|_a^b$$

d. h. das Integral $\int_a^b x^2\,dx$ wird berechnet, indem man diejenige Funktion aufsucht, die differenziert x^2 ergibt (nämlich $\tfrac{1}{3}x^3$) und darin für x einmal den Wert b, das andere Mal den Wert a einsetzt und endlich die so gefundenen Werte voneinander abzieht.

IV. In gleicher Weise erklären und berechnen wir das Integral:

$$\int_a^b x^3\,dx.$$

Zunächst verstehen wir darunter die von der Kurve $y = x^3$ und der X-Achse gebildete Fläche, die links und rechts durch die Ordinaten in a und b begrenzt ist. Zur Berechnung müssen wir wieder diejenige Funktion suchen, die differenziert x^3 gibt. Dies ist, wie man leicht erkennt, die Funktion $\tfrac{1}{4}x^4 + C$. Nun erhalten wir nach obigen Ausführungen:

$$\int_a^b x^3\,dx = \left|\tfrac{1}{4}\,x^4\right|_a^b = \tfrac{1}{4}\,(b^4 - a^4).$$

a) Welches ist nun die geometrische Bedeutung und der Zahlwert folgender Integrale:

$$\int_a^b x\,dx, \quad \int_a^b x^4\,dx, \quad \int_a^b 7\,dx, \quad \int_a^b dx?$$

Antwort:

$$\int_a^b x\,dx = \left|\tfrac{1}{2}x^2\right|_a^b = \tfrac{1}{2}(b^2 - a^2),$$

$$\int_a^b x^4\,dx = \left|\tfrac{1}{5}x^5\right|_a^b = \tfrac{1}{5}(b^5 - a^5),$$

$$\int_a^b 7\,dx = \left|7x\right|_a^b = 7(b - a),$$

$$\int_a^b dx = \int_a^b 1 \cdot dx = \int_a^b x^0 \cdot dx = \left|x\right|_a^b = b - a.$$

b) Welche Fläche bildet die Kurve $y = x^2$ mit der X-Achse in den Grenzen von $x_1 = 3$ bis $x_2 = 9$?

$$\left(F = \int_3^9 x^2\,dx = \left|\tfrac{1}{3}x^3\right|_3^9 = \frac{9^3 - 3^3}{3} = 243 - 9 = 234 \text{ Flächeneinheiten.}\right)$$

c) Wie groß ist der durch die Koordinaten x und y abgegrenzte Abschnitt der Parabel $y = x^2$?

$$\left(F = \int_0^x x^2\,dx = \left|\tfrac{1}{3}x^3\right|_0^x = \tfrac{1}{3}x^3 = \tfrac{1}{3}x \cdot x^2 = \tfrac{1}{3}x \cdot y.\right)$$

d) Welche Fläche bildet die Wendeparabel $y = x^3$ in den Grenzen $x_1 = 1$ und $x_2 = 3$ mit der X-Achse?

$$\left(F = \int_1^3 x^3\, dx = \left|\tfrac{1}{4} x^4\right|_1^3 = \tfrac{1}{4} \cdot (81 - 1) = 20 \ \text{Flächeneinheiten.}\right)$$

e) $\int_a^b p\, dx = ?\quad \int_a^b q x\, dx = ?\quad \int_a^b r x^2\, dx = ?\quad$ (p, q, r sind konstante Faktoren.)

$$\left(\left|p x\right|_a^b, \ \ \left|\tfrac{q}{2} x^2\right|_a^b, \ \ \left|\tfrac{r}{3} x^3\right|_a^b.\right)$$

f) Beweise folgende Formeln:

$$\int_a^b p x^2\, dx = p \int_a^b x^2\, dx, \quad \int_a^b s x^4\, dx = s \int_a^b x^4\, dx, \quad \int_a^b m\, dx = m \int_a^b dx.$$

g) Welcher Satz über konstante Faktoren wurde hier angewendet?

Antwort: **Ein hinter dem Integralzeichen stehender konstanter Faktor darf auch vor das Integralzeichen geschoben werden.**

h) Berechne folgende Integrale!

$$\int_1^7 2 x^2\, dx, \quad \int_0^4 \tfrac{1}{3} x\, dx, \quad \int_{-6}^{-1} 4\, dx, \quad \int_0^2 4 x^3\, dx, \quad 5\int_{-3}^{+3} x^2\, dx.$$

$$(228, \ \ 2\tfrac{2}{3}, \ \ 20, \ \ 16, \ \ 90.)$$

i) Welchen Flächeninhalt hat der durch die Koordinaten c und d abgegrenzte Abschnitt der Parabel $y = a x^2$?

($F = \tfrac{1}{3} c \cdot d$, d. h. es ist gleich $\tfrac{1}{3}$ des zugehörigen Rechtecks $c \cdot d$.)

k) Löse die gleiche Aufgabe für $y = a x^3$ und $y = a x^4$!

$$(\tfrac{1}{4} c \cdot d \quad \text{und} \quad \tfrac{1}{5} c \cdot d.)$$

l)
$$\int_a^b (x^2 + x^3)\, dx = ?$$

Die Funktion, die differenziert $x^2 + x^3$ liefert, heißt $\tfrac{1}{3} x^3 + \tfrac{1}{4} x^4$; also ist

$$\int_a^b (x^2 + x^3)\, dx = \left|\tfrac{1}{3} x^3 + \tfrac{1}{4} x^4\right|_a^b,$$

d. h. **Eine algebraische Summe wird integriert, indem man die einzelnen Summanden integriert.**

m)
$$\int_2^4 (1 + x + x^2)\, dx = ?$$

$$(26\tfrac{2}{3}.)$$

n) In welche allgemeine Formel lassen sich die vier Formeln

$$\int_a^b dx = \left| x \right|_a^b, \qquad \int_a^b x^2\,dx = \left| \tfrac{1}{3} x^3 \right|_a^b,$$

$$\int_a^b x\,dx = \left| \tfrac{1}{2} x^2 \right|_a^b, \qquad \int_a^b x^3\,dx = \left| \tfrac{1}{4} x^4 \right|_a^b \quad \text{zusammenfassen?}$$

Antwort:
$$\int_a^b x^n\,dx = \left| \frac{1}{n+1} \cdot x^{n+1} \right|_a^b$$

oder in Worten ausgedrückt:

Das Integral von a bis b einer n-ten Potenz ist gleich dem $(n+1)$-ten Teil der Differenzen der $(n+1)$-ten Potenzen von b und a.

o) Welche Funktion gibt differenziert das Ergebnis:

$$p + qx + rx^2 + sx^3\,?$$

Antwort: Die Funktion:

$$px + \frac{q}{2} x^2 + \frac{r}{3} x^3 + \frac{s}{4} x^4 + C,$$

worin C eine beliebige Konstante ist.

p) Welche Integralform ergibt sich hieraus?

$$\int_a^b (p + qx + rx^2 + sx^3)\,dx = \left| px + \frac{q}{2} x^2 + \frac{r}{3} x^3 + \frac{s}{4} x^4 \right|_a^b.$$

q)
$$\int_{-3}^{6} (x^2 - 4x + 10)\,dx = ? \qquad (117.)$$

r) Man berechne die von der Parabel $y = (x + 2)(4 - x)$ mit der X-Achse gebildete und oberhalb derselben liegende Fläche!

$$\left(\int_{-2}^{4} (-x^2 + 2x + 8)\,dx = 36. \right)$$

s) Wie groß ist die unterhalb der X-Achse liegende Fläche der Kurve $y = (x - 2)(x - 6)$?

$$\left(F = \int_{2}^{6} (x^2 - 8x + 12)\,dx = -10\tfrac{2}{3}. \quad \text{Beachte das Minuszeichen!} \right.$$

§ 10. Berechnung von Körperinhalten.

I. Die bisher abgeleiteten Integralformeln dienten in § 9 bereits zur Berechnung von Flächeninhalten; allein die Anwendung dieser Formeln ist eine viel umfassendere: Jede Größe, die sich in gleichartige Teilgrößen zerlegen läßt, kann durch solche Integrale ausgedrückt werden. Wir sahen, daß sich die ebene Fläche aus schmalen Streifen aufbauen läßt. In gleicher Weise kann man aber auch einen Körperinhalt aus dünnen Platten, eine

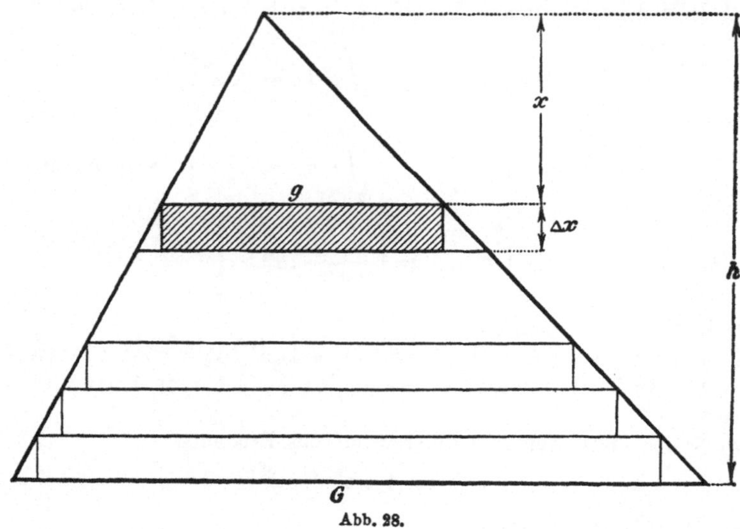

Abb. 28.

krumme Oberfläche aus schmalen Gürteln, eine Kurvenlänge aus kleinen Strecken usw. zusammensetzen. Wir werden in diesem und den späteren Abschnitten zahlreiche solche Aufgaben durch Anwendung von Integralen lösen.

II. Rauminhalt einer **Pyramide** mit der Grundfläche G und der Höhe h. (Abb. 28.)

Wir zerlegen die Pyramide durch Schnitte parallel zur Grundfläche in dünne Platten. Eine der Platten habe die Grundfläche g und sei von der Spitze der Pyramide um die Strecke x entfernt; ihre Dicke sei $\varDelta x$. Die Summe

$$\sum_{x=0}^{x=h} g \cdot \varDelta x$$

stellt dann einen Näherungswert für den Rauminhalt dar. Wir kommen dem genauen Wert desto näher, je kleiner wir $\varDelta x$ wählen. Der genaue Rauminhalt drückt sich also durch das Integral

$$\int_0^h g \cdot dx$$

aus; um dieses Integral aber berechnen zu können, müssen wir die Fläche g erst noch als Funktion von x darstellen; es ist bekanntlich

$$g : G = x^2 : h^2; \quad \text{also} \quad g = \frac{G}{h^2} \cdot x^2.$$

Der Rauminhalt der Pyramide wird demnach:

$$V = \int_0^h \frac{G}{h^2} \cdot x^2 \, dx = \frac{G}{h^2} \cdot \left| \tfrac{1}{3} x^3 \right|_0^h = \tfrac{1}{3} G \cdot h.$$

Der Rauminhalt der Pyramide ist also: **Grundfläche mal Höhe geteilt durch 3.**

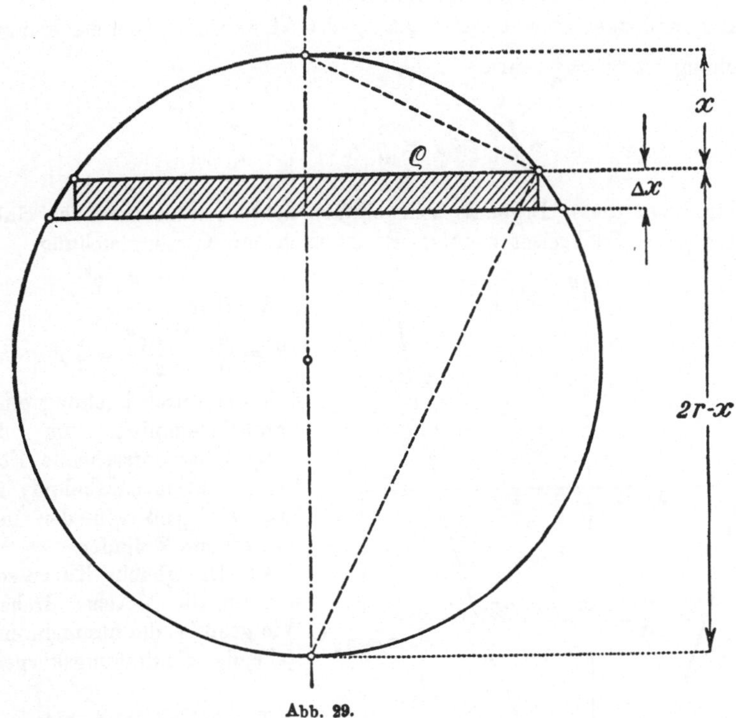

Abb. 29.

III. Rauminhalt der **Kugel** vom Halbmesser r (Abb. 29).

Wir zerschneiden, wie die Zeichnung andeutet, die Kugel in dünne zylindrische Scheiben mit dem Rauminhalt:

$$\varrho^2 \pi \cdot \varDelta x,$$

wobei $\qquad \varrho^2 = x \cdot (2r - x) = 2rx - x^2 \qquad$ (nach dem Höhensatz)

und haben schließlich das Integral zu berechnen:

$$V = \pi \int_0^{2r} (2rx - x^2)\, dx = \pi \cdot \left| rx^2 - \tfrac{1}{3} x^3 \right|_0^{2r} = \tfrac{4}{3} \pi \cdot r^3$$

IV. Rauminhalt eines **Kugelabschnitts** (Segments) mit der Höhe h.

Wir müssen die gleiche Integration wie im letzten Beispiel aber nur für die Grenzen 0 bis h durchführen und erhalten

$$V = \pi \cdot \left| rx^2 - \tfrac{1}{3} x^3 \right|_0^{h} = h^2 \pi \left(r - \tfrac{1}{3} h \right).$$

V. Die Parabel $y = ax^2$ dreht sich um die Y-Achse. Wie groß ist der Rauminhalt V des entstehenden Körpers (**Rotationsparaboloid**) für die Grenzen $y = 0$ bis $y = h$? (Abb. 30.)

Durch eine ganz ähnliche Zerlegung wie bei III ergibt sich

$$V = \int_0^{h} x^2 \pi\, dy.$$

Hier muß aber x^2 erst durch y ausgedrückt werden. Nach der Kurvengleichung ist $x^2 = \dfrac{y}{a}$; also

$$V = \int_0^h \frac{y}{a}\,\pi\,dy = \frac{\pi}{a}\cdot \left|\tfrac{1}{2}y^2\right|_0^h = \frac{\pi}{a}\cdot\frac{h^2}{2}.$$

Man kann dieses Ergebnis sehr einfach deuten, wenn man den Halbmesser ϱ des Endkreises benützt. Es ist nach der Kurvengleichung

$$h = a\cdot\varrho^2$$

und daher

$$V = \frac{\pi}{a}\cdot\frac{h\cdot a\varrho^2}{2} = \tfrac{1}{2}\varrho^2\pi\cdot h,$$

d. h. der durch Drehung eines Parabelabschnitts um die Hauptachse entstehende Körper (Rotationsparaboloid) ist halb so groß wie der umschließende Zylinder.

VI. Die gleiche Kurve soll sich um die X-Achse drehen. Wie groß ist der nunmehr entstehende Umdrehungskörper?

$$V = \int_0^\varrho y^2\pi\,dx = \int_0^\varrho a^2x^4\pi\,dx$$

$$= \frac{a^2\pi}{5}\cdot\varrho^5 = \tfrac{1}{5}\cdot h^2\pi\cdot\varrho$$

Man deute das Ergebnis ähnlich wie bei **V**.

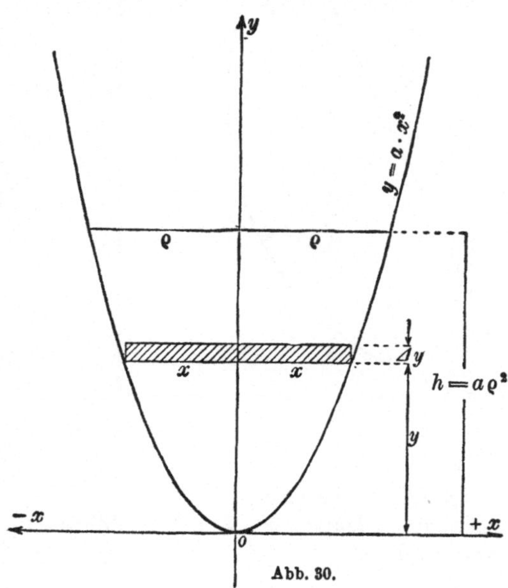

Abb. 30.

VII. Der bei der Drehung einer beliebigen Kurve um die X-Achse bzw. die Y-Achse entstehende Umdrehungskörper hat den Rauminhalt

$$\int_{x_1}^{x_2} y^2\pi\,dx, \quad \text{beziehungsweise} \quad \int_{y_1}^{y_2} x^2\pi\,dy.$$

Natürlich muß im ersten Fall y^2 als Funktion von x, im zweiten Fall x^2 als Funktion von y ausgedrückt und unter das Integral eingesetzt werden

VIII. Die Kurve $y = ax^3$ dreht sich um die X-Achse; gesucht der Inhalt des entstehenden Umdrehungskörpers für die Grenzen $x = 0$ und $x = h$.

$$\left(V = \pi\int_0^h a^2x^6\,dx = \frac{a^2}{7}\cdot h^7\pi.\right)$$

IX. a) Die Gerade $y = ax$ erzeugt bei der Drehung um die X-Achse einen **Kegel**. Gesucht der Rauminhalt für die Grenzen $x = 0,\ y = 0$ bis $x = h,\ y = r$.

$$V = \int_0^h a^2x^2\pi\,dx = \left|\tfrac{1}{3}a^2x^3\pi\right|_0^h = \tfrac{1}{3}a^2h^3\pi = \tfrac{1}{3}r^2\pi\cdot h.$$

b) Löse die gleiche Aufgabe für die Grenzen $x = x_1$, $y = r_1$ und $x = x_2$, $y = r_2$ **(Kegelstumpf).**

$$V = \left| \tfrac{1}{3} a^2 x^3 \pi \right|_{x_1}^{x_2} = \tfrac{1}{3} \pi a^2 \left(x_2^3 - x_1^3 \right)$$

$$= \tfrac{1}{3} \pi a^2 \left(x_2^2 + x_2 x_1 + x_1^2 \right) \left(x_2 - x_1 \right)$$

$$= \frac{h \pi}{3} \left(r_2^2 + r_2 r_1 + r_1^2 \right). \quad \text{Da } x_2 - x_1 = h \text{ ist.}$$

§ 11. Statische Momente und Schwerpunktslagen.

I. Es sei m die in einem Punkt P (Abb. 31) befindliche Masse und r der Abstand des Punktes P von einer festen Achse; dann heißt

$$m \cdot r$$

das „Statische Moment" des Massenpunktes m in bezug auf die Achse.

Seien m_1, m_2, m_3 .. beliebige Massenpunkte und r_1, r_2, r_8 .. ihre Abstände von der Achse, so heißt die Summe

$$m_1 r_1 + m_2 r_2 + m_3 r_3 + \cdots = \Sigma m \cdot r$$

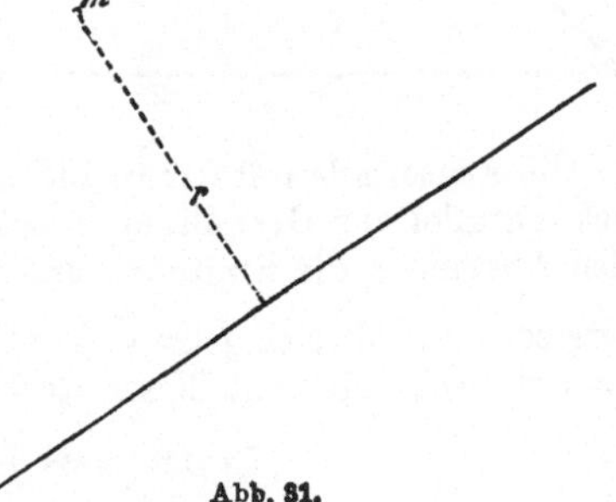

Abb. 31.

das statische Moment des Systems m_1, m_2, m_3 ...

Wir denken uns nun, alle Massen m_1, m_2, m_3 ... wären in einem Punkt S vereinigt, und S habe von der Achse den Abstand ϱ. Das statische Moment der ganzen in S vereinigten Massensumme M wäre dann

$$(m_1 + m_2 + m_3 + \cdots) \varrho = \varrho \Sigma m$$
$$= \varrho \cdot M$$

Ist nun S so gewählt, daß für jede beliebige Achse das statische Moment der Massensumme gleich ist der Summe aller statischen Momente der Einzelmassen, dann heißt S der Schwerpunkt des Systems.

Es muß also für den Schwerpunktsabstand ϱ die Gleichung bestehen:

$$m_1 r_1 + m_2 r_2 + m_3 r_3 + \cdots = (m_1 + m_2 + m_3 \; ..) \cdot \varrho,$$

für den Schwerpunktsabstand ϱ folgt also:

$$\varrho = \frac{m_1 r_1 + m_2 r_2 + m_3 r_3 \cdots}{m_1 + m_2 + m_3 + \cdots}$$

oder $\quad \varrho = \dfrac{\Sigma m \cdot r}{M} = \dfrac{\Sigma m r}{\Sigma m} = \dfrac{\text{Stat. Mom. der Gesamtmasse}}{\text{Gesamtmasse}}.$

Sind die betrachteten Massen gleichartig (von gleicher Dichte), so setzt man häufig die Massen unmittelbar ihren geometrischen Größen gleich. Statt vom statischen Moment oder vom Schwerpunkt einer sehr dünnen gleichartigen Platte spricht man vom statischen Moment oder vom Schwerpunkt einer Fläche. Ebenso spricht man vom Schwerpunkt einer Linie, einer (geometrischen) Kugel usw.

II. Folgende Sätze werden bereits in der elementaren Mechanik erläutert:

Der Schwerpunkt einer geraden Linie liegt in ihrem Mittelpunkt.

Der Schwerpunkt eines Rechtecks (auch jedes anderen Parallelogramms) liegt im Schnittpunkt der Diagonalen

Der Schwerpunkt einer symmetrischen Fläche liegt auf der Symmetrieachse.

Der Schwerpunkt eines Umdrehungskörpers liegt auf der Umdrehungsachse.

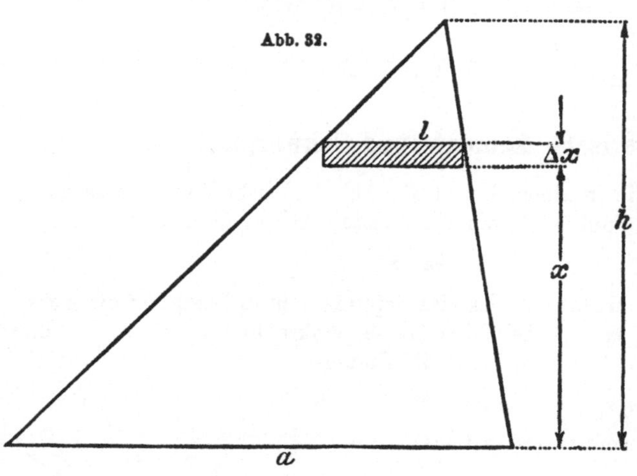

Der Schwerpunkt eines geometrischen Gebildes mit Mittelpunkt ist eben dieser Mittelpunkt. (Strecke, Quadrat, Kreis, Ellipse, Kugel, Ellipsoid usw.)

III. Das statische Moment und der Schwerpunkt eines **Dreiecks** sind zu bestimmen. (Abb. 32.)

Die Achse falle mit der Grundlinie a zusammen. Wir zerlegen das Dreieck parallel zur Grundlinie in schmale Rechtecke. Eines derselben habe den Abstand x, die Breite Δx und die Länge l. Wegen der Ähnlichkeit der Dreiecke verhält sich jetzt $l : a = (h - x) : h$, und es ist also $l = \dfrac{a \cdot (h - x)}{h}$. Das statische Moment dieses Rechtecks ist dann

$$l \cdot \Delta x \cdot x = \frac{a}{h} \cdot (h - x) \cdot x \cdot \Delta x.$$

Die Summe aller statischen Momente wird nun:

$$M = \int_0^h \frac{a}{h} \cdot (h - x) \cdot x \cdot dx = \frac{a}{h} \int_0^h (hx - x^2)\, dx = \frac{a}{h} \cdot \left| \frac{hx^2}{2} - \frac{x^3}{3} \right|_0^h = \frac{a \cdot h^2}{6}.$$

Der Schwerpunktsabstand y_0 wird jetzt (statisches Moment durch Fläche)·

$$y_0 = \frac{\dfrac{a \cdot h^2}{6}}{\dfrac{a \cdot h}{2}} = \frac{h}{3},$$

d. h.: der Schwerpunkt eines Dreiecks liegt auf den Parallelen zu den Dreiecksseiten je im Abstand $\frac{1}{3}$ der zugehörigen Höhen. Man beweise, daß sich diese 3 Parallelen in e i n e m Punkt schneiden müssen, man zeige ferner, daß der Schwerpunkt zugleich der Schnittpunkt der 3 Seitenhalbierenden ist.

IV. Den Schwerpunkt eines **Kreisquadranten** zu finden (Abb. 33).

Die in der Zeichnung angedeutete Zerlegung liefert für das statische Moment in bezug auf die wagerechte Achse

$$M = \int_0^r y \cdot dx \cdot \frac{y}{2} = \frac{1}{2} \int_0^r y^2 dx = \frac{1}{2} \int_0^r (r^2 - x^2)\, dx = \frac{1}{3} r^3.$$

Für den Schwerpunktsabstand folgt nun:

$$y_0 = \frac{\frac{1}{3} r^3}{\frac{1}{4} r^2 \pi} = \frac{4 r}{3 \pi}.$$

V. a) Man berechne die Schwerpunktslage für den **Halbkreis.**

$$\left(y_0 = \frac{4 r}{3 \pi}. \right)$$

b) Berechne das statische Moment eines Rechtecks $a \cdot b$ in bezug auf die Seite a.

$$\left(M = \int\limits_0^b a x \, dx = \frac{a}{2} b^2. \right)$$

VI. Man berechne die Schwerpunktslage

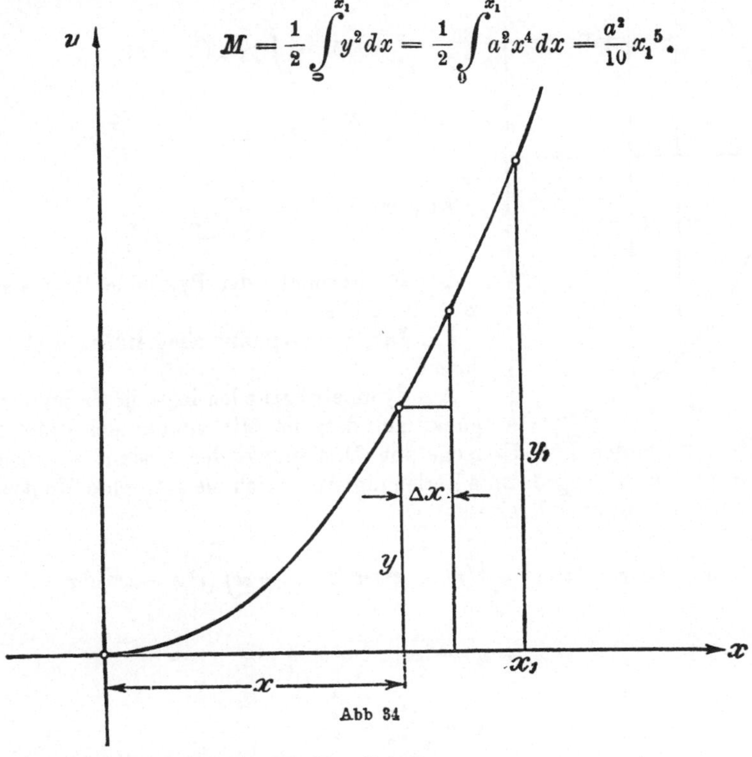

Abb. 33.

für den in Abb. 34 gezeichneten **Abschnitt der Parabel** $y = a x^2$.

Das statische Moment bezüglich der x-Achse ist:

$$M = \frac{1}{2} \int\limits_0^{x_1} y^2 \, dx = \frac{1}{2} \int\limits_0^{x_1} a^2 x^4 \, dx = \frac{a^2}{10} x_1^5.$$

Abb 34

Das statische Moment bezüglich der Y-Achse ist:

$$M = \int_0^{x_1} y\,dx \cdot x = \int_0^{x_1} a x^3\,dx = \frac{a}{4}\,x_1{}^4.$$

Da die Abschnittfläche nach § 9 IV i gleich $\dfrac{xy}{3} = \dfrac{a x_1{}^3}{3}$ ist, so folgt für die Koordinaten des Schwerpunktes:

$$x_0 = \frac{a x_1^4}{4 \cdot \dfrac{a x_1^3}{3}} = \tfrac{3}{4}\,x_1\,, \qquad y_0 = \frac{a^2 x_1^5}{10 \cdot \dfrac{a x_1^3}{3}} = \tfrac{3}{10}\,y_1.$$

VII. Berechne ebenso die Schwerpunktslage für den Ergänzungsabschnitt (zwischen Parabel und Y-Achse).

$$\left(x_0 = \tfrac{3}{8}\,x_1, \quad y_0 = \tfrac{3}{5}\,y_1.\right)$$

VIII. Den Schwerpunkt einer **Pyramide** zu finden.

Da dieser Schwerpunkt auf der Verbindungslinie der Spitze mit dem Schwerpunkt der Grundfläche liegen muß, so braucht nur noch die Höhe h' des Schwerpunktes über der Grundfläche gefunden zu werden.

Wir zerlegen die Pyramide in dünne Platten wie in § 10 II (Abb. 28) und bestimmen das statische Moment bezüglich der Grundfläche G. Wir erhalten:

$$M = \int_0^h g\,dx\,(h - x)$$

$$= \frac{G}{h^2} \int_0^h x^2 (h - x)\,dx = \frac{G}{12}\,h^2.$$

Also wird $\quad h' = \dfrac{G h^2}{12 \cdot \dfrac{G h}{3}} = \dfrac{h}{4}.$

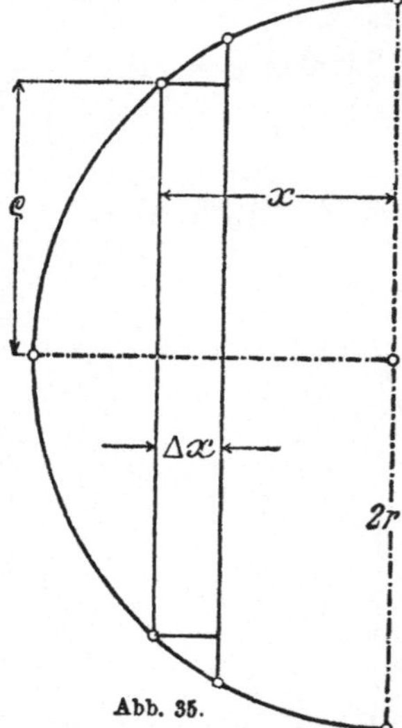

Abb. 35.

Der Schwerpunkt der Pyramide liegt also in $\tfrac{1}{4}$ der Höhe.

IX. Den Schwerpunkt einer **Halbkugel** zu finden.

Aus Symmetriegründen liegt dieser Schwerpunkt auf dem im Mittelpunkt des größten Kreises errichteten Lot. Er möge vom Mittelpunkt den Abstand ξ haben.

Die in Abb. 35 angedeutete Zerlegung ergibt sich als statisches Moment bezüglich des größten Kreises:

$$M = \int_0^r \varrho^2 \pi \cdot dx \cdot x = \int_0^r (r^2 - x^2)\,\pi\,dx \cdot x = \pi \int_0^r (r^2 x - x^3)\,dx$$

$$= \pi \left| r^2 \frac{x^2}{2} - \frac{x^4}{4} \right|_0^r = \tfrac{1}{4}\,r^4 \pi.$$

Nun wird $\qquad\qquad \xi = \dfrac{\tfrac{1}{4} r^4 \pi}{\tfrac{2}{3} r^3 \pi} = \tfrac{3}{8}\,r.$

§ 12. Berechnung von Trägheits- und Widerstandsmomenten.

I. In vielen Aufgaben der technischen Mechanik wird ein dem statischen Moment ganz ähnlicher Ausdruck viel benutzt, das Trägheitsmoment; es unterscheidet sich von dem statischen Moment nur dadurch, daß die kleinen Massen, bzw. die Linien-, Flächen- oder Körperteile mit dem Quadrat des Abstands multipliziert sind. Das Trägheitsmoment eines Massenteilchens ist also

$$m \cdot r^2,$$

und das Trägheitsmoment eines Systems von solchen Massenteilchen ist:

$$m_1 r_1^2 + m_2 r_2^2 + m_3 r_3^2 + \cdots + = \sum m \cdot r^2.$$

Das Trägheitsmoment eines zusammenhängenden Gebildes wird wieder durch ein Integral berechnet.

II. a) Man bestimme das Trägheitsmoment eines **Rechtecks** $a \cdot b$ in bezug auf die Seite a. Die Zerlegung in schmale Streifen parallel zu a liefert:

$$J_a = \int_0^b a \cdot dx \cdot x^2 = a \int_0^b x^2 dx = \frac{ab^3}{3}.$$

b) Wie groß ist das Trägheitsmoment des gleichen Rechtecks bezüglich der durch den Schwerpunkt (Mittelpunkt) gehenden Parallelen zu a?

$$J_a' = 2 \cdot \int_0^{\frac{b}{2}} a \cdot dx \cdot x^2 = \frac{ab^3}{12}.$$

III. Wie groß ist das Trägheitsmoment des **Dreiecks** mit der Grundlinie a und der Höhe h bezüglich der Grundlinie?

$$J = \int_0^h l \cdot dx \cdot x^2, \text{ wobei (§ 11 III und Abb. 32) } l = \frac{a}{h}(h - x),$$

also wird $$J = \int_0^h \frac{a}{h}(h - x) \cdot x^2 dx = \frac{a}{h} \int_0^h (hx^2 - x^3)\, dx = \frac{ah^3}{12}.$$

IV. Wie groß ist das Trägheitsmoment eines regelmäßigen **Sechsecks** mit der Seite a in bezug auf eine durch den Mittelpunkt gehende Parallele zu a?

$$\left(J = \tfrac{5}{16} a^4 \cdot \sqrt{3}.\right)$$

V. In einem ebenen Flächenstück (Abb. 36) seien durch den Schwerpunkt S zwei zueinander senkrechte Achsen X und Y gezeichnet; im Schwerpunkt sei senkrecht zum Flächenstück die Achse Z errichtet. Ist m irgendein kleines Flächenteilchen, dann sind

$$J_x = \sum my^2 \quad \text{und} \quad J_y = \sum mx^2$$

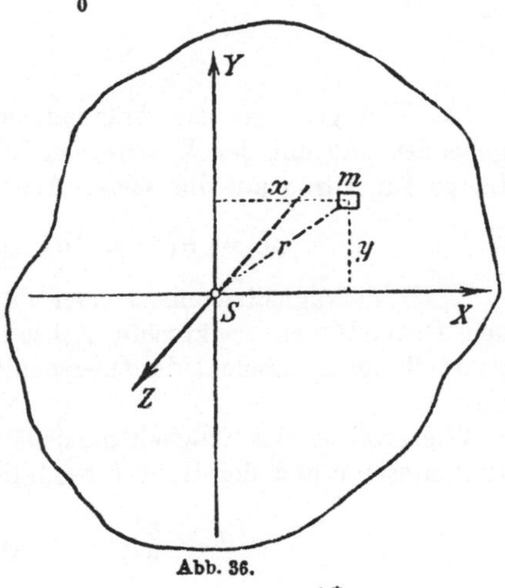

Abb. 36.

die Trägheitsmomente bezüglich der X- und Y-Achse, sie heißen auch die äquatorealen Trägheitsmomente, ferner ist

$$J_p = \sum m \cdot r^2$$

das Trägheitsmoment bezüglich der zur Fläche senkrechten Achse Z, auch polares Trägheitsmoment genannt. Da nun

$$r^2 = x^2 + y^2$$

ist, so folgt hieraus $\qquad J_p = J_x + J_y,$

d. h. das polare Trägheitsmoment eines Flächenstücks ist gleich der Summe zweier äquatorealer Trägheitsmomente, die zu zwei zueinander senkrechten Achsen gehören.

VI. Wie groß ist das polare Trägheitsmoment eines Rechtecks $a \cdot b$?

$$J_p = \frac{ab^3}{12} + \frac{ba^3}{12} = \frac{ab}{12} \cdot (a^2 + b^2).$$

VII. Gesucht das Trägheitsmoment eines Dreiecks mit der Grundlinie a und der Höhe h bezüglich der durch die Spitze gehenden, zur Grundlinie parallelen Achse.

$$J = \frac{a}{h} \int_0^h x^3 \, dx = \frac{a}{4} h^3 \qquad (x = \text{Abstand von Spitze}).$$

VIII. a) Man bestimme das **polare Trägheitsmoment** des **Kreises** vom Radius r, durch Zerlegung der Kreisfläche durch zahlreiche konzentrische Kreise. Hat dann ein Kreisring den mittleren Radius ϱ und die Breite $d\varrho$, so wird

$$J_p = \int_0^r 2\varrho\pi \cdot d\varrho \cdot \varrho^2 = \frac{\pi}{2} r^4.$$

b) Da beim Kreis J_x und J_y gleich sind, so folgt für das äquatoreale Moment:

$$J_x = J_y = \frac{\pi}{4} r^4.$$

IX. Wie groß ist das Trägheitsmoment einer durch den Nullpunkt gehenden und mit der X-Achse den Winkel α bildenden **Strecke** von der Länge l in bezug auf die beiden Achsen?

$$\left(J_x = \tfrac{1}{3} l^3 \cdot \sin^2 \alpha, \quad J_y = \tfrac{1}{3} l^3 \cdot \cos^2 \alpha.\right)$$

X. Das Trägheitsmoment einer dünnen Platte in bezug auf eine zu den Grundflächen senkrechte Achse wird berechnet, indem man das polare Trägheitsmoment des Querschnitts mit der Dicke der Platte multipliziert.

Wie groß ist das Trägheitsmoment eines geraden **Kreiszylinders** vom Halbmesser r und der Höhe h bezüglich der Zylinderachse?

$$\left(J = \frac{\pi}{2} r^4 \cdot h = (r^2 \pi \cdot h) \cdot \frac{1}{2} r^2.\right)$$

XI. Wie groß ist das Trägheitsmoment eines geraden **Kreiskegels** bezüglich seiner Achse?

$$J = \int\limits_0^h \frac{\pi}{2}\varrho^4 dx = \frac{\pi}{2} \cdot \frac{r^4}{h^4}\int\limits_0^h x^4 dx = \frac{\pi}{10}r^4 \cdot h = \frac{\pi r^2 h}{3} \cdot \frac{3}{10}r^2.$$

XII. Berechne das Trägheitsmoment einer geraden quadratischen **Pyramide** mit der Grundkante a und der Höhe h bezüglich der Achse.

$$(J = \tfrac{1}{30}a^4 \cdot h.)$$

XIII. Berechne das Trägheitsmoment einer **Kugel** bezüglich eines Durchmessers.

$$J = 2 \cdot \int\limits_0^r \frac{\pi}{2}\varrho^4 dx = 2 \cdot \frac{\pi}{2}\int\limits_0^r (r^2 - x^2)^2 dx = \pi \int\limits_0^r (r^4 - 2r^2 x^2 + x^4)\,dx = \frac{8}{15}r^5\pi.$$

XIV. Unter dem **Widerstandsmoment** eines Querschnitts versteht man das auf die Schwerpunktsachse bezogene Trägheitsmoment, geteilt durch den Abstand des äußersten Flächenteils von dieser Achse.

Beispiele: a) Für das Rechteck ab sind nach IIb dieses Paragraphen die Trägheitsmomente:

$$J = \frac{ab^3}{12} \quad \text{bzw.} \quad J = \frac{ba^3}{12}.$$

Um die entsprechenden Widerstandsmomente zu erhalten, muß man durch $\frac{b}{2}$ bzw. $\frac{a}{2}$ dividieren. Als **Widerstandsmomente des Rechtecks** ergeben sich also:

$$W = \frac{ab^2}{6} \quad \text{bzw.} \quad W = \frac{ba^2}{6}.$$

b) Für den Kreis wird nach VIIIb:

$$\text{Trägheitsmoment } J = \frac{\pi r^4}{4}.$$

Somit ist das   **Widerstandsmoment** $W = \dfrac{\pi r^3}{4}.$

XV. Aus einem kreisrunden Baumstamm vom Durchmesser d soll ein rechteckiger Balken von möglichst großem Widerstandsmoment herausgeschnitten werden. Gesucht sind Breite a und Höhe h des Balkens.

Das Widerstandsmoment

$$W = \frac{a \cdot h^2}{6} = \frac{a \cdot (d^2 - a^2)}{6} = \frac{1}{6}(d^2 a - a^3)$$

ergibt $\dfrac{dW}{da} + \tfrac{1}{6}(d^2 - 3a^2) = 0, \quad a^2 = \tfrac{1}{3}d^2.$

Daher wird W ein Maximum für

$$a = d\sqrt{\tfrac{1}{3}}, \qquad h = d\sqrt{\tfrac{2}{3}}.$$

II. Funktionswerte in Form von Reihen. Zinseszins- und Rentenfunktionen.

§ 13. Arithmetische Reihen.

I. Bei den bisher betrachteten Funktionen wurde für die unabhängige Veränderliche x die abhängige y berechnet, ohne die gesetzmäßige Beziehung der für y gefundenen Werte untereinander zu untersuchen; dies soll hier nachfolgend und im § 14 geschehen.

Stelle die Wertetabellen für die beiden folgenden Funktionen dar:

$$y = 4 + (x - 1) \cdot 3 \quad \text{und} \quad y = 18 - (x - 1) \cdot 4.$$

x	y
1	4
2	7
3	10
4	13
5	16
6	19
7	22
8	25
9	28

x	y
1	18
2	14
3	10
4	6
5	2
6	$-\ 2$
7	$-\ 6$
8	$-\ 10$
9	$-\ 14$

Die erste Reihe der y-Werte (4, 7, 10 usw.) ist so beschaffen, daß jede Zahl sich von ihren benachbarten um 3 unterscheidet. Bei der zweiten Reihe (18, 14, 10 usw.) ist der Unterschied ebenso gleich 4. Bei beiden Reihen ist auch jede Zahl das arithmetische Mittel ihrer Nachbarzahlen, z. B.

$$22 = \frac{19 + 25}{2} \quad \text{und} \quad 10 = \frac{14 + 6}{2}.$$

Wegen dieser Eigentümlichkeiten bezeichnet man beide Zahlenfolgen als **arithmetische Reihen**. Eine arithmetische Reihe ist demnach eine Aufeinanderfolge von Zahlen (auch Glieder genannt), deren Differenz konstant und bei der jede Zahl gleich dem arithmetischen Mittel ihrer Nachbarzahlen ist.

Zieht man ein Glied vom nächst höheren (nachfolgenden) ab, so wird die Differenz (d) im ersten Falle gleich $+ 3$, im zweiten Falle gleich $- 4$. Hierdurch bedingt, werden die nachfolgenden Glieder bei der ersten Reihe immer größer, bei der zweiten immer kleiner. Erstere Reihe heißt daher **steigend**, letztere dagegen **fallend**. Bei der steigenden arithmetischen Reihe ist daher die Differenz zwischen dem vorhergehenden und nachfolgenden Glied positiv, bei der fallenden dagegen negativ.

Man kann nun auch die beiden Reihen in folgender Form schreiben:

x	y
1	4
2	$4 + 1 \cdot 3$
3	$4 + 2 \cdot 3$
4	$4 + 3 \cdot 3$
5	$4 + 4 \cdot 3$
6	$4 + 5 \cdot 3$

x	y
1	18
2	$18 - 1 \cdot 4$
3	$18 - 2 \cdot 4$
4	$18 - 3 \cdot 4$
5	$18 - 4 \cdot 4$
6	$18 - 5 \cdot 4$

usw., oder wenn wir 4 das Anfangsglied a nennen, 3 die Differenz d, ferner n die Anzahl der Glieder[1]), z das Endglied und s die Summe aller Glieder der Reihe, so ergibt das erste Beispiel:

$$s = a + a + d + a + 2d + a + 3d + a + 4d \cdots + a + (n-1) \cdot d.$$

Es ist also das Endglied der Reihe $z = a + (n-1) \cdot d$.

Um das zweite Beispiel als fallende Reihe noch deutlicher zu kennzeichnen, setzen wir $18 = z$ und $4 = d$ und erhalten:

$$s = z + z - d + z - 2d + z - 3d + z - 4d \cdots + z - (n-1) \cdot d.$$

Addiere hierzu die Reihe $s = a + a + d + a + 2d \cdots + a + (n-1) \cdot d$, so wird
$$s = \tfrac{1}{2} n \cdot (a + z) \qquad \text{(Stifel 1486—1567)}$$

oder beim Einsetzen des Wertes $z = a + (n-1) \cdot d$
$$s = an + \tfrac{1}{2} n \cdot (n-1) \cdot d.$$

Wie ändert sich letztere Formel für fallende Reihen?

II. Berechne für folgende Reihen die unbekannten Größen:

Reihe	a	d	n	s	z
I	5	17	108	?	?
II	— 15	4	?	999	?
III	101	— 4	?	?	1
IV	1	?	40	9400	?
V	25	?	25	?	— 35
VI	5	?	?	392	23
VII	?	0,5	25	100	?
VIII	?	1,5	33	?	74
IX	?	3	?	555	58
X	?	?	29	58	23

III. a) Verteile 2000 $\mathscr{M}$ unter 16 Personen derartig, daß jede folgende 10 $\mathscr{M}$ mehr als die vorhergehende erhält. Wieviel bekommt die erste und letzte Person?

b) Wie tief ist ein Brunnen, dessen Ausschachtung 3475 $\mathscr{M}$ kostete, und zwar das erste Meter 10 $\mathscr{M}$, jedes folgende Meter 50 Pf. mehr?

c) In welcher Tiefe des Erdinnern wird das Wasser sieden, wenn die Temperatur an der Erdoberfläche 15^0 Cels. beträgt und in Tiefenstufen von je 33 m um 1^0 Cels. zunimmt?

d) Auf einem 990 km langen Wege fahren zwei Kraftwagen A und B, gleichzeitig aufbrechend, einander entgegen. — A macht in der ersten Stunde 100 km, in jeder folgenden 10 km weniger. B macht in der ersten Stunde 40 km, in jeder folgenden 20 km mehr. Nach wieviel Stunden treffen sich die Wagen und wieviel km hat dann jeder zurückgelegt? — Löse die Aufgabe auch durch Zeichnung.

e) Bestimme die Größen s und z zeichnerisch für eine Reihe mit $a = 3$, $d = 2$ und $n = 9$.
$$\text{(Funktionsgleichungen: } \quad z = 3 + (n-1) \cdot 2$$
$$\text{und} \quad s = 3n + \tfrac{1}{2} n \cdot (n-1) \cdot 2.)$$

---

1) Reihen, bei denen $n = \infty$ ist, heißen unendliche arithmetische Reihen.

IV. a) Wird jedes Glied einer der bisher betrachteten arithmetischen Reihen vom nächstfolgenden subtrahiert, so ergibt sich aus den Differenzen eine neue Reihe, die man zum Unterschied von der ursprünglichen Reihe oder Stammreihe auch als die erste Differenzenreihe bezeichnet. So ergibt die

Stammreihe: 8, 11, 14, 17, 20, ...

und die erste Differenzenreihe: 3, 3, 3, 3, 3, 3, ...

b) Wenn die Differenzenreihe nicht aus lauter gleichen Gliedern besteht, kann man aus ihr eine zweite, gegebenenfalls auch noch eine dritte und vierte Differenzenreihe bilden, wie dies die beiden folgenden Beispiele der Quadrat- und Kubikzahlen zeigen.

Stammreihe: 1, 4, 9, 16, 25, 36, ..

1. Differenzenreihe: 3, 5, 7, 9, 11, ..

2. Differenzenreihe: 2, 2, 2, 2, .. oder

Stammreihe: 1, 8, 27, 64, 125, 216, ...

1. Differenzenreihe: 7, 19, 37, 61, 91, ...

2. Differenzenreihe: 12, 18, 24, 30, ...

3. Differenzenreihe: 6, 6, 6, ...

Hat die erste Differenzenreihe einer Stammreihe lauter gleiche Glieder, so ist die Stammreihe eine arithmetische Reihe 1. Ordnung. Hat erst die 2. bzw. 3. bzw. 4. bzw. n-te Differenzenreihe lauter gleiche Glieder, so ist die zugehörige Stammreihe eine arithmetische Reihe 2. bzw. 3. bzw. 4. bzw. n-ter Ordnung.[1]) — Eine Reihe mit lauter gleichen Gliedern kann man auch als Reihe 0-ter Ordnung bezeichnen. Die beiden nachfolgenden Reihen sind Reihen unendlicher Ordnung, weil man beim Versuch, eine Differenzenreihe zu erhalten, doch immer wieder die gegebene Stammreihe erhält:

1, 1, 2, 3, 5, 8, 13, 21, 34, .. (Reihe von Lamé),

ebenso bei der Reihe der höheren Potenzen von 2, nämlich 2, 4, 8, 16, 32, ...

c) Um das Bildungsgesetz einer Reihe zu kennzeichnen, drückt man sie durch ein Allgemeinglied aus, also für die gewöhnliche arithmetische Reihe $a + (n-1) \cdot d$ (somit hier gleich dem Endglied z).

Nun sei das Allgemeinglied einer Reihe gleich $A + B \cdot n$; es ist die Ordnungszahl der Reihe zu ermitteln:

Stammreihe: A, $A + B$, $A + 2B$, $A + 3B$, ...

1. Differenzenreihe: B, B, B, ..

Die Stammreihe ist also eine Reihe 1. Ordnung.

Zeige ebenso, daß die Stammreihen mit den Allgemeingliedern

$$A + B \cdot n + C \cdot n^2 \quad \text{bzw.} \quad A + B \cdot n + C \cdot n^2 + D \cdot n^3$$

arithmetische Reihen 2. bzw. 3. Ordnung sind.

Zeige ebenso, daß die Reihe 4, 1, 3, 10, 22, 39, 61, 88, ... eine Reihe 2. Ordnung, also ihr Allgemeinglied $A + B \cdot n + C \cdot n^2$ ist. Setze hierin der Reihe nach für n die Werte 1, 2 und 3 ein, also:

$$A + B + C = 4,$$
$$A + 2B + 4C = 1,$$
$$A + 3B + 9C = 3.$$

<hr>

[1]) oder allgemeine Reihen höherer Ordnung.

Die Auflösung dieser Gleichung mit drei Unbekannten liefert die Werte $A = 12$, $B = -10{,}5$ und $C = 2{,}5$. Das Allgemeinglied ist also dann $12 - 10{,}5\,n + 2{,}5\,n^2$. Setzen wir hierin für n der Reihe nach die Werte 4 bis 8 ein, so erhalten wir die entsprechenden Glieder der gegebenen Reihe, nämlich 10, 22, 39, 61, 88, ...

d) Bilde aus der Reihe der Kubikzahlen eine neue Reihe, derartig, daß das n-te Glied der neuen Reihe gleich der Summe der n ersten Glieder der gegebenen Reihe ist. Die neue Reihe nennen wir die Summenreihe:

$$\text{Stammreihe:} \quad 1, \quad 8, \quad 27, \quad 64, \quad 125, \quad 216.$$
$$\text{Summenreihe:} \quad 0, \quad 1, \quad 9, \quad 36, \quad 100, \quad 225.$$

Diese Summenreihe hat natürlich eine Differenzenreihe mehr als die Stammreihe und ist daher eine Reihe 4. Ordnung. Oder allgemein ist die Summenreihe einer Stammreihe n-ter Ordnung selbst eine Reihe $(n+1)$-ter Ordnung.

e) Hiermit können wir jetzt z. B. die Summe der n ersten Glieder der Reihe der Quadratzahlen leicht berechnen.

$$\text{Stammreihe:} \quad 1, \quad 4, \quad 9, \quad 16, \quad 25, \quad 36, \quad \ldots \quad \text{(Reihe 2. Ordn.)}$$
$$\text{Summenreihe:} \quad 0, \quad 1, \quad 5, \quad 14, \quad 30, \quad 55, \quad \ldots \quad \text{(Reihe 3. Ordn.)}$$

Das Allgemeinglied der letzteren ist

$$D + A \cdot n + B \cdot n^2 + C \cdot n^3.$$

Das 0-te Glied der Summenreihe muß aber gleich 0 sein, also $D = 0$[1]), so daß wir nur übrig behalten $A \cdot n + B \cdot n^2 + C \cdot n^3$, worin wir für n der Reihe nach die Werte 1, 2 und 3 einsetzen und als Summen 1 bzw. 5 bzw. 14 erhalten, also

$$A + B + C = 1,$$
$$2A + 4B + 8C = 5,$$
$$3A + 9B + 27C = 14.$$

Die Auflösung ergibt $A = \tfrac{1}{6}$, $B = \tfrac{1}{2}$, $C = \tfrac{1}{3}$.

Für die n ersten Glieder der Reihe der Quadratzahlen erhalten wir also

$$\sum_1^n k^2 = \frac{1}{6}n + \frac{1}{2}n^2 + \frac{1}{3}n^3 = \frac{n}{6}(1 + 3n + 2n^2) = \frac{n(n+1)(2n+1)}{1 \cdot 2 \cdot 3},$$

also $\quad \displaystyle\sum_1^n k^2 = 1 + 4 + 9 \cdots + n^2 = \frac{n(n+1)(2n+1)}{1 \cdot 2 \cdot 3}.$

f) Löse die gleiche Aufgabe für die n ersten Kubikzahlen!

$$\left(\sum_1^n k^3 = \left[\frac{n(n+1)}{2}\right]^2 . \right) \quad \text{(Nikomachus 100 n. Chr.)}$$

---

[1]) Weil $D + A \cdot 0 + B 0^2 + C 0^3 = 0$.

§ 14. Geometrische Reihen.

I. Es seien die Funktionen gegeben:

$$y = 2 \cdot 3^x \qquad \text{und} \qquad y = 10 \cdot \left(\tfrac{1}{2}\right)^x. \; {}^{1})$$

Die Wertetabellen lauten hier:

x	y
0	2
1	6
2	18
3	54
4	162
5	486

x	y
0	10
1	5
2	2,5
3	1,25
4	0,625
5	0,3125

Vergleichen wir hier die y-Werte beider Funktionen, so sehen wir, daß hier nicht die Differenz zweier aufeinanderfolgender Glieder konstant ist, sondern der Quotient, gebildet durch Division eines Gliedes durch das vorhergehende; der Quotient ist im ersten Beispiel 3, im zweiten 0,5. Ferner ist hier jedes Glied das geometrische Mittel der beiden Nachbarglieder, also z. B.

$$18 = \sqrt{6 \cdot 54} \quad \text{und} \quad 5 = \sqrt{10 \cdot 2{,}5}.$$

Die Werte von y in beiden Wertetabellen sind Zahlenfolgen, die man geometrische Reihen nennt, und zwar ist 2, 6, 18 ... eine steigende und 10, 5, 2,5 eine fallende.

Eine geometrische Reihe ist demnach eine Aufeinanderfolge von Zahlen (Gliedern), bei denen der Quotient zwischen der vorhergehenden und folgenden konstant und bei der jede Zahl gleich dem geometrischen Mittel der beiden Nachbarzahlen ist. Die geometrische Reihe ist steigend oder fallend, je nachdem, ob der Quotient q größer oder kleiner als 1 ist.

Die Bezeichnung der einzelnen Größen der geometrischen Reihe ist genau wie bei der arithmetischen, nur statt der Differenz d tritt hier der Quotient q neu auf (§ 13).

Man kann nun die erste der obigen Reihen auch schreiben:

$$2 + 2 \cdot 3 + 2 \cdot 3^2 + 2 \cdot 3^3 + 2 \cdot 3^4 \ldots$$

oder wenn man $2 = a$ und $3 = q$ setzt und n Glieder als vorhanden annimmt:

$$s = a + a \cdot q + a \cdot q^2 + a \cdot q^3 + a \cdot q^4 \cdots + a \cdot q^{n-1} \qquad \text{(Reihe I)}.$$

Es wird also das Endglied der geometrischen Reihe

$$z = a \cdot q^{n-1}.$$

Denkt man sich diese Reihe I mit q multipliziert, so wird

$$s \cdot q = a \cdot q + a \cdot q^2 + a \cdot q^3 + a \cdot q^4 \cdot \; \cdot + a \cdot q^{n-1} + a \cdot q^n \quad \text{(Reihe II)}.$$

---

1) Es sind dies die ersten Beispiele für Exponentialfunktionen, die dadurch gekennzeichnet sind, daß sie die eine Variable als Exponent haben. Die Exponentialfunktion wird eingehend in § 26 behandelt. Beim Stufenrad bilden die Durchmesser der Scheiben eine arithmetische, ihre Umdrehungszahlen eine geometrische Reihe

Subtrahiert man Reihe I von Reihe II, so wird

$$s = a\,\frac{q^n - 1}{q - 1}$$

Will man s durch a, q und z ausdrücken, so ergibt sich

$$s = a\,\frac{q^n - 1}{q - 1} = \frac{aq^n - a}{q - 1} = \frac{aq^{n-1}\,q - a}{q - 1};$$

da $aq^{n-1} = z$, folgt $\qquad s = \dfrac{qz - a}{q - 1}.$

Für die unendliche fallende geometrische Reihe wird $z = 0$, also auch $q \cdot z = 0$ und

$$s = \frac{0 - a}{q - 1} \quad \text{oder} \quad s = \frac{a}{1 - q}.$$

II. Berechne für folgende Reihen die unbekannten Größen:

Reihe	a	n	q	s	z
I	1	10	2	?	?
II	0,25	14	?	?	2048
III	256	?	0,5	511	?
IV	1	?	7	?	5764801
V	27	?	?	65	8
VI	?	6	1,25	11529	?
VII	?	5	$\frac{5}{6}$	?	625
VIII	?	?	4	1023	768
IX	2	3	?	26	?
X	?	3	?	19	9
XI	0,45	∞	0,01	?	?
XII	?	4	?	45	24

III. a) Bestimme die Größen s und z zeichnerisch für $a = 1$, $q = 2$ und $n = 5$ für eine geometrische Reihe.

$$\left(\text{Funktionsgleichungen:} \quad z = 1 \cdot 2^{n-1} \quad \text{und} \quad s = 1 \cdot \frac{2^n - 1}{2 - 1}.\right)$$

b) Wie groß ist die Dichtigkeit im Rezipienten einer Luftpumpe nach 20 Kolbenzügen, wenn der Inhalt des Rezipienten (nebst Verbindungskanal) 30 Liter beträgt, derjenige des Stiefels, nach Abzug des Raums für den Kolben, 6 Liter?

Da die Luft nach dem ersten Kolbenzuge statt 30 jetzt 36 Liter Raum einnimmt, so ist die Dichte der Luft, die ursprünglich gleich 1 war, jetzt nur noch $1 \cdot \frac{30}{36}$ oder $1 \cdot \left(\frac{5}{6}\right)$. Nach 2 Kolbenzügen ist sie nur noch $1 \cdot \left(\frac{5}{6}\right)^2$ usw., also nach 20 Kolbenzügen:

$$x = 1 \cdot \left(\tfrac{5}{6}\right)^{20} = \left(\tfrac{10}{12}\right)^{20} = 0,83333^{20}$$

$$x = 0,026086, \text{ der ursprünglichen Dichte.}$$

Die bei der Berechnung gebrauchte Größe $\left(\frac{5}{6}\right)$ nennt man den Verdünnungsfaktor.

c) Wieviel Rollen muß ein Potenzflaschenzug haben, um, abgesehen von Widerständen und Rollengewichten, eine Last von 640 kg mit einer Kraft von 10 kg zu heben?

n	P
1	$0{,}5^1 \cdot Q$
2	$0{,}5^2 \cdot Q$
3	$0{,}5^3 \cdot Q$
4	$0{,}5^4 \cdot Q$
$\vdots$	
n	$0{,}5^n \cdot Q$

Zwischen der Rollenzahl n, der Last Q und der erforderlichen Kraft P ergibt sich die Beziehung nach nebenstehender Tabelle.

Die Koeffizienten von Q bilden also eine geometrische Reihe mit dem Quotienten 0,5 und aus der Beziehung $P = 0{,}5^n \cdot Q$ folgt $0{,}5^n = \dfrac{P}{Q}$. Da uns $P = 10$ kg und $Q = 640$ kg gegeben sind, folgt

$$0{,}5^n = \tfrac{10}{640} = \tfrac{1}{64} \qquad \text{oder} \qquad n = 6 \text{ Rollen.}$$

d) Ein schwingender Körper hat ursprünglich den Ausschlagswinkel α; bei jeder Schwingung ist der Ausschlagswinkel nur noch $\tfrac{3}{4}$ des vorigen. Wie groß ist dieser Winkel nach der x-ten Schwingung?

$$\left(y = \alpha \cdot \left(\tfrac{3}{4}\right)^x = \alpha \cdot \left(\tfrac{4}{3}\right)^{-x}.\right)$$

(Abklingen nach der Exponentialfunktion.)

§ 15. Zinseszins- und Rentenberechnung.

I. Es sei gefragt, zu welchem Betrage b ein Kapital $a = 7850 \,\mathscr{M}$ mit $p = 4\%$ Zinsen nach einem Jahre anwächst. Statt erst die Zinsen zu berechnen und diese dann zum Kapital zu addieren, rechnet man entsprechend nach dem in § 4, II, i) gegebenen Verfahren kürzer nach der Formel

$$b = a \cdot (1 + 0{,}01 \cdot p) = 7850; \quad 7850\,(1 + 0{,}01 \cdot 4) = 8164 \,\mathscr{M}.$$

p	q
2	1,02
2,5	1,025
3	1,03
3,25	1,0325
4	1,04
4,75	1,0475
5,2	1,052
6	1,06

Den Klammerausdruck $(1 + 0{,}01 \cdot p)$ pflegt man allgemein gleich q, dem Zinsfaktor, zu setzen, also

$$q = (1 + 0{,}01 \cdot p), \quad \text{somit ist} \quad q = f(p).$$

Die Größe des Zinsfaktors q bei verschiedenem Zinsfuß zeigt nebenstehende Tabelle.

Das Endkapital b, zu dem ein Anfangskapital a mit den Zinsen nach einem Jahre anwächst, ist demnach gleich dem Produkt aus Anfangskapital a mal Zinsfaktor q

$$b = a \cdot q.$$

II. a) Steht das Kapital nun weiter auf Zinsen und werden die Zinsen jetzt mitverzinst, so ist zu Beginn des 2. Jahres also das Anfangskapital gleich $a \cdot q$, woraus man das Endkapital am Ende des 2. Jahres erhält, indem man $a \cdot q$ wiederum mit q multipliziert. Das Endkapital ist also nach 2 Jahren

n	b
1	$a \cdot q$
2	$a \cdot q^2$
3	$a \cdot q^3$
4	$a \cdot q^4$
$\vdots$	$\vdots$
n	$a \cdot q^n$

$$b = a \cdot q \cdot q \quad \text{oder} \quad b = a \cdot q^2.$$

Die nebenstehende Tabelle zeigt, wie groß das Endkapital nach 1, 2, 3, 4, ... n Jahren ist.

Steht also ein Kapital a (Anfangskapital) zu $p\%$ während n Jahren derartig auf Zinsen, daß diese jährlich zum Kapital geschlagen und mitverzinst werden, so wächst es mit den Zinseszinsen zu einem Betrage (Endkapital) b an, der sich aus der Formel ergibt:

$$b = a \cdot (1 + 0{,}01 \cdot p)^n \quad \text{oder, da} \quad (1 + 0{,}01 \cdot p) = q \quad \text{ist,}$$

$b = a \cdot q^n.$ Das ist die Zinseszinsformel (Leibniz 1683).

b) Berechne in den folgenden Zinseszinsaufgaben die unbekannten Größen.

Aufgabe	I	II	III	IV
a	15 000 M	3700 M	1500 M	?
b	60 000 M	5000 M	?	17 000 M
p	?	5 %	4 %	4 %
n	32 Jahre	?	30 Jahre	22 Jahre

c) Ermittele durch zeichnerische Lösung, zu welchem Betrage 100 M bei 5% in 1, 2, 3, ... 10 Jahren mit Zinseszinsen anwachsen.

(Funktionsgleichung: $b = 100 \cdot 1{,}05^n$.)

d) Zur Zeitersparnis, Umgehung der umständlichen logarithmischen Berechnung, benutzt man zweckmäßig eine Zinseszinstabelle (Tabelle der Zinsfaktoren), die sich in vielen Tabellenwerken findet für verschiedene Werte von p und für $n = 1 - 50$ Jahre.[1]) Zur Erläuterung wird eine solche hier nachfolgend abgekürzt beigefügt:

Zinsfaktorentafel.

Jahre n	$p = 4\%$ q^n	$p = 4{,}5\%$ q^n	$p = 5\%$ q^n
1	1,04	1,045	1,05
2	1,0816	1,0920	1,1025
3	1,1249	1,1412	1,1576
4	1,1699	1,1925	1,2155
5	1,2167	1,2462	1,2763
6	1,2653	1,3023	1,3401
7	1,3159	1,3609	1,4071
8	1,3686	1,4221	1,4775
9	1,4233	1,4861	1,5513
10	1,4802	1,5530	1,6289
11	1,5395	1,6229	1,7103
12	1,6010	1,6959	1,7959
13	1,6651	1,7722	1,8856
14	1,7317	1,8519	1,9799
15	1,8009	1,9353	2,0789
16	1,8730	2,0224	2,1829
17	1,9479	2,1134	2,2920
18	2,0258	2,2085	2,4066
19	2,1068	2,3079	2,5270
20	2,1911	2,4117	2,6533

(Erste Zinsfaktorentabelle von Stevin 1585.)

---

1) Vgl. E. Schultz-Jakobi-Kehrmann, Mathemat. u. techn. Tabellen f. Maschinenbau. Ausg. II. 17. Aufl. Verlag von G. D. Baedeker in Essen (Ruhr). 1928.

e) Wieviel verdient eine Sparkasse, die einem Sparer 1500 $\mathcal{M}$ mit $3\,^0/_0$ verzinst und das Geld zu 5% ausleiht, innerhalb 10 Jahren?

$$x = 1500 \cdot 1,05^{10} - 1500 \cdot 1,03^{10} \quad (x = 427,46\ \mathcal{M}).$$

f) Von einer Maschinenanlage im Anschaffungswerte von 10000 $\mathcal{M}$ werden bei der Buchung alljährlich 8% des Wertes abgeschrieben. Mit welchem Betrage steht die Anlage nach 13 Jahren noch zu Buch?

Nach dem ersten Jahre ist der Wert nur noch $10000 \cdot 0,92$ (der Zinsfaktor ist also hier $1 - 0,01 \cdot p$). Wir bekommen also nach 13 Jahren

$$x = 10000 \cdot 0,92^{13} = 3382,80\ \mathcal{M}.$$

g) Bei welchem Zinsfuß bringt ein Kapital von 50000 $\mathcal{M}$ ebensoviel Zinsen vierteljährlich, als zu 5% jährlich, wenn es 10 Jahre lang ausgeliehen wird?

$$(50000 \cdot q^{40} = 50000 \cdot 1,05^{10}) \quad (p = 1,23\%.)$$

III. a) Wird außer den Zinsen am Ende eines jeden Jahres noch ein gewisser Betrag r, die sogenannte Rente (eine Rente ist jede in regelmäßigen Zeiträumen wiederkehrende Zahlung), dem Kapital zugefügt, so beträgt das Endkapital

nach 1 Jahr: $b = a \cdot q + r,$

nach 2 Jahren: $b = a \cdot q^2 + r \cdot q + r,$

nach 3 Jahren; $b = a \cdot q^3 + r \cdot q^2 + r \cdot q + r,$

nach 4 Jahren: $b = a \cdot q^4 + r \cdot q^3 + r \cdot q^2 + r \cdot q + r,$ usw.

nach n Jahren: $b = a \cdot q^n + r \cdot q^{n-1} + r \cdot q^{n-2} + r \cdot q^{n-3} + \cdots \cdot r \cdot q^2 + r \cdot q + r,$

oder auch: $\quad b = a \cdot q^n + (r + r \cdot q + r \cdot q^2 + \cdots + r \cdot q^{n-2} + r \cdot q^{n-1}).$

Der Ausdruck in der Klammer ist eine geometrische Reihe von n Gliedern mit dem Anfangsglied r, dem Quotienten q und daher der Summe $r\,\dfrac{q^n - 1}{q - 1}.$

Wir erhalten somit die **Rentenformel**

$$b = aq^n + r\,\frac{q^n - 1}{q - 1}. \qquad \text{(Rentenformel bei Einzahlung am Jahresschluß.)}$$

Wäre die Rente r bereits zu Anfang eines jeden Jahres eingezahlt worden, so hätten wir nach einem Jahre schon $b = a \cdot q + r \cdot q$ und bei entsprechender Durchführung obiger Ableitung:

$$b = aq^n + r \cdot q\,\frac{q^n - 1}{q - 1}. \qquad \text{(Rentenformel bei Einzahlung am Jahresanfang.)}$$

Wird der Betrag r nicht eingezahlt, sondern dem Kapital entnommen, so wird in den beiden obigen Rentenformeln die Größe r negativ und wir erhalten die Rentenformeln für Auszahlungen zu Jahresschluß bzw. Jahresanfang:

$$b = aq^n - r\,\frac{q^n - 1}{q - 1} \quad \text{und} \quad b = aq^n - r \cdot q \cdot \frac{q^n - 1}{q - 1}.$$

Ist eine Schuld a in n Jahren bei Rückzahlung des Jahresbetrages r zu tilgen (amortisieren), so wird in diesen beiden letzten Formeln b gleich 0 und wir erhalten die beiden Schuldentilgungsformeln für Rückzahlungen zu Jahresschluß bzw. Jahresanfang:

$$a\,q^n = r\,\frac{q^n - 1}{q - 1} \quad \text{und} \quad a\,q^n = r \cdot q\,\frac{q^n - 1}{q - 1} \cdot\,{}^{1})$$

(Euler 1748.)

b) Zu welchem Betrage wachsen 10000 $\mathscr{M}$ an, wenn 20 Jahre lang außer 5% Zinsen noch 500 $\mathscr{M}$ am Jahresende hinzukommen?

$$\left(b = 10000 \cdot 1{,}05^{20} + 500 \cdot \frac{1{,}05^{20} - 1}{1{,}05 - 1} = 43066\ \mathscr{M}.\right)$$

c) In wieviel Jahren sind die Kosten für eine Maschinenanlage im Betrage von 164510 $\mathscr{M}$ getilgt bei $3^3/_4$% Zinsen und 30000 $\mathscr{M}$ Abschreibungen zu Anfang eines jeden Jahres?

$$\left(164510 \cdot 1{,}0375^x = 30000 \cdot 1{,}0375 \cdot \frac{1{,}0375^x - 1}{1{,}0375 - 1}, \quad x = 6\ \text{Jahre.}\right)$$

d) Die Kosten für ein deutsches Reichspatent[2]) (im ersten Jahre 50 $\mathscr{M}$, in jedem folgenden 50 $\mathscr{M}$ mehr, Patentdauer 15 Jahre) betragen, 4% Zinseszinsen gerechnet, 3673 $\mathscr{M}$. — Wieviel muß eine Erfindung demnach jährlich einbringen, wenn diese Kosten aus gleichgroßen Jahresrücklegungen gedeckt werden sollen?

Da die Patentgebühren je zu Jahresanfang zu entrichten sind, so wird

$$\left(3673 \cdot 1{,}04^{15} = r \cdot 1{,}04 \cdot \frac{1{,}04^{15} - 1}{1{,}04 - 1}, \quad r = 317{,}70\ \mathscr{M}.\right)$$

e) Welchen Gegenwartswert hat eine Jahresrente von 3000 $\mathscr{M}$, zahlbar 20 Jahre lang am Jahresschluß, bei 5,5% Zinsfuß?

$$\left(a \cdot 1{,}055^{20} = 3000\,\frac{1{,}055^{20} - 1}{1{,}055 - 1}, \quad a = 35849\ \mathscr{M}.\right)$$

Durch einmalige Zahlung von 35849 $\mathscr{M}$ kann der noch 20 Jahre bestehende Rentenanspruch also abgelöst (kapitalisiert) werden.

f) Ein von einer Aktiengesellschaft in einer Stadt errichtetes Elektrizitätswerk geht vertragsmäßig nach 65 Jahren kostenlos in den Besitz der Stadtverwaltung über. Welchen Betrag des ursprünglichen Anlagekapitals von 5750000 $\mathscr{M}$ muß die Gesellschaft bei 4% Zinsfuß am Ende eines jeden Jahres abschreiben, damit sie beim Übergang des Besitzes an die Stadt keinen Schaden erleidet?

$$\left(b = r\,\frac{q^n - 1}{q - 1}, \quad 5750000 = r\,\frac{1{,}04^{65} - 1}{1{,}04 - 1}, \quad r = 19943\ \mathscr{M}.\right)$$

g) Eine Provinz hat sich verpflichtet, einer Kirchengemeinde für ewige Zeiten (ewige Rente) einen Jahreszuschuß von 10000 $\mathscr{M}$ am Jahresschluß zu bezahlen. Durch welche einmalige Zahlung (Kapitalisierung) kann diese Verpflichtung abgelöst werden bei 4% Jahreszinsfuß?

---

1) Die Jahreszahlung r zur Ablösung einer Schuld nennt man auch **Annuität.**

2) Zahlenangaben der Vorkriegszeit.

Aus $\quad aq^n = r\,\dfrac{q^n-1}{q-1}\quad$ folgt $\quad a = r\cdot\dfrac{q^n-1}{(q-1)\,q^n} = \dfrac{r}{q-1}\left(\dfrac{q^n-1}{q^n}\right),$

$a = \dfrac{r}{q-1}\left(1-\dfrac{1}{q^n}\right)\cdot$ Für die ewige Rente ist $n=\infty$, also $\dfrac{1}{q^n}=0$ und

$a = \dfrac{r}{q-1}\cdot$ (Formel für die ewige Rente.)

Da $r = 10\,000\;\mathit{M}$ und $q = 1{,}04$ ist, wird

$$a = \frac{10\,000}{1{,}04-1} = \frac{10\,000}{0{,}04} = \frac{1\,000\,000}{4}, \quad a = 250\,000\;\mathit{M}.$$

III. Gebrochene und irrationale Funktionen. Der Grenzbegriff.

§ 16. Fortsetzung der Funktionenlehre. — Gebrochene Funktionen.

Bei allen bisherigen Aufgaben haben wir (mit einer Ausnahme, vgl. unten die Fußnote) noch keine anderen Funktionen als Potenzen mit positiven ganzen Exponenten und Summen solcher Potenzen, also nur „ganze Funktionen" benutzt. In den folgenden Abschnitten werden wir nun auch Potenzen mit negativen und gebrochenen Exponenten behandeln.

x	y
0	∞
$\frac{1}{1000}$	1000
$\frac{1}{100}$	100
$\frac{1}{10}$	10
1	1
10	$\frac{1}{10}$

Die Funktion $y = \dfrac{1}{x}$ ist gegeben.[1] (Schreibweise mit negativem Exponenten $y = x^{-1}$.)

a) Für wachsende Werte von x wird y immer kleiner, für abnehmende Werte von x wird y immer größer. Man sagt, y wäre **umgekehrt proportional** zu x. (Vgl. nebenstehende Wertetabelle.)

Man sagt daher, wenn x gegen 0 geht, wird y unendlich groß (∞).

b) Zeichne mit Hilfe der folgenden Tabelle die Kurve (Abb. 37).

c) Die Kurve heißt **gleichseitige Hyperbel,** sie besteht aus zwei völlig getrennten Zweigen. Gib die Änderung von y an, wenn x von $-\infty$ bis $+\infty$ wächst.

x	y
0	$\pm\infty$
$\pm 0{,}1$	± 10
$\pm 0{,}5$	± 2
± 1	± 1
± 2	$\pm 0{,}5$
± 3	$\pm 0{,}33$
± 4	$\pm 0{,}25$
± 5	$\pm 0{,}2$

d) Die beiden Achsen kommen der Kurve immer näher, ohne sie aber jemals vollkommen zu erreichen; sie heißen die

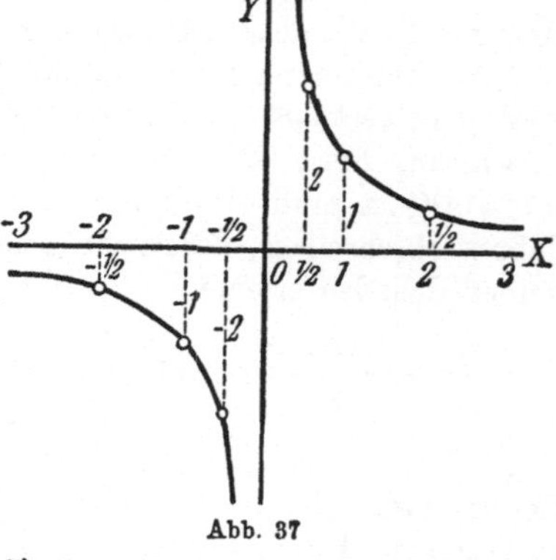

Abb. 37

„Asymptoten" (wörtlich: „Begleitende") der Hyperbel.

---

1) Dieses Beispiel ist bereits S. 10 erwähnt, ferner S. 12 auch ein weiteres, nämlich $\left(c'=\dfrac{360}{p}\right).$

e) Zeichne ebenso die Hyperbel $x \cdot y = 4$ oder $y = \dfrac{4}{x}$.

f) Wird die Temperatur eines Gases konstant gehalten, dann besteht zwischen dem Druck p und dem Volumen v die Gleichung $p \cdot v = C$ (C ist eine Konstante). Zeichne für $C = 2$ das Schaubild dieser Funktion (Druckdiagramm der isothermischen Volumenänderung). Hier kommt nur der eine Zweig der Hyperbel in Betracht; warum?

g) Die Leistung einer Gleichstrom-Dynamomaschine sei 200 Volt-Ampere (Watt). Welche zusammengehörigen Werte von e (Spannung in Volt) und i (Stromstärke in Ampere) erfüllen diese Bedingung? Man zeichne die „Leistungslinie" $e \cdot i = 200$!

h) Zeichne die Kurven $y = \dfrac{1}{x^2}$, $\quad y = \dfrac{1}{x^3}$.

i) Die genannten Funktionen heißen „**gebrochene Funktionen**", weil die unabhängige Variable hier in den Nennern von Brüchen vorkommt.[1]) Ebenso sind die folgenden gebrochenen Funktionen zu zeichnen:

$$y = \frac{1}{x-4}, \qquad y = \frac{x-3}{x+2}, \qquad y = \frac{10}{x^2+3}, \qquad y = \frac{x}{x^2+1}.$$

$$y = x + \frac{1}{x}, \qquad y = x^2 + \frac{1}{x}, \qquad y = x - \frac{1}{x^2}, \qquad y = x^2 + \frac{1}{x^2}.$$

k) Bei einer Wheatstoneschen Brücke (Abb. 38) sind der unbekannte Widerstand y Ohm und der bekannte Widerstand $w = 1$ Ohm eingeschaltet, der Knopf K ist auf dem Meßdraht (Länge 1 m) so eingestellt, daß das Galvanometer des Brückendrahtes keinen Strom anzeigt. Die Abschnitte des Meßdrahtes sind x und $1 - x$. Man stelle den Widerstand y als Funktion des Abschnitts x dar.

(Es verhält sich

$$y : 1 = x : (1 - x),$$

also $\quad y = \dfrac{x}{1 - x}$.)

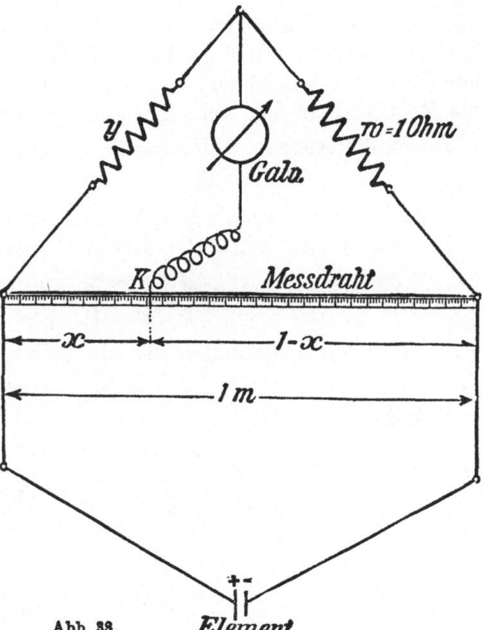

Abb. 38.

Zeichne die Kurve für die Werte $x = 0$ bis $x = 1$.

l) Auf einer optischen Bank (Abb. 39) sei eine Normalkerze und in der Entfernung 1 m eine auf ihre Lichtstärke y zu untersuchende Glühlampe aufgestellt; ein Papierschirm mit Fettfleck werde so lange zwischen den beiden Licht-

---

1) In § 4 bereits erwähnt.

quellen verschoben, bis der Fettfleck nicht mehr sichtbar ist, d. h. bis der
Schirm von beiden Seiten gleich stark beleuchtet ist. Hat nun der Schirm

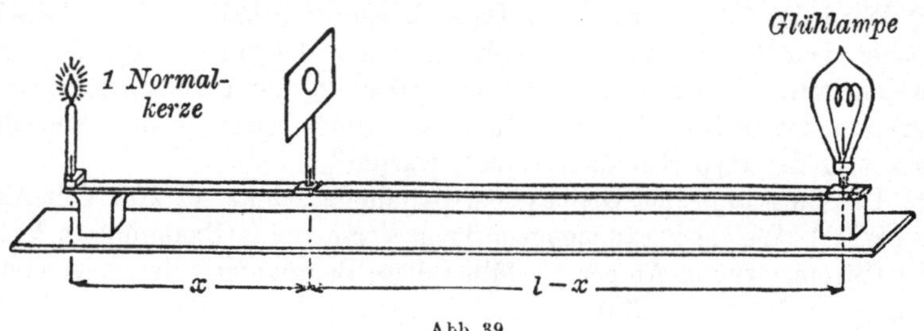

Abb. 39.

von der Normalkerze den Abstand x, so kann jetzt die Kerzenstärke y
der Lampe als Funktion von x gefunden werden.

$$\left(\text{Aus } y : 1 = (1 - x)^2 : x^2 \quad \text{folgt} \quad y = \frac{(1 - x)^2}{x^2}.\right)$$

Zeichne die Kurve für die Werte $x = 0$ bis $x = 1$.

§ 17. Inverse Funktionen.

I. Wir haben bisher bei unseren zeichnerischen Darstellungen stets im
Endpunkt einer Strecke x die zugehörige Strecke y senkrecht aufgetragen
und auf diese Weise den Punkt P erhalten. Man kann aber auch, wie
leicht einzusehen, x und y als die von dem Punkt P auf die beiden Achsen
gefällten Lote bezeichnen, oder man kann endlich x und y als die durch
die Parallelen zu den Achsen hervorgebrachten Abschnitte erklären.

Durch die Angabe $P\,(x = 3, \quad y = 2)$

oder $Q\,(x = -2, y = 4)$ usw.

sind dann die Punkte P, Q usw. ganz genau festgelegt.

II. Wir wollen nun (Abb. 40) zwei Punkte betrachten:

$$P\,(x = 5, \quad y = 1),$$
$$P'(x = 1, \quad y = 5),$$

wobei also die Koordinaten des einen Punktes durch Vertauschung aus
den Koordinaten des anderen
Punktes hervorgehen. Wie die
Abb. 40 lehrt, liegen dann P
und P' symmetrisch zu der
Winkelhalbierenden des ersten
Quadranten. Diese Winkelhal-
bierende hat, wie leicht zu
erkennen, die Gleichung: $y = x$.
Man sagt auch, P und P' seien
„Spiegelpunkte" bezüglich
der Spiegelachse $y = x$ oder
P und P' seien „inverse
Punkte".

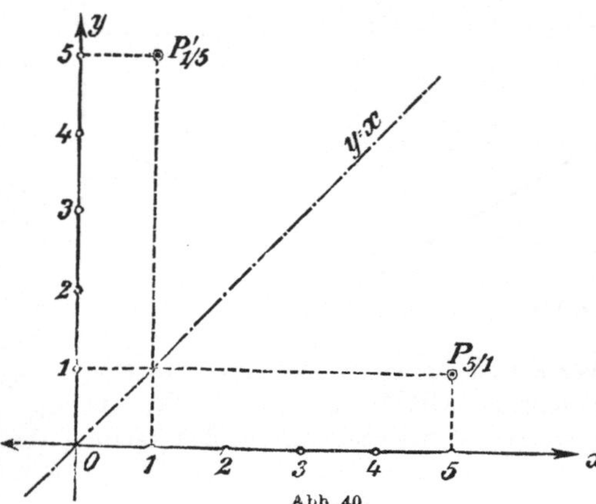

Abb. 40.

Denken wir uns nun eine
beliebige Kurve aufgezeichnet

und zu jedem Punkt derselben durch Vertauschung seiner Koordinaten den Spiegelpunkt bestimmt, so erhalten wir eine neue Kurve, die zu der gegebenen kongruent ist und symmetrische Lage bezüglich der Linie $y = x$ besitzt. Die beiden Kurven heißen: Spiegelkurven voneinander oder „inverse Kurven". (Abb. 41.)

III. Gegeben sei die Funktion:

$$\text{I.} \qquad y = x^2,$$

deren Schaubild eine Parabel (p in Abb. 40) ist. Vertauschen wir jetzt die beiden Veränderlichen x und y miteinander, so erhalten wir die Funktion:

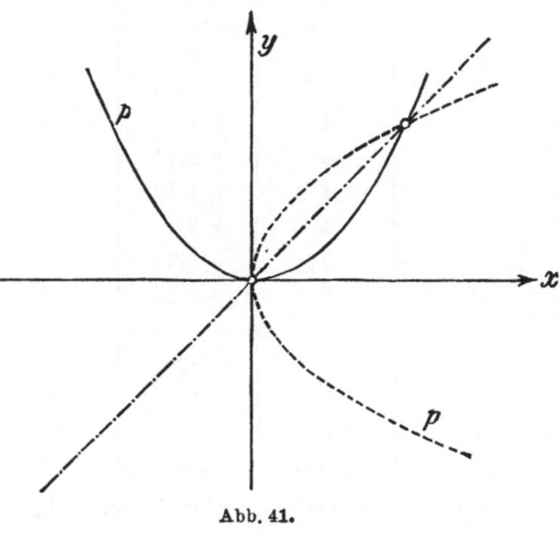

Abb. 41.

$$\text{II.} \qquad x = y^2,$$

die natürlich ebenfalls eine Parabel, aber in anderer Lage darstellt: diese zweite Parabel (p' in Abb. 40) ist die Spiegelkurve oder inverse Kurve der ersten. Man nennt zwei solche Funktionen, die durch Vertauschung der Veränderlichen x und y auseinander hervorgehen: zwei zueinander **„inverse Funktionen"**. Es ergibt sich also: Die zu zwei inversen Funktionen gehörigen Kurven sind Spiegelbilder bezüglich der Spiegelachse $y = x$.

Die Funktion $\qquad x = y^2$

hat nicht die uns gewohnte Form; bisher pflegten wir nämlich unsere Funktionsgleichungen stets nach y aufzulösen oder, anders ausgedrückt: x war die unabhängige, y die abhängige Veränderliche. Hier aber ist es umgekehrt. Wir können jedoch leicht die Gleichung

$$x = y^2$$

nach y auflösen und erhalten:

$$\text{III.} \qquad y = \pm \sqrt{x}.$$

Jetzt sehen wir also: Die Funktionen

$$y = x^2 \quad \text{und} \quad y = \pm \sqrt{x}$$

gehen durch Vertauschung von x und y auseinander hervor, sind also inverse Funktionen, die der Funktion $y = \pm \sqrt{x}$ zugehörige Kurve ist also das Spiegelbild der Parabel $y = x^2$.

IV. a) Zeichne mit Hilfe der Quadratwurzeltafel die Funktion $y = \pm \sqrt{x}$ und vergleiche sie mit der Parabel $y = x^2$!

$$y = \pm \sqrt{x}$$

x	y
0	0
0,5	$\pm\,0{,}707$
1	$\pm\,1$
2	$\pm\,1{,}41$
3	$\pm\,1{,}73$
4	$\pm\,2$
5	$\pm\,2{,}24$
6	$\pm\,2{,}45$
7	$\pm\,2{,}65$
8	$\pm\,2{,}83$
9	$\pm\,3$
.	.

$$y = x^2$$

x	y
0	0
$\pm\,1$	$+\,1$
$\pm\,2$	$+\,4$
$\pm\,3$	$+\,9$
$\pm\,4$	$+\,16$
$\pm\,5$	$+\,25$
$\pm\,6$	$+\,36$
$\pm\,7$	$+\,49$
$\pm\,8$	$+\,64$

b) Warum steht an der Wurzel das doppelte Vorzeichen $\pm$?

c) Welches ist die geometrische Bedeutung dieses doppelten Vorzeichens?

(In jedem Punkt für x muß die zugehörige Ordinate y sowohl nach oben als nach unten aufgetragen werden.)

d) Was wird aus y, wenn man in $y = \pm \sqrt{x}$ für x negative Werte einsetzt?

(y wird dann imaginär, zu einem negativen x gibt es also keinen Kurvenpunkt, die Kurve verläuft vollständig auf der rechten Seite der Y-Achse.)

e) Die Herstellung der zu $y = x^2$ inversen Funktion hätte auch folgendermaßen geschehen können: Zuerst lösen wir nach x auf, also $x = \pm \sqrt{y}$, und dann vertauschen wir x mit y, also $y = \pm \sqrt{x}$.

V. a) Zeichne die Funktionen $y = x^3$, $y = x^4$, $y = \dfrac{1}{x^2}$, $y = \dfrac{1}{x^3}$ und stelle die Gleichungen ihrer inversen Funktionen nach IV e auf!

$$\left(y = \sqrt[3]{x}, \quad y = \pm \sqrt[4]{x}, \quad y = \pm \frac{1}{\sqrt{x}}, \quad y = \frac{1}{\sqrt[3]{x}}. \right)$$

b) Zeichne die Funktionen $y = \sqrt[3]{x}$, $y = \pm \dfrac{1}{\sqrt{x}}$; $y = \dfrac{1}{\sqrt[3]{x}}$ mit Hilfe der Quadrat- und Kubikwurzeltabellen!

c) Wie heißen die zu

$$y = \tfrac{1}{2}x + 3, \quad y = -\,3x + 1, \quad y = \tfrac{3}{4}x; \quad y = x - 1$$

inversen Funktionen?

$$(y = 2x - 6, \quad y = -\tfrac{1}{3}x + \tfrac{1}{3}, \quad y = \tfrac{4}{3}x, \quad y = x + 1.)$$

d) Wie heißen die zu

$$y = x, \quad y = -x + 2, \quad y = \frac{1}{x}, \quad y = \pm \sqrt{25 - x^2}$$

inversen Funktionen?

(Die inversen Funktionen sind hier gleich den gegebenen; erkläre dies aus den Schaubildern der Funktionen!)

e) Zeichne mit Hilfe der Tabelle die Funktionen:
$$y = \pm \sqrt{x^3}, \quad y = \pm \sqrt[4]{x^3}, \quad y = \frac{1}{\sqrt[3]{x^2}}!$$

f) Wie heißen die zu den letzten Funktionen inversen?
$$\left(y = \sqrt[3]{x^2}, \quad y = \sqrt[3]{x^4}, \quad y = \pm \frac{1}{\sqrt{x^3}} \cdot \right)$$

g) Zeichne die zu der unentwickelten Funktion
$$x^2 + y^2 = 9 \quad \text{gehörige Kurve!}$$
(Kreis mit dem Radius 3, Mittelpunkt im Nullpunkt.)

h) Ebenso: $\qquad x^2 - y^2 = 25.$

(Hyperbel mit den Asymptoten $y = x$ und $y = - x$.)

i) Ebenso: $\qquad y^2 = 3{,}6x - 0{,}36x^2.$

(Ellipse mit den Achsen 10 und 6.)

VI. Die Funktion $\qquad y = x^n$

heißt die allgemeine Potenzfunktion. Was für Kurven sind in dieser Funktion enthalten?

a) n sei eine positive gerade Zahl, z. B. $n = 2, 4, 6,$
b) „ „ „ „ ungerade „ , „ $n = 1, 3, 5,$
c) „ „ „ negative gerade „ , „ $n = - 2, - 4, - 6,$
d) „ „ „ „ ungerade „ , „ $n = - 1, - 3, - 5,$
e) „ „ „ gebrochene Zahl, z. B $n = \frac{1}{2}, \frac{1}{3}, \frac{2}{3}, \frac{3}{2}, - \frac{1}{2}, - \frac{2}{3}.$

(Alle diese Funktionen sind bereits in § 16 und 17 behandelt worden.)

VII. Funktionen, bei denen die unabhängige Veränderliche unter Wurzelzeichen vorkommt, werden auch als „**irrationale Funktionen**" bezeichnet. Alle vor § 17 besprochenen Funktionen, die also die unabhängige Variable nicht unter Wurzeln enthielten, nennt man im Gegensatz hierzu auch **rationale Funktionen**. — Je nachdem, ob eine Funktion einen, zwei oder vier Werte für die abhängige Variable besitzt, ist sie ein- bzw. zwei- bzw. vierwertig (oder ein-, zwei- oder vierdeutig), also

$\qquad$ einwertige Funktion: $y = a x^2 + b x + c$

$\qquad$ zweiwertige $\quad$ „ $\qquad y = 10 \pm \sqrt{25 - x^2}$

$\qquad$ vierwertige $\quad$ „ $\qquad y = 18 \pm \sqrt{9 \pm \sqrt{6 - x}}.$

Zeichne die zu folgenden Funktionen gehörigen Kurven:

a) $y = x \pm \sqrt{x}, \qquad y = x^2 - \frac{8}{3}\sqrt{x^3}, \qquad y = \frac{1}{3}\sqrt{x^3} - \sqrt{x},$

b) $y = x \cdot \sqrt{9 - x^2}, \quad y = \frac{4}{x} \cdot \sqrt{2x - 1}, \qquad y = \frac{x + 2}{\sqrt{x}},$

c) $y^2 = 1 + x^3, \qquad y^2 = x^2 \cdot \frac{3 - x}{3 + x}, \qquad x^{\frac{2}{3}} + y^{\frac{2}{3}} = 4,$

d) $y^2 = 2px, \qquad \frac{x^2}{a^2} + \frac{y^2}{b^2} = 1, \qquad \frac{x^2}{a^2} - \frac{y^2}{b^2} = 1.$

VIII. a) Prüfe die Näherungsformel $\sqrt{25 + x} \sim 5 + \frac{x}{10}$ durch zeichnerische Darstellung der beiden Funktionen
$$y = \sqrt{25 + x} \quad \text{und} \quad y = 5 + \frac{x}{10}!$$

b) Ebenso die Formeln:

$$\sqrt{1+x} \approx 1 + \frac{x}{2}, \qquad \sqrt{1-x} \approx 1 - \frac{x}{2},$$

$$\sqrt[3]{1+x} \approx 1 + \frac{x}{3}, \qquad \sqrt[3]{1-x} \approx 1 - \frac{x}{3},$$

die nur für kleine Werte von x gelten.[1])

§ 18. Der binomische Lehrsatz. (Newton 1666.)

> Kein Ergebnis der Forschung bleibt ungenü'zt.
> Der nur vermeintlich idealere Standpunkt einer
> Wissenschaft, die einzig und allein dem Streben
> nach Wahrheit ohne Rücksicht auf ihre Anwen-
> dung zu dienen wünscht, entspringt nicht selten
> dem Unvermögen, eine neue Erkenntnis in prak-
> tisch brauchbare Formen zu gießen. *A Slaby.*

Im nachfolgenden werden wir wiederholt von einem bekannten algebraischen Satz Gebrauch machen, nämlich von der Entwicklung des Binoms:

$$(a + b)^n.$$

Es sei daher eine kurze Ableitung dieses Satzes hier eingefügt.

Durch wiederholtes Multiplizieren erhält man mit Leichtigkeit die Entwicklungen:

$$(a + b)^2 = a^2 + 2ab + b^2,$$
$$(a + b)^3 = a^3 + 3a^2b + 3ab^2 + b^3,$$
$$(a + b)^4 = a^4 + 4a^3b + 6a^2b^2 + 4ab^3 + b^4,$$
$$(a + b)^5 = a^5 + 5a^4b + 10a^3b^2 + 10a^2b^3 + 5ab^4 + b^5,$$
$$(a + b)^6 = a^6 + 6a^5b + 15a^4b^2 + 20a^3b^3 + 15a^2b^4 + 6ab^5 + b^6.$$

Um das allgemeine Gesetz zu erkennen, nach dem diese Ausdrücke gebildet sind, betrachten wir zunächst nur die Buchstabengrößen. In der
letzten Entwicklung lauten diese:

$$a^6 \quad a^5b \quad a^4b^2 \quad a^3b^3 \quad a^2b^4 \quad ab^5 \quad b^6.$$

Man sieht, daß a von der sechsten Potenz an abnimmt, b dagegen bis
zur sechsten Potenz zunimmt, so daß stets die Exponenten von a und b
in einem Glied die Summe 6 haben.

Es erübrigt nun noch, auch ein Gesetz für die Zahlenfaktoren

$$1 \quad\quad 6 \quad\quad 15 \quad\quad 20 \quad\quad 15 \quad\quad 6 \quad\quad 1$$

anzugeben. Dieses Gesetz, dessen Auffindung allerdings nicht so einfach
ist, lautet:

Der erste Zahlfaktor ist 1,

$$\text{„ zweite „ „ } \frac{6}{1} = 6,$$

$$\text{„ dritte „ „ } \frac{6 \cdot 5}{1 \cdot 2} = 15,$$

$$\text{„ vierte „ „ } \frac{6 \cdot 5 \cdot 4}{1 \cdot 2 \cdot 3} = 20,$$

$$\text{„ fünfte „ „ } \frac{6 \cdot 5 \cdot 4 \cdot 3}{1 \cdot 2 \cdot 3 \cdot 4} = 15,$$

$$\text{„ sechste „ „ } \frac{6 \cdot 5 \cdot 4 \cdot 3 \cdot 2}{1 \cdot 2 \cdot 3 \cdot 4 \cdot 5} = 6,$$

$$\text{„ siebente „ „ } \frac{6 \cdot 5 \cdot 4 \cdot 3 \cdot 2 \cdot 1}{1 \cdot 2 \cdot 3 \cdot 4 \cdot 5 \cdot 6} = 1.$$

---

[1]) Das Zeichen $\approx$ führte Leibniz 1679 ein.

Man beginnt also mit $\dfrac{6}{1}$ und setzt dann jedesmal in den Zähler die nächst niedere Zahl, in den Nenner die nächst höhere Zahl als neuen Faktor.

Man überzeugt sich leicht, daß dieselben Gesetze auch für die vorhergehenden Entwicklungen

$$(a + b)^2, \quad (a + b)^3, \quad (a + b)^4, \quad (a + b)^5 \quad \text{gelten.}$$

Wären diese beiden Gesetze allgemein, d. h. für jeden ganzzahligen positiven Exponenten n richtig, dann hätten wir für die Aufeinanderfolge der Buchstabengrößen das Gesetz:

$$a^n, \quad a^{n-1}b, \quad a^{n-2}b^2, \quad a^{n-3}b^3, \quad \cdots \quad ab^{n-1}, \quad b^n$$

und für die zugehörigen Zahlfaktoren das Gesetz:

$$1 \quad \frac{n}{1} \quad \frac{n(n-1)}{1 \cdot 2} \quad \frac{n(n-1)(n-2)}{1 \cdot 2 \cdot 3} \cdots \cdots$$

Es bestände dann also folgende Entwicklung:

$$\text{I.} \quad (a + b)^n = a^n + \frac{n}{1} a^{n-1}b + \frac{n(n-1)}{1 \cdot 2} a^{n-2}b^2$$
$$+ \frac{n(n-1)(n-2)}{1 \cdot 2 \cdot 3} a^{n-3}b^3 + \cdots \cdots + b^n.$$

Um die Richtigkeit dieser Entwicklung zu prüfen, multiplizieren wir beide Seiten mit $a + b$ und erhalten:

$$(a+b)^{n+1} = a^{n+1} + \frac{n}{1} a^n b + \frac{n(n-1)}{1 \cdot 2} a^{n-1}b^2 + \frac{n(n-1)(n-2)}{1 \cdot 2 \cdot 3} a^{n-2}b^3 + \cdots$$
$$+ a^n b + \frac{n}{1} \cdot a^{n-1}b^2 + \frac{n(n-1)}{1 \cdot 2} \cdot a^{n-2}b^3 \cdots + b^{n+1}.$$

Da nun aber

$$\frac{n}{1} + 1 = \frac{n+1}{1}$$
$$\frac{n(n-1)}{1 \cdot 2} + \frac{n}{1} = \frac{(n+1)n}{1 \cdot 2}$$
$$\frac{n(n-1)(n-2)}{1 \cdot 2 \cdot 3} + \frac{n(n-1)}{1 \cdot 2} = \frac{(n+1)n(n-1)}{1 \cdot 2 \cdot 3}$$
$$\vdots \qquad \qquad \vdots$$

wird, so erhalten wir durch Zusammenfassen das Ergebnis:

$$\text{II.} \quad (a + b)^{n+1} = a^{n+1} + \frac{n+1}{1} a^n b + \frac{(n+1)n}{1 \cdot 2} a^{n-1}b^2$$
$$+ \frac{(n+1) \cdot n(n-1)}{1 \cdot 2 \cdot 3} a^{n-2}b^3 \cdots + b^{n+1}.$$

Die Entwicklung II ist aber von I nur dadurch unterschieden, daß überall an Stelle von n der Wert $n + 1$ steht. Das heißt: **Gilt die oben auseinandergesetzte Entwicklung für einen Exponenten n, dann gilt sie auch für den nächst höheren Exponenten $n + 1$.**

Nun gilt Satz I aber, wie eingangs gezeigt, für $n = 6$; somit gilt er dann auch für $n = 7$ und damit wieder für $n = 8$ usw. Der **binomische Lehrsatz** oder die **Newtonsche Reihe**

$$(a + b)^n = a^n + \frac{n}{1} a^{n-1}b + \frac{n(n-1)}{1 \cdot 2} a^{n-2}b^2 + \cdots + b^n$$

ist damit für alle ganzzahligen positiven Exponenten n als richtig bewiesen.

Das hier angewendete Beweisverfahren nennt man den „Schluß von n auf $n + 1$".

III. Sehr bequem gestaltet sich die genaue Berechnung von Zinsfaktoren (vgl. § 15 I) mit Hilfe des binomischen Lehrsatzes, was bei Logarithmen bekanntlich unmöglich, bei sehr großen Kapitalien aber erforderlich ist. Es soll z. B. $x = 1{,}05^4$ berechnet werden.

Wir erhalten:

$$x = 1{,}05^4 = (1 + 0{,}05)^4 = 1^4 + \frac{4}{1} \cdot 1^3 \cdot 0{,}05 + \frac{4 \cdot 3}{1 \cdot 2} \cdot 1^2 \cdot 0{,}05^2$$

$$+ \frac{4 \cdot 3 \cdot 2}{1 \cdot 2 \cdot 3} \cdot 1^1 \cdot 0{,}05^3 + \frac{4 \cdot 3 \cdot 2 \cdot 1}{1 \cdot 2 \cdot 3 \cdot 4} \cdot 0{,}05^4,$$

$$x = 1 + 0{,}2 + 0{,}015 + 0{,}0005 + 0{,}00000625,$$
$$x = 1{,}21550625.$$

§ 19. Grenzwerte.

I. Eine veränderliche Größe z nehme nacheinander folgende Werte an:

$$z_1 = 1 \qquad\qquad = 1$$
$$z_2 = 1 + \tfrac{1}{2} \qquad\qquad = 1\tfrac{1}{2}$$
$$z_3 = 1 + \tfrac{1}{2} + \tfrac{1}{4} \qquad\qquad = 1\tfrac{3}{4}$$
$$z_4 = 1 + \tfrac{1}{2} + \tfrac{1}{4} + \tfrac{1}{8} \qquad\qquad = 1\tfrac{7}{8}$$
$$z_5 = 1 + \tfrac{1}{2} + \tfrac{1}{4} + \tfrac{1}{8} + \tfrac{1}{16} \qquad = 1\tfrac{15}{16}$$
$$z_6 = 1 + \tfrac{1}{2} + \tfrac{1}{4} + \tfrac{1}{8} + \tfrac{1}{16} + \tfrac{1}{32} = 1\tfrac{31}{32}$$

Wenn die Größe z sich nach diesem leicht erkennbaren Gesetz weiter vergrößert, so entsteht die Frage, ob sie hierbei schließlich „unendlich groß" wird oder ob sie unter einer gewissen Zahl bleibt; man sieht aber sofort, daß z hier über eine bestimmte Zahl — nämlich über 2 — nicht hinauskommt; in der Tat haben wir:

$$2 - z_1 = 1, \quad 2 - z_2 = \tfrac{1}{2}, \quad 2 - z_3 = \tfrac{1}{4}, \quad 2 - z_4 = \tfrac{1}{8},$$
$$2 - z_5 = \tfrac{1}{16}, \quad 2 - z_6 = \tfrac{1}{32}, \quad 2 - z_7 = \tfrac{1}{64}, \quad 2 - z_8 = \tfrac{1}{128} \cdots,$$

d. h. der Unterschied zwischen der festen Zahl 2 und der Veränderlichen z wird immer kleiner und kleiner und kann schließlich kleiner gemacht werden als jede noch so kleine Zahl. Man sagt daher: Die Veränderliche z strebt dem „**Grenzwert**" 2 zu oder: z hat die Konstante 2 zur Grenze oder auch: z konvergiert gegen 2. In mathematischen Zeichen wird dies wie folgt angedeutet:

$$\lim z = 2.$$

(Lies: „limes von z ist gleich 2.")

II. Betrachten wir nun eine andere Größe z, die sich in ganz ähnlicher Weise ändert. Es sei jetzt:

$$z_1 = 1,$$
$$z_2 = 1 + \tfrac{1}{2},$$
$$z_3 = 1 + \tfrac{1}{2} + \tfrac{1}{3},$$
$$z_4 = 1 + \tfrac{1}{2} + \tfrac{1}{3} + \tfrac{1}{4},$$

$$z_5 = 1 + \tfrac{1}{2} + \tfrac{1}{3} + \tfrac{1}{4} + \tfrac{1}{5},$$
$$z_6 = 1 + \tfrac{1}{2} + \tfrac{1}{3} + \tfrac{1}{4} + \tfrac{1}{5} + \tfrac{1}{6}$$
$$\vdots \qquad \vdots$$

Auch hier ist das Gesetz des Zunehmens von z leicht ersichtlich. Wieder entsteht die Frage, ob z schließlich unendlich wird oder unter einer bestimmten Zahl bleibt. Um dies zu entscheiden, betrachten wir ein Glied z_n, wo n eine große Zahl sein soll. Nun kann aber

$$z_n = 1 + \tfrac{1}{2} + \tfrac{1}{3} + \tfrac{1}{4} + \cdots + \frac{1}{n}$$

folgendermaßen geschrieben werden:

$$z_n = 1 + \tfrac{1}{2} + \left(\tfrac{1}{3} + \tfrac{1}{4}\right) + \left(\tfrac{1}{5} + \tfrac{1}{6} + \tfrac{1}{7} + \tfrac{1}{8}\right) + \left(\tfrac{1}{9} + \cdots + \tfrac{1}{16}\right)$$
$$+ \left(\tfrac{1}{17} + \cdots + \tfrac{1}{32}\right) + \cdots + \frac{1}{n},$$

d. h.: Abgesehen von den beiden ersten Gliedern $1 + \tfrac{1}{2}$ haben wir erst 2, dann 4, dann 8, dann 16, dann 32 usw. Glieder zu einer Summe vereinigt.

Nun können wir aber über diese Summen etwas Wichtiges aussagen. Offenbar ist:

$$\left(\tfrac{1}{3} + \tfrac{1}{4}\right) > \tfrac{1}{4} + \tfrac{1}{4} = \tfrac{1}{2}$$
$$\left(\tfrac{1}{5} + \tfrac{1}{6} + \tfrac{1}{7} + \tfrac{1}{8}\right) > \tfrac{1}{8} + \tfrac{1}{8} + \tfrac{1}{8} + \tfrac{1}{8} = \tfrac{1}{2}$$
$$\left(\tfrac{1}{9} + \cdots + \tfrac{1}{16}\right) > \tfrac{1}{16} + \tfrac{1}{16} + \cdots + \tfrac{1}{16} = \tfrac{1}{2}$$
$$\left(\tfrac{1}{17} + \cdots + \tfrac{1}{32}\right) > \tfrac{1}{32} + \tfrac{1}{32} + \cdots + \tfrac{1}{32} = \tfrac{1}{2}$$
$$\vdots \qquad \vdots$$

d. h. jede dieser Summen ist größer als $\tfrac{1}{2}$. Wenn wir also n immer größer nehmen, so wird die Größe z_n schließlich größer als:

$$1 + \tfrac{1}{2} + \tfrac{1}{2} + \tfrac{1}{2} + \tfrac{1}{2} + \tfrac{1}{2} + \cdots$$

Mit wachsendem n wird unsere Veränderliche z also so groß, wie man nur will, und es läßt sich somit keine feste Zahl angeben, die z nicht überschreiten könnte. Man sagt: z **wächst ohne Grenze** (divergiert) oder **unbegrenzt** oder auch z wird **unendlich groß**.

III. Wenn wir in der Funktion

$$y = \frac{1}{x}$$

die Größe x immer mehr wachsen lassen, so wird y hierbei immer kleiner.

x	y
10	0,1
100	0,01
1000	0,001
10000	0,0001
$\vdots$	$\vdots$

y strebt also mit wachsendem x der Null zu; man sagt, y **hätte 0 zur Grenze**, oder: y werde „**unendlich klein**". Eine andere Ausdrucksweise hierfür ist: y **nähert sich ohne Ende** oder **unbegrenzt der Null**. Diesen Sachverhalt drückt man auch aus:

$$\lim_{x=\infty} \frac{1}{x} = 0,$$

wofür man zuweilen auch der Kürze wegen schreibt:

$$\frac{1}{\infty} = 0$$

IV. Was wird aus dem Bruch:

$$\frac{3x+5}{x},$$

wenn x immer größer und größer wird?

Setzt man nacheinander für x die Werte 10, 100, 1000 $\cdots$, so nimmt der Bruch die Werte

$$3,5, \quad 3,05, \quad 3,005, \quad 3,0005 \cdots$$

an; sein Wert wird also immer kleiner, nähert sich dabei immer mehr der Zahl 3, so daß der Unterschied zwischen 3 und dem Bruch schließlich beliebig klein wird. Somit ist also

$$\lim_{x=\infty} \frac{3x+5}{x} = 3.$$

V. n Akkumulatorenelemente, die je die elektromotorische Kraft 2 Volt und den inneren Widerstand 0,2 Ohm besitzen, sollen hintereinander geschaltet und durch einen äußeren Widerstand von 5 Ohm geschlossen werden. Wie groß wird die Stromstärke, wenn immer mehr Elemente eingeschaltet werden? Nach dem Ohmschen Gesetz ist, wenn die Stromstärke durch i bezeichnet wird,

$$i = \frac{n \cdot 2}{n \cdot 0,2 + 5}$$

und man erkennt leicht, daß mit wachsendem n auch i zunimmt. Aber die Stromstärke wird nicht beliebig groß, sondern strebt einem Grenzwert zu (vgl. nebenstehende Tabelle).

Schreibt man i in der Form:

$$i = \frac{2}{0,2 + \dfrac{5}{n}},$$

n	i
Elemente	Ampere
10	2,85
100	8
1000	9,75
10000	9,975
⋮	⋮

so sieht man sofort, daß mit wachsendem n, da $\frac{5}{n}$ ohne Ende der Null zustrebt, i den Wert $\frac{2}{0,2} = 10$ zur Grenze hat.

Wie sehr man also die Zahl der Elemente auch vermehren mag, so kann die Stromstärke doch nicht über 10 Ampere gebracht werden.

Man führe die gleiche Behandlung für parallelgeschaltete Elemente durch!

$$\left(i = \frac{2}{\dfrac{0,2}{n} + 5}, \quad \lim_{n=\infty} i = \frac{2}{5} = 0,4 \text{ Ampere.} \right)$$

VI. Derartige Grenzbetrachtungen, wie sie in den vorhergegangenen Beispielen angestellt wurden, müssen namentlich dann angewandt werden, wenn eine Funktion für einen bestimmten Wert von x eine unbestimmte Form (wie etwa $\frac{0}{0}$, $\frac{\infty}{\infty}$, 1^{∞} usw.) annimmt.

Daß z. B. $\frac{0}{0}$ eine „unbestimmte Form" darstellt, läßt sich leicht einsehen: $\frac{6}{2}$ bedeutet, man soll eine Zahl suchen, die mit 2 multipliziert 6 gibt; diese gesuchte Zahl ist 3. $\frac{0}{0}$ würde demnach bedeuten, eine Zahl zu finden, die mit 0 multipliziert 0 gibt; dieser Forderung genügt aber jede endliche Zahl; also kann $\frac{0}{0}$ jede beliebige Zahl bedeuten.

Es sei der Bruch

$$\frac{x^2 - 5x + 6}{x^2 - 2x - 3}$$

gegeben. Für jeden beliebigen Wert von x läßt sich sein Zahlenwert genau angeben; nur für $x = 3$ erscheint er, da alsdann Zähler und Nenner 0 werden, in der Form $\frac{0}{0}$. Der Grund für diese Erscheinung tritt sofort hervor, wenn man Zähler und Nenner in Faktoren zerlegt. Unser Bruch nimmt alsdann die Form an:

$$\frac{(x-3)(x-2)}{(x-3)(x+1)}.$$

Daß der Bruch für $x = 3$ unbestimmt wird, kommt also daher, daß Zähler und Nenner den gleichen Faktor $(x - 3)$ enthalten; und die Unbestimmtheit wird gehoben, wenn man erst diesen „unnötigen" Faktor entfernt und danach x den Wert 3 erteilt; es ergibt sich der Wert $\frac{3-2}{3+1} = \frac{1}{4}$.

Aber nicht immer gelingt es, in solch einfacher Weise die Unbestimmtheit zu heben, und in solch schwierigen Fällen ist eine Grenzbetrachtung vorteilhaft Man pflegt jedoch auch im obigen Fall, wo eine eigentliche Grenzbetrachtung gar nicht durchgeführt wurde, sich der lim-Schreibweise zu bedienen.

Also

$$\lim_{x=3} \frac{x^2 - 5x + 6}{x^2 - 2x - 3} = \frac{1}{4}.$$

§ 20. Einige weitere wichtige Grenzwerte.

Für die folgenden Betrachtungen, besonders bei den Differentiationen usw., werden sich einige Grenzwerte als notwendig erweisen, die wir hier gleich berechnen wollen.

I.

$$\lim_{x=a} \frac{x^n - a^n}{x - a} = ?$$

Setzt man in den gegebenen Bruch für x den Wert a ein, so erscheint das Ergebnis in der unbestimmten Form $\frac{0}{0}$; es ist deshalb die Frage nach dem eigentlichen Wert des Bruches berechtigt.

a) Ist n eine positive ganze Zahl, so ergibt die Division:

$$\frac{x^n - a^n}{x - a} = x^{n-1} + a x^{n-2} + a^2 x^{n-3} + a^3 x^{n-4} + \cdots + a^{n-2} x + a^{n-1}.$$

Lassen wir nun $x = a$ werden, so verwandelt sich jedes Glied auf der rechten Seite in a^{n-1}, und da im ganzen n solche Glieder vorhanden sind, so haben wir

I.

$$\lim_{x=a} \frac{x^n - a^n}{x - a} = n \cdot a^{n-1}.$$

b) Ist n eine gebrochene Zahl, z. B. $n = \frac{p}{q}$, handelt es sich also um den Grenzwert:

$$\lim_{x=a} \frac{x^{\frac{p}{q}} - a^{\frac{p}{q}}}{x - a},$$

so führen wir zwei neue Größen ein: $\quad x^{\frac{1}{q}} = z \qquad a^{\frac{1}{q}} = \alpha,$

dann wird $\qquad x = z^q, \ a = \alpha^q, \ x^{\frac{p}{q}} = z^p, \ a^{\frac{p}{q}} = \alpha^p$

und der Bruch geht über in: $\quad \lim\limits_{z=\alpha} \dfrac{z^p - \alpha^p}{z^q - \alpha^q},$

wofür man auch schreiben kann: $\lim\limits_{z=\alpha} \dfrac{\dfrac{z^p - \alpha^p}{z - \alpha}}{\dfrac{z^q - \alpha^q}{z - \alpha}};$

diesen Grenzwert können wir jetzt sofort angeben, indem wir auf den
Zähler wie auf den Nenner die vorhin gefundene Grenzformel I anwenden.
Wir erhalten:

$$\frac{p \cdot \alpha^{p-1}}{q \cdot \alpha^{q-1}} = \frac{p}{q} \cdot \alpha^{p-q},$$

und wenn wir endlich für α wieder seinen Wert $a^{\frac{1}{q}}$ einsetzen:

$$\frac{p}{q} \cdot \alpha^{p-q} = \frac{p}{q} \cdot \left(a^{\frac{1}{q}}\right)^{p-q} = \frac{p}{q} \cdot a^{\frac{p}{q}-1},$$

also $\qquad \lim\limits_{x=a} \dfrac{x^{\frac{p}{q}} - a^{\frac{p}{q}}}{x - a} = \dfrac{p}{q} \cdot a^{\frac{p}{q}-1}.$

Die Formel ist bemerkenswert, weil sie mit Formel I genau übereinstimmt. Man drückt dies so aus: Formel I gilt nicht nur für positive
ganze, sondern auch für positive gebrochene Zahlen.

c) Ist n eine negative (ganze oder gebrochene Zahl), z. B. $n = -m$,
haben wir also den Grenzwert:

$$\lim\limits_{x=a} \frac{x^{-m} - a^{-m}}{x - a},$$

so schreiben wir den Bruch in der Form

$$\frac{\dfrac{1}{x^m} - \dfrac{1}{a^m}}{x - a} = - \frac{x^m - a^m}{x^m \cdot a^m \cdot (x - a)}$$

$$= - \frac{1}{x^m \cdot a^m} \cdot \frac{x^m - a^m}{x - a}$$

und wenden auf den zweiten Bruch die Formel I an. Dann wird

$$\lim\limits_{x=a} \frac{x^{-m} - a^{-m}}{x - a} = - \frac{1}{a^m \cdot a^m} \cdot m\,a^{m-1} = - m \cdot a^{-m-1},$$

also $\qquad \lim\limits_{x=a} \dfrac{x^{-m} - a^{-m}}{x - a} = - m\,a^{-m-1},$

d. h. die Formel I gilt auch für negative Exponenten.

d) Damit ist gezeigt, daß Formel I

$$\lim\limits_{x=a} \frac{x^n - a^n}{x - a} = n\,a^{n-1}$$

für alle rationalen Zahlen (d. h. für alle Zahlen, die sich als Verhältnis zweier ganzer Zahlen darstellen lassen) gültig ist.

II.
$$\lim_{n=\infty}\left(1+\frac{1}{n}\right)^n = ?$$

Setzt man hier für n nacheinander die Werte 1, 2, 3, 4 . . ., so hat $\left(1+\frac{1}{n}\right)^n$ die Ergebnisse: 2, 2,25, 2,37, . . ., 2,44 . . .

Setzt man jetzt immer größere Werte für n, so nimmt der Ausdruck schließlich die unbestimmte Form 1^∞ an. Um nun den gesuchten Grenzwert zu finden, entwickeln wir nach dem binomischen Lehrsatz:

$$\left(1+\frac{1}{n}\right)^n = 1 + \frac{n}{1}\cdot\frac{1}{n} + \frac{n(n-1)}{1\cdot 2}\cdot\frac{1}{n^2} + \frac{n(n-1)(n-2)}{1\cdot 2\cdot 3}\cdot\frac{1}{n^3} + \cdots ;$$

wenn man jeden Faktor der Zähler dieser Brüche durch n dividiert und die entsprechende Anzahl von Faktoren n auch in den Nennern streicht, erhält man:

$$\left(1+\frac{1}{n}\right)^n =$$

$$1 + \frac{1}{1} + \frac{1-\frac{1}{n}}{1\cdot 2} + \frac{\left(1-\frac{1}{n}\right)\left(1-\frac{2}{n}\right)}{1\cdot 2\cdot 3} + \frac{\left(1-\frac{1}{n}\right)\left(1-\frac{2}{n}\right)\left(1-\frac{3}{n}\right)}{1\cdot 2\cdot 3\cdot 4} + \cdots$$

Lassen wir nun die ganze positive Zahl n immer größer und größer werden, so werden die Brüche $\frac{1}{n}$, $\frac{2}{n}$, $\frac{3}{n}$ $\cdots$ immer kleiner; wird n unendlich groß, so erhalten wir eine unendliche Reihe, wobei sich aber die Brüche $\frac{1}{n}$, $\frac{2}{n}$, $\frac{3}{n}$, $\cdots$ ohne Ende der 0 nähern, und es ergibt sich dann:

1.
$$\lim_{n=\infty}\left(1+\frac{1}{n}\right)^n = 1 + \frac{1}{1} + \frac{1}{1\cdot 2} + \frac{1}{1\cdot 2\cdot 3} + \frac{1}{1\cdot 2\cdot 3\cdot 4} + \cdots$$

Damit ist der gesuchte Grenzwert in eine Reihe verwandelt; aber es ist noch fraglich, ob diese Reihe einen endlichen Summenwert hat; um dies zu prüfen, vergleichen wir sie mit einer anderen, in ähnlicher Form schon bekannten Reihe, nämlich mit:

2.
$$1 + 1 + \tfrac{1}{2} + \tfrac{1}{4} + \tfrac{1}{8} + \tfrac{1}{16} + \cdots,$$

von der wir nach § 19 i wissen, daß sie den Summenwert 3 besitzt.

Beide Reihen stimmen in den 3 ersten Gliedern überein; vom 4. Glied ab ist aber in der ersten Reihe stets der Nenner größer:

$$1\cdot 2\cdot 3 > 4$$
$$1\cdot 2\cdot 3\cdot 4 > 8$$
$$1\cdot 2\cdot 3\cdot 4\cdot 5 > 16$$
$$\vdots \qquad \vdots$$

also ist vom 4. Glied ab jeder Bruch der ersten Reihe **kleiner** als der entsprechende Bruch der zweiten Reihe. Somit ist die ganze erste Reihe kleiner als die zweite, d. h.:

$$\lim_{n=\infty}\left(1+\frac{1}{n}\right)^n < 3.$$

Da wir nun wissen, daß der gesuchte Grenzwert ermittelt werden kann, so versuchen wir ihn zu berechnen, indem wir eine genügende Anzahl Glieder der Reihe

$$1 + \frac{1}{1} + \frac{1}{1 \cdot 2} + \frac{1}{1 \cdot 2 \cdot 3} + \frac{1}{1 \cdot 2 \cdot 3 \cdot 4} + \cdots$$

summieren. Der Grenzwert, der gewöhnlich durch e bezeichnet wird, berechnet sich also folgendermaßen:

$$
\begin{aligned}
1 &= 1{,}000000 \\
\frac{1}{1} &= 1{,}000000 \\
\frac{1}{1 \cdot 2} &= 0{,}500000 \\
\frac{1}{1 \cdot 2 \cdot 3} &= 0{,}166666 \\
\frac{1}{1 \cdot 2 \cdot 3 \cdot 4} &= 0{,}041666 \\
\frac{1}{1 \cdot 2 \cdot 3 \cdot 4 \cdot 5} &= 0{,}008333 \\
\frac{1}{1 \cdot 2 \cdot 3 \cdot 4 \cdot 5 \cdot 6} &= 0{,}001388 \\
\frac{1}{1 \cdot 2 \cdot 3 \cdot 4 \cdot 5 \cdot 6 \cdot 7} &= 0{,}000198 \\
\frac{1}{1 \cdot 2 \cdot 3 \cdot 4 \cdot 5 \cdot 6 \cdot 7 \cdot 8} &= 0{,}000024 \\
\frac{1}{1 \cdot 2 \cdot 3 \cdot 4 \cdot 5 \cdot 6 \cdot 7 \cdot 8 \cdot 9} &= 0{,}000002 \\
\vdots \quad & \qquad \vdots \\
e &= 2{,}718277
\end{aligned}
$$

Ein auf 12 Stellen genauer Wert von e ist $2{,}718281828459 \ldots$ Wir können also jetzt sagen:

II. $$\lim_{n = \infty} \left(1 + \frac{1}{n}\right)^{n} = e = 2{,}71828 \ldots \qquad \text{(Euler 1739.)}$$

III. Es soll nun $s = e^{x}$ berechnet werden.

Da $e = \lim\limits_{n = \infty} \left(1 + \frac{1}{n}\right)^{n}$ ist, entwickeln wir in der gleichen Weise wie oben $\left(1 + \frac{1}{n}\right)^{n\,x}$ und erhalten für $n = \infty$:

$$s = e^{r} = 1 + \frac{x}{1} + \frac{x^{2}}{1 \cdot 2} + \frac{x^{3}}{1 \cdot 2 \cdot 3} + \frac{x^{4}}{1 \cdot 2 \cdot 3 \cdot 4} \cdots$$

Es ist dies die **Exponentialreihe.** $\qquad$ (Newton 1669.)

IV. Es soll ermittelt werden, zu welchem Endkapital b ein Anfangskapital a anwächst, wenn beim Zinsfuß von $p\ \%$ die Zinsen in jedem Augenblick innerhalb n Jahren dem Kapital zugefügt werden.

Ist die Zahl der Zinstage $t < 360$, so ist nach § 4. IIi:

$$b = a \left(1 + 0{,}01 \frac{t}{360} \cdot p\right).$$

Setze $\dfrac{t}{360} = \dfrac{1}{r}$ Jahr,

also
$$b = a\left(1 + \frac{0,01\,p}{r}\right).$$

Es wird daher nach n Jahren
$$b = a\left(1 + \frac{0,01\,p}{r}\right)^{r \cdot n}.$$

Für die Verzinsung in jedem Augenblick wird $r = \infty$ und somit
$$b = a\left[\left(1 + \frac{0,01\,p}{r}\right)^{r}_{r=\infty}\right]^{n}.$$

Wie sich leicht zeigen läßt, ist
$$\left(1 + \frac{0,01\,p}{r}\right)^{r}_{r=\infty} = e^{0,01\,p} \quad \text{und folglich} \quad b = a \cdot e^{0,01\,p \cdot n}.$$

(Jakob Bernoulli 1690.)

V. Die Länge eines Kurvenbogens. (Abb. 42.)

In der elementaren Geometrie wird gezeigt, wie man die Länge einer geradlinigen Strecke mißt. Was versteht man aber unter der Länge eines Kurvenstücks AZ?

Man führt die Länge des Kurvenstücks folgendermaßen auf die Länge einer geradlinigen Strecke zurück:

Zwischen A und Z schaltet man weitere Punkte, $B, C, D, E \ldots$ ein, zieht die Sehnen $AB, BC, CD, DE \ldots$ und legt diese Sehnen dann zu

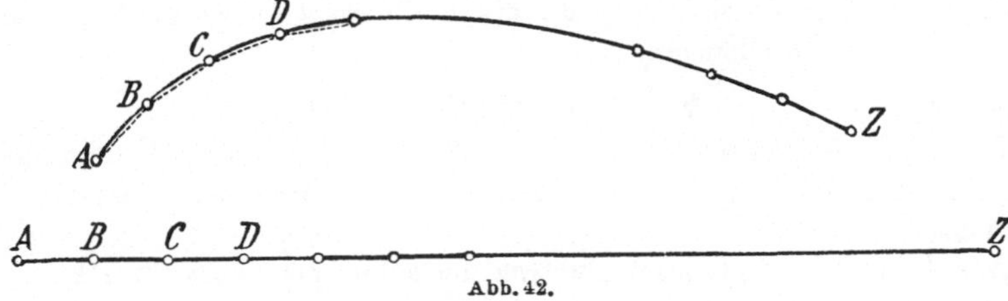

Abb. 42.

einer geradlinigen Streckensumme $ABCDE \ldots Z$ aneinander. Die so entstehende Strecke AZ ist dann ein erster Näherungswert für die Länge des Kurvenstückes AZ. Will man noch genauere Näherungswerte haben, so muß man noch mehr Punkte einschalten. Dieses ganze Verfahren beruht auf der Anschauung, daß ein sehr „kleiner" Kurvenbogen AB sich nicht mehr von seiner zugehörigen Sehne AB unterscheiden kann. So nimmt man z. B. in der Planimetrie an, daß der Umfang eines regelmäßigen Vielecks, wenn man die Anzahl der Seiten immer mehr vergrößert, in den Kreisumfang übergeht.

Wollen wir diesen Anschauungssatz, daß der Bogen AB gleich der Sehne AB wird, sobald die Punkte A und B einander sehr nahe kommen, durch die limes-Schreibweise ausdrücken, so können wir sagen:

III.
$$\lim_{A=B} \frac{\text{Kurvenbogen } AB}{\text{Sehne } AB} = 1.$$

Wie man von den Näherungswerten eines Kurvenbogens zu dem genauen Wert gelangt, wird in § 37 VI gezeigt.

IV. Differentialquotient der allgemeinen Potenz und der zusammengesetzten Funktionen.

§ 21. Das Differenzieren. — Der Differentialquotient der allgemeinen Potenz.

I. Wir haben im § 6 die Steigung einer Kurve bestimmt und sind dabei auf den Differentialquotienten $\frac{dy}{dx}$ gekommen. Was wir dort für einige besondere Fälle durchgeführt haben, wollen wir jetzt in ganz allgemeiner Weise behandeln. Es sei also

$$1. \qquad y = f(x)$$

die Gleichung einer Kurve, von der wir annehmen, daß sie in dem zu untersuchenden Gebiet einen einfachen, zusammenhängenden Linienzug besitze. Um die Steigung der Kurve in einem bestimmten Punkt $P(x; y)$ zu finden, lassen wir wieder x um den Betrag Δx wachsen, wodurch auch y sich um einen bestimmten Betrag Δy vermehren wird. (Sollte sich y dagegen um einen gewissen Betrag vermindern, so fassen wir dies trotzdem als eine **Vermehrung** — um eine negative Größe — auf.) Der Quotient $\frac{\Delta y}{\Delta x}$ gibt dann (vgl. Abb. 16 auf S. 24) die Steigung der Kurve über der wagerechten Strecke Δx an.

Um diesen Quotienten zu bilden, müssen wir beachten, daß nach Gleichung 1. zu der Abszisse $x + \Delta x$ die Ordinate $y + \Delta y$ gehört. Daher gilt nun auch die Gleichung:

$$2. \qquad y + \Delta y = f(x + \Delta x).$$

Unter $f(x + \Delta x)$ soll natürlich der Wert der Funktion $f(x)$ verstanden werden, den man erhält, wenn man an Stelle von x den Wert $x + \Delta x$ einsetzt.

Aus 1. und 2. folgt durch Subtraktion sofort der Wert für Δy

$$3. \qquad \Delta y = f(x + \Delta x) - f(x)$$

und hieraus, wenn wir durch Δx dividieren,

$$4. \qquad \frac{\Delta y}{\Delta x} = \frac{f(x + \Delta x) - f(x)}{\Delta x}.$$

Dies ist also der „Differenzenquotient" der Funktion $f(x)$; er drückt die Steigung der Kurve über die Strecke Δx aus und läßt sich auch durch den „Steigungswinkel" α der zugehörigen Sekante PP_1 darstellen:

$$\frac{\Delta y}{\Delta x} = \operatorname{tg} \alpha.$$

Endlich lassen wir den Zuwachs Δx immer kleiner werden, so daß er sich unbegrenzt der Null nähert; dann wird sich auch Δy unbegrenzt der Null nähern. Der Quotient $\frac{\Delta y}{\Delta x}$ strebt hierbei aber einem bestimmten Grenzwert zu, der sich jedoch zunächst in der unbestimmten Form $\frac{0}{0}$ darstellt. Wir bezeichneten diesen Grenzwert durch $\frac{dy}{dx}$ und nannten ihn „Differentialquotient". Wir können jetzt schreiben:

5. $$\frac{dy}{dx} = \lim_{\Delta x = 0} \frac{\Delta y}{\Delta x} = \lim_{\Delta x = 0} \frac{f(x + \Delta x) - f(x)}{\Delta x}.$$

Die geometrische Bedeutung dieses Grenzübergangs ist folgende: Nimmt Δx (und damit Δy) immer mehr ab, so strebt die Sekante PP_1 einer Grenzlage, der Tangente, zu. Der Differentialquotient $\frac{dy}{dx}$ gibt die Steigung dieser Tangente an:

$$\frac{dy}{dx} = \operatorname{tg} \tau.$$

Statt „Steigung der Tangente im Punkt P einer Kurve" sagt man einfacher „Steigung der Kurve im Punkt P". Also gibt der Differentialquotient die Steigung im Punkt P der Kurve an.

II. Von jeder geeigneten Funktion

$$y = f(x)$$

läßt sich der Differenzenquotient

$$\frac{\Delta y}{\Delta x} = \frac{f(x + \Delta x) - f(x)}{\Delta x}$$

bilden; nunmehr läßt man Δx sich unbegrenzt der Null nähern, wodurch $\frac{\Delta y}{\Delta x}$ die unbestimmte Form $\frac{0}{0}$ annimmt. Hat $\frac{\Delta y}{\Delta x}$ hierbei einen bestimmten Grenzwert, so nennt man diesen den Differentialquotienten der Funktion $f(x)$ und bezeichnet ihn mit $\frac{dy}{dx}$.

Das Bilden eines Differentialquotienten wird als „Differenzieren" bezeichnet.

III. Als erstes Beispiel dieser ganz allgemeinen Betrachtung sei die Potenz

$$y = x^n$$

gewählt, wobei jedoch n jeden reellen (positiven oder negativen, ganzen oder gebrochenen) Wert haben kann. Wir wiederholen einfach die bisherigen Betrachtungen, indem wir nur an Stelle der unbestimmten Funktion $f(x)$ die ganz bestimmte Funktion x^n treten lassen. Es sei also gegeben

1. $$y = x^n.$$

Setzen wir an Stelle von x den Wert $x + \Delta x$, so wird auch y einen Wert $y + \Delta y$ annehmen und wir erhalten:

2. $$y + \Delta y = (x + \Delta x)^n.$$

Durch Subtraktion ergibt sich:

3. $$\Delta y = (x + \Delta x)^n - x^n$$

und hieraus:

4. $$\frac{\Delta y}{\Delta x} = \frac{(x + \Delta x)^n - x^n}{\Delta x}.$$

Man sieht sofort, daß für $\Delta x = 0$ der Ausdruck in die unbestimmte Form $\frac{0}{0}$ übergehen würde, und wir müssen daher den Grenzwert

5. $$\frac{dy}{dx} = \lim_{\Delta x = 0} \frac{(x + \Delta x)^n - x^n}{\Delta x}$$

zu bestimmen suchen.

Der gesuchte Grenzwert läßt sich leicht in die Form bringen:

$$\lim_{\Delta x = 0} \frac{(x + \Delta x)^n - x^n}{(x + \Delta x) - x} = \lim_{z = x} \frac{z^n + x^n}{z - x},$$

wenn $x + \Delta x = z$ gesetzt wird. Nach § 20 I hat dieser Ausdruck den Grenzwert

$$n x^{n-1};$$

damit haben wir das Ergebnis:

Die Funktion $y = x^n$ hat den Differentialquotienten

$$\frac{dy}{dx} = n \cdot x^{n-1}. \quad \text{(Vgl. S. 29.)}$$

Man schreibt das Ergebnis, daß für $y = x^n$ der Differentialquotient $\frac{dy}{dx} = n \cdot x^{n-1}$ ist, auch in der Form

$$\frac{d(x^n)}{dx} = n \cdot x^{n-1}.$$

IV. Abb. 43 zeigt die Gültigkeit der vorstehenden Differentiationsregel der Funktionsgleichung $y = x^n$ für gebrochene Werte von n. —

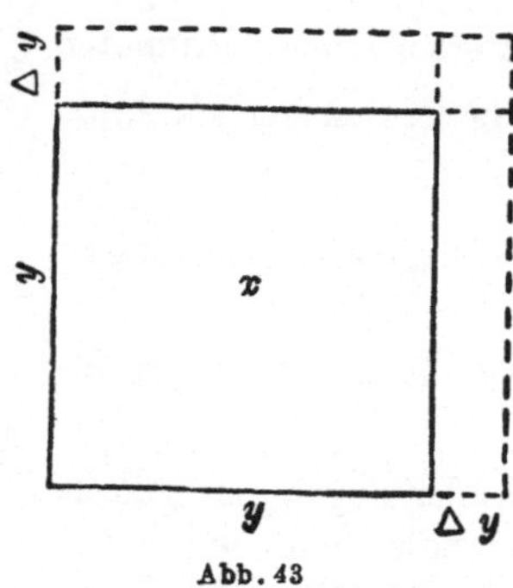

Abb. 43

Hier ist $y^2 = x$, also $y = \sqrt{x}$ oder $y = x^{\frac{1}{2}}$.

Wächst die Quadratseite y um das Stück Δy, so ist die Flächenzunahme

$$\Delta x = 2y \cdot \Delta y + (\Delta y)^2$$

und durch Δx dividiert, wird

$$\frac{\Delta x}{\Delta x} = 2y \frac{\Delta y}{\Delta x} + \frac{(\Delta y)^2}{\Delta x}$$

oder $\qquad 1 = 2y \frac{\Delta y}{\Delta x} + \frac{\Delta y}{\Delta x} \cdot \Delta y.$

Beim Übergang zum Differentialquotienten wird sich Δy unbegrenzt 0 nähern und das zweite Glied rechts daher fortfallen, so daß wir erhalten

$$1 = 2y \cdot \frac{dy}{dx}$$

oder $\qquad \dfrac{dy}{dx} = \dfrac{1}{2y}.$

Da nun $y = x^{\frac{1}{2}}$ ist, wird

$$\frac{dy}{dx} = \frac{1}{2 x^{\frac{1}{2}}} = \frac{1}{2} x^{-\frac{1}{2}}.$$

Der Differentialquotient von $y = x^n$ ist aber $\dfrac{dy}{dx} = nx^{-1}$, also für $n = \frac{1}{2}$

$$\frac{dy}{dx} = \frac{1}{2} x^{\frac{1}{2} - 1} = \frac{1}{2} x^{-\frac{1}{2}}$$

Somit gilt die Regel auch für gebrochene Exponenten.

Zeige in ähnlicher Weise die Gültigkeit der Regel für gebrochene Werte von n, wie $y = \dfrac{1}{x^n}$.

V. Übungsaufgaben.

a) 1. $y = x^7$ $\qquad \dfrac{dy}{dx} = 7x^6$

2. $y = x^{10}$ $\qquad \dfrac{dy}{dx} = 10x^9$

3. $y = x^{2n}$ $\qquad \dfrac{dy}{dx} = 2nx^{2n-1}$

4. $y = x^{2n+1}$ $\qquad \dfrac{dy}{dx} = (2n+1)x^{2n}$

5. $y = \dfrac{1}{x} = x^{-1}$ $\qquad \dfrac{dy}{dx} = -\dfrac{1}{x^2}$

6. $y = \dfrac{1}{x^2}$ $\qquad \dfrac{dy}{dx} = -\dfrac{2}{x^3}$

7. $y = \dfrac{1}{x^3}$ $\qquad \dfrac{dy}{dx} = -\dfrac{3}{x^4}$

8. $y = \dfrac{1}{x^6}$ $\qquad \dfrac{dy}{dx} = -\dfrac{6}{x^7}$

9. $y = \dfrac{1}{x^9}$ $\qquad \dfrac{dy}{dx} = -\dfrac{9}{x^{10}}$

10. $y = \sqrt{x} = x^{\frac{1}{2}}$ $\qquad \dfrac{dy}{dx} = \dfrac{1}{2\sqrt{x}}$

11. $y = \sqrt[3]{x}$ $\qquad \dfrac{dy}{dx} = \dfrac{1}{3\sqrt[3]{x^2}}$

12. $y = \sqrt{x^3} = x^{\frac{3}{2}}$ $\qquad \dfrac{dy}{dx} = \dfrac{3}{2}\sqrt{x}$

13. $y = \sqrt{x^5}$ $\qquad \dfrac{dy}{dx} = \dfrac{5}{2}\sqrt{x^3}$

14. $y = \sqrt[3]{x^2}$ $\qquad \dfrac{dy}{dx} = \dfrac{2}{3\sqrt[3]{x}}$

15. $y = \sqrt[3]{x^5} = x^{\frac{5}{3}}$ $\qquad \dfrac{dy}{dx} = \dfrac{5}{3}\sqrt[3]{x^2}$

16. $y = \sqrt[5]{x^3}$ $\qquad \dfrac{dy}{dx} = \dfrac{3}{5\sqrt[5]{x^2}}$

17. $y = \dfrac{1}{\sqrt{x}}$ $\qquad \dfrac{dy}{dx} = -\dfrac{1}{2\sqrt{x^3}}$

18. $y = \dfrac{1}{\sqrt[3]{x}}$ $\qquad \dfrac{dy}{dx} = -\dfrac{1}{3\sqrt[3]{x^4}}$

19. $y = \dfrac{1}{\sqrt[3]{x^4}} = x^{-\frac{4}{3}}$ $\qquad \dfrac{dy}{dx} = -\dfrac{4}{3\sqrt[3]{x^7}}$

20. $y = \dfrac{1}{\sqrt[3]{x^2}}$ $\qquad \dfrac{dy}{dx} = -\dfrac{2}{3\sqrt[3]{x^5}}.$

b) Man gebe die Steigung für die oberhalb der X-Achse liegenden Punkte $x = 0, 1, 4$ der Kurve $y = \sqrt{x}$ an!

$$\left(y = \sqrt{x}, \ \frac{dy}{dx} = \operatorname{tg} \tau = \frac{1}{2\sqrt{x}}, \ \operatorname{tg} \tau = \infty, \ \frac{1}{2}, \ \frac{1}{4}, \ \tau = 90^0, \ 26^0 34', \ 14^0 2'.\right)$$

c) In welchem Punkte der Hyperbel $xy = 36$ hat die Tangente den Steigungswinkel $\tau = 135^0$?

$$\left(y = \frac{36}{x}, \quad \frac{dy}{dx} = -\frac{36}{x^2}, \quad -\frac{36}{x^2} = \operatorname{tg} 135^0 = -1, \quad x = \pm 6.\right)$$

d) Zeichne die Kurve $y = \sqrt{x^3}$ und bestimme die Tangente im Nullpunkt.

$\left(\dfrac{dy}{dx} = \dfrac{3}{2}\sqrt{x},\ \text{im Nullpunkt wird}\ \dfrac{dy}{dx} = 0,\ \text{die } X\text{-Achse ist hier Tan-}\right.$
gente.)

§ 22. Zusammengesetzte Funktionen.

I. Die Funktion $y = ax^3$ sei gegeben, also

$$y = a \cdot f(x) \qquad (a \text{ konstant}),$$

und soll differenziert werden. Hier ist somit y das a-fache einer Funktion von x. Bildet man wie im vorigen Paragraphen den Differenzenquotienten, so ergibt sich

$$y + \varDelta y = a \cdot f(x + \varDelta x)$$

und hieraus $\qquad \dfrac{\varDelta y}{\varDelta x} = a \cdot \dfrac{f(x + \varDelta x) - f(x)}{\varDelta x}.$

Beim Übergang zur Grenze wird der rechtsstehende Bruch zum Differentialquotienten von $f(x)$, den wir mit $f'(x)$ bezeichnen wollen.

Also wird $\qquad\qquad \dfrac{dy}{dx} = a \cdot f'(x),$

d. h. der D.Q. (Abkürzung für Differentialquotient) von $a \cdot f(x)$ ist gleich $a \cdot f'(x)$, oder: **Ein konstanter Faktor der Funktion geht auch auf den Differentialquotienten über.**

Für unser obiges Beispiel $y = ax^3$ folgt also $\dfrac{dy}{dx} = a \cdot 3x^2$ oder $\dfrac{dy}{dx} = 3ax^2$.

a) **Beispiele:** $y = 10x^4, \quad \dfrac{dy}{dx} = 10 \cdot 4 \cdot x^3 = 40x^3.$

$$y = 6\sqrt{x}, \quad \frac{dy}{dx} = 6 \cdot \frac{1}{2\sqrt{x}} = \frac{3}{\sqrt{x}}.$$

b) Daß der Differentialquotient einer konstanten Größe 0 ist, ist selbstverständlich, da eine Konstante ja keine Änderung besitzt.

c) Zeige die Richtigkeit dieses Satzes auch an der Funktion $y = a \cdot x^0$!

II. Differentialquotient einer **Summe.**

Es sei $y = 5x^4 + 3x^2$. Setze $5x^4 = u$ und $3x^2 = v$,

1.   also $\qquad\qquad\qquad y = u + v,$

worin u und v Funktionen von x sind. Läßt man jetzt x um $\varDelta x$ zunehmen, so werden u und v beziehungsweise um $\varDelta u$ und $\varDelta v$ und y um $\varDelta y$ zunehmen. Wir erhalten

2. $\qquad\qquad y + \varDelta y = u + \varDelta u + v + \varDelta v$

und daraus durch Subtraktion der Gleichung 1:

3. $\qquad\qquad\qquad \varDelta y = \varDelta u + \varDelta v.$

Dividieren wir diese Gleichung durch Δx und gehen dann zur Grenze über, indem wir Δx und Δy sich ohne Ende der Null nähern lassen, so ergibt sich:

4.
$$\frac{\Delta y}{\Delta x} = \frac{\Delta u}{\Delta x} + \frac{\Delta v}{\Delta x},$$

5.
$$\frac{dy}{dx} = \frac{du}{dx} + \frac{dv}{dx},$$

d. h. **der Differentialquotient einer algebraischen Summe ist gleich der Summe der Differentialquotienten der einzelnen Summanden** (vgl. S. 31). Aus unserer gegebenen Funktion $y = 5x^4 + 3x^2$ folgt also
$$\frac{dy}{dx} = 20x^3 + 6x \quad \text{oder} \quad \frac{d(5x^4 + 3x^2)}{dx} = 20x^3 + 6x.$$

a) **Anschauliche Ableitung:** Eine Strecke y bestehe aus 2 Teilen u und v, so daß $y = u + v$; wird die Strecke u um Δu, v um Δv vergrößert, so vergrößert sich auch y um Δy; und es ist klar, daß dann $\Delta y = \Delta u + \Delta v$ wird usw. wie oben. (Abb 44.)

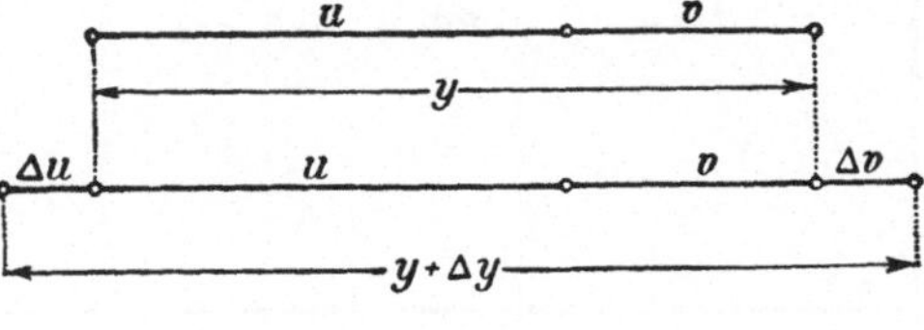

Abb. 44.

b) Beispiele:
$$y = x^2 + x^3, \frac{dy}{dx} = 2x + 3x^2$$
$$y = 4x^3 + 3x^2 + 7x - 6, \frac{dy}{dx} = 12x^2 + 6x + 7.$$

III. Differentialquotient eines Produktes.

1. Es sei:
$$y = (6x^5 + 4) \cdot (4x^3 + 7).$$

Setze
$$6x^5 + 4 = u$$

und
$$4x^3 + 7 = v,$$

dann ist
$$y = u \cdot v.$$

Wir finden sofort:

2.
$$y + \Delta y = (u + \Delta u) \cdot (v + \Delta v).$$

3.
$$\Delta y = (u + \Delta u) \cdot (v + \Delta v) - uv$$
$$\Delta y = u \cdot \Delta v + v \cdot \Delta u + \Delta u \cdot \Delta v.$$

Dividieren wir noch durch Δx, so entsteht:

4.
$$\frac{\Delta y}{\Delta x} = u \cdot \frac{\Delta v}{\Delta x} + v \cdot \frac{\Delta u}{\Delta x} + \frac{\Delta v}{\Delta x} \cdot \Delta u.$$

Beim Übergang zur Grenze verwandeln sich alle vorkommenden Brüche in die betreffenden Differentialquotienten. Die zuletzt stehende Größe Δu wird natürlich 0, und es bleibt

5.
$$\frac{dy}{dx} = u \cdot \frac{dv}{dx} + v \cdot \frac{du}{dx},$$

oder
$$\frac{dy}{dx} = u \cdot v' + v \cdot u',$$

d. h. **der Differentialquotient eines Produktes $(u \cdot v)$ ist gleich dem ersten Faktor mal dem D.Q.[1]) des zweiten Faktors plus dem zweiten Faktor mal D.Q. des ersten Faktors.**

---

1) D.Q. = Abkürzung für Differentialquotient (vgl. S. 84).

In unserem Beispiel $y = (6x^5 + 4) \cdot (4x^3 + 7)$ wird also

$$\frac{dy}{dx} = (6x^5 + 4) \cdot 12x^2 + (4x^3 + 7) \cdot 30x^4$$

oder $\qquad \dfrac{d[(6x^5 + 4) \cdot (4x^3 + 7)]}{dx} = 192x^7 + 210x^4 + 48x^2.$

a) Anschauliche Ableitung: Die Seiten u und v eines Rechtecks werden um Δu und Δv vergrößert. Um wieviel vergrößert sich dann der Inhalt $u \cdot v = y$? (Abb. 45.) Die Zunahme Δy des Rechtecks besteht aus drei Flächenstücken:

$$u \cdot \Delta v$$
$$v \cdot \Delta u$$
$$\Delta v \cdot \Delta u.$$

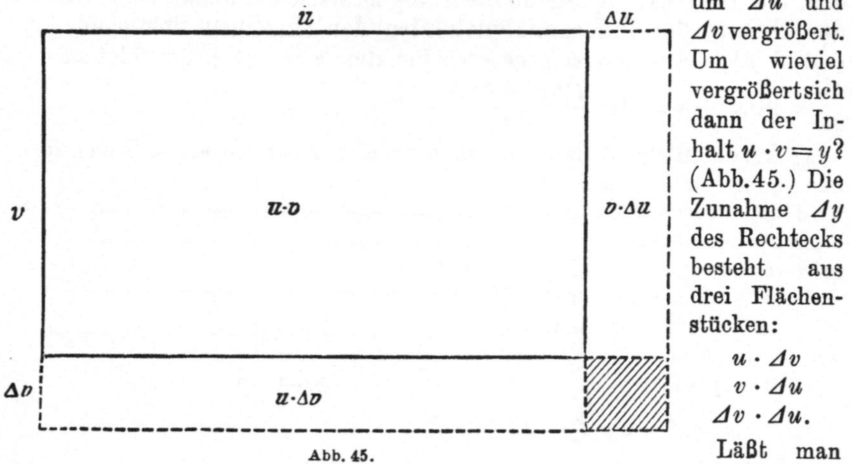

Abb. 45.

Läßt man die Zunahmen Δu und Δv sehr klein werden, dann wird das Rechteck $\Delta u \cdot \Delta v$ so klein, daß es gegen die Rechtecke $u \cdot \Delta v$ und $v \cdot \Delta u$ vernachlässigt werden kann. Man erhält dann

$$\Delta y = u \cdot \Delta v + v \cdot \Delta u$$

usw. wie oben.

b) Beispiele:

$$y = \underset{(u)}{(x^5 + 3)} \cdot \underset{(v)}{(x^7 - 5)}$$

$$\frac{dy}{dx} = (x^5 + 3) \cdot 7x^6 + (x^7 - 5) \cdot 5x^4 = 12x^{11} + 21x^6 - 25x^4.$$

Multipliziert man zuerst aus und wendet dann die Summenregel an, so ergibt sich

$$y = x^{12} + 3x^7 - 5x^5 - 15$$

$$\frac{dy}{dx} = 12x^{11} + 21x^6 - 25x^4$$

$$y = (x^3 + x^2) \cdot \sqrt{x}$$

$$\frac{dy}{dx} = (x^3 + x^2) \cdot \frac{1}{2\sqrt{x}} + \sqrt{x} \cdot (3x^2 + 2x) = \frac{7x^3 + 5x^2}{2\sqrt{x}} = \frac{7}{2}x^{\frac{5}{2}} + \frac{5}{2}x^{\frac{5}{2}}$$

oder

$$y = (x^3 + x^2) \cdot \sqrt{x} = x^{\frac{7}{2}} + x^{\frac{5}{2}}$$

$$\frac{dy}{dx} = \frac{7}{2}x^{\frac{5}{2}} + \frac{5}{2}x^{\frac{3}{2}}.$$

IV. Differentialquotient eines **Bruches.** Es sei

$$y = \frac{x^2 + 1}{2\,x^2 - 7}.$$

Setze $\qquad x^2 + 1 = u \quad$ und $\quad 2\,x^2 - 7 = v,$

also $\qquad y = \dfrac{u}{v} \quad$ und $\qquad u = v \cdot y.$

Der Differenzenquotient dieses Produktes ist § 22 III

$$\frac{\varDelta u}{\varDelta x} = v \cdot \frac{\varDelta y}{\varDelta x} + y \cdot \frac{\varDelta v}{\varDelta x}$$

oder $\qquad v \cdot \dfrac{\varDelta y}{\varDelta x} = \dfrac{\varDelta u}{\varDelta x} - y \dfrac{\varDelta v}{\varDelta x}$

oder $\qquad \dfrac{\varDelta y}{\varDelta x} = \dfrac{\dfrac{\varDelta u}{\varDelta x} - y \cdot \dfrac{\varDelta v}{\varDelta x}}{v}.$

Setze für y den obigen Wert $y = \dfrac{u}{v}$ und erweitere $\dfrac{\varDelta u}{\varDelta x}$ mit v, also

$$\frac{\varDelta u}{\varDelta x} = \frac{\varDelta u \cdot v}{\varDelta x \cdot v}.$$

Dann wird $\qquad \dfrac{\varDelta y}{\varDelta x} = \dfrac{\dfrac{\varDelta u}{\varDelta x} \cdot \dfrac{v}{v} - \dfrac{u}{v} \cdot \dfrac{\varDelta v}{\varDelta x}}{\cdot v}$

oder $\qquad \dfrac{\varDelta y}{\varDelta x} = \dfrac{\dfrac{1}{v}\left(\dfrac{\varDelta u}{\varDelta x}v - \dfrac{\varDelta v}{\varDelta x}u\right)}{v}$

$$\frac{\varDelta y}{\varDelta x} = \frac{\dfrac{\varDelta u}{\varDelta x}v - \dfrac{\varDelta v}{\varDelta x}u}{v^2}.$$

Beim Grenzübergang von $\dfrac{\varDelta y}{\varDelta x}$ in $\dfrac{dy}{dx}$ werden die Ausdrücke $\dfrac{\varDelta u}{\varDelta x}$ und $\dfrac{\varDelta v}{\varDelta x}$ in $\dfrac{du}{dx}$ und $\dfrac{dv}{dx}$ verwandelt. Es wird dann also

C. $\qquad \dfrac{dy}{dx} = \dfrac{v \cdot \dfrac{du}{dx} - u \cdot \dfrac{dv}{dx}}{v^2}$

oder $\qquad y' = \dfrac{v \cdot u' - u \cdot v'}{v^2},$

d. h.: **Der D.Q. eines Bruches $\left(\dfrac{u}{v}\right)$ ist gleich: Nenner mal D.Q. des Zählers, minus Zähler mal D.Q. des Nenners, das Ganze geteilt durch das Quadrat des Nenners.**

Gedächtnisregel: Man fängt mit Nenner an und hört wieder mit Nenner auf.

In unserem gegebenen Beispiel

$$y = \frac{x^2 + 1}{2\,x^2 - 7}$$

wird nun $\qquad \dfrac{dy}{dx} = \dfrac{(2\,x^2 - 7) \cdot 2x - (x^2 + 1) \cdot 4x}{(2\,x^2 - 7)^2} = \dfrac{-18x}{(2\,x^2 - 7)^2}.$

$$y = \frac{10}{1 + x^3}$$

$$\frac{dy}{dx} = \frac{(1 + x^3) \cdot 0 - 10 \cdot 3x^2}{(1 + x^3)^2} = - \frac{30x^2}{(1 + x^3)^2}.$$

V. Übungsaufgaben.

1. $y = 10x^3 + 1$ $\dfrac{dy}{dx} = 30x^2$

2. $y = ax + b$ $\dfrac{dy}{dx} = a$

3. $y = \dfrac{a}{x}$ $\dfrac{dy}{dx} = -\dfrac{a}{x^2}$

4. $y = \dfrac{2}{x^3}$ $\dfrac{dy}{dx} = -\dfrac{6}{x^4}$

5. $y = -\dfrac{7}{x^2}$ $\dfrac{dy}{dx} = \dfrac{14}{x^3}$

6. $y = \dfrac{3}{8x}$ $\dfrac{dy}{dx} = -\dfrac{3}{8x^2}$

7. $y = 2\sqrt{x}$ $\dfrac{dy}{dx} = \dfrac{1}{\sqrt{x}}$

8. $y = 2\sqrt{x^3}$ $\dfrac{dy}{dx} = 3\sqrt{x}$

9. $y = \dfrac{3}{4}\sqrt[3]{x^2}$ $\dfrac{dy}{dx} = \dfrac{1}{2\sqrt[3]{x}}$

10. $y = \dfrac{1}{2\sqrt{x}}$ $\dfrac{dy}{dx} = -\dfrac{1}{4\sqrt{x^3}}$

11. $y = \dfrac{10}{\sqrt[4]{x}}$ $\dfrac{dy}{dx} = -\dfrac{5}{2\sqrt[4]{x^5}}$

12. $y = -\dfrac{3}{8\sqrt[3]{x^8}}$ $\dfrac{dy}{dx} = \dfrac{1}{\sqrt[3]{x^{11}}}$

13. $y = x^2 + \dfrac{1}{x}$ $\dfrac{dy}{dx} = 2x - \dfrac{1}{x^2}$

14. $y = \dfrac{1}{x} - \dfrac{2}{x^2} + \dfrac{3}{x^3}$ $\dfrac{dy}{dx} = -\dfrac{1}{x^2} + \dfrac{4}{x^3} - \dfrac{9}{x^4}$

15. $y = -\sqrt[3]{x} - \sqrt[4]{x} - 1$ $\dfrac{dy}{dx} = -\dfrac{1}{3\sqrt[3]{x^2}} - \dfrac{1}{4\sqrt[4]{x^3}}$

16. $y = \dfrac{5}{4\sqrt[5]{x^4}} + \dfrac{7}{8\sqrt[7]{x^8}}$ $\dfrac{dy}{dx} = -\dfrac{1}{\sqrt[5]{x^9}} - \dfrac{1}{\sqrt[7]{x^{15}}}$

17. $y = \alpha + \beta\sqrt{x}$ $\dfrac{dy}{dx} = \dfrac{\beta}{2\sqrt{x}}$

18. $y = (x^4 + 1) \cdot (x^4 - 1)$ $\dfrac{dy}{dx} = 8x^7$

19. $y = (1 + 2x + 3x^2) \cdot (1 - 2x - 5x^4)$

$$\frac{dy}{dx} = -90x^5 - 50x^4 - 20x^3 - 18x^2 - 2x$$

20. $y = x^\alpha \cdot x^\beta$ $\dfrac{dy}{dx} = (\alpha + \beta) \cdot x^{\alpha + \beta - 1}$

21. $\quad y = (x^3 + a)(3x^2 + b) \qquad \dfrac{dy}{dx} = 15x^4 + 3bx^2 + 6ax$

22. $\quad y = \left(x^2 - ax + \dfrac{a^2}{2}\right) \cdot \left(x^2 + ax + \dfrac{a^2}{2}\right) \quad \dfrac{dy}{dx} = 4x^3$

23. $\quad y = \dfrac{1}{a + bx} \qquad\qquad \dfrac{dy}{dx} = \dfrac{-b}{(a + bx)^2}$

24. $\quad y = \dfrac{1}{1 + x} \qquad\qquad \dfrac{dy}{dx} = -\dfrac{1}{(1 + x)^2}$

25. $\quad y = \dfrac{c}{a + bx} \qquad\qquad \dfrac{dy}{dx} = -\dfrac{bc}{(a + bx)^2}$

26. $\quad y = \dfrac{2x^4}{a^2 - x^2} \qquad\qquad \dfrac{dy}{dx} = \dfrac{8a^2x^3 - 4x^5}{(a^2 - x^2)^2}$

27. $\quad y = \dfrac{1}{f(x)} \qquad\qquad \dfrac{dy}{dx} = -\dfrac{f'(x)}{[f(x)]^2}$

28. $\quad y = \dfrac{1 - x^3}{1 + x^3} \qquad\qquad \dfrac{dy}{dx} = \dfrac{-6x^2}{(1 + x^3)^2}$

29. $\quad y = \dfrac{1 + x^4}{1 - x^4} \qquad\qquad \dfrac{dy}{dx} = \dfrac{8x^3}{(1 - x^4)^2}$

30. $\quad y = \dfrac{1 - x}{1 + x} \qquad\qquad \dfrac{dy}{dx} = \dfrac{-2}{(1 + x)^2}$

31. $\quad y = \dfrac{2x^2 - 1}{2 - x^2} \qquad\qquad \dfrac{dy}{dx} = \dfrac{6x}{(2 - x^2)^2}$

32. $\quad y = \dfrac{x^2 - 2x + 3}{x^2 + 2x - 3} \qquad \dfrac{dy}{dx} = \dfrac{4x(x - 3)}{(x^2 + 2x - 3)^2}$

33. $\quad y = \dfrac{2 - 3x^2 + x^3}{2 + 3x^2 - x^3} \qquad \dfrac{dy}{dx} = \dfrac{12(x^2 - 2x)}{(2 + 3x^2 - x^3)^2}$

34. $\quad y = \dfrac{1 + \sqrt{x}}{1 - \sqrt{x}} \qquad\qquad \dfrac{dy}{dx} = \dfrac{1}{\sqrt{x}(1 - \sqrt{x})^2}$

35. $\quad y = \dfrac{\sqrt[3]{x}}{1 + x} \qquad\qquad \dfrac{dy}{dx} = \dfrac{1 - 2x}{3\sqrt[3]{x^2}(1 + x)^2}$

36. $\quad y = \dfrac{1}{1 + \sqrt[3]{x}} \qquad\qquad \dfrac{dy}{dx} = \dfrac{-1}{3\sqrt[3]{x^2}(1 + \sqrt[3]{x})^2}$

§ 23. Aufgaben aus Geometrie, Physik und Technik.

I. a) Die Kurve $y = x - \dfrac{1}{x^2}$ zu zeichnen und ihre etwaigen Maximum- oder Minimumstellen zu finden.

$$\text{(Maximum für } x = -\sqrt[3]{2}.)$$

b) Welche Steigung hat die Kurve $y^3 = x^2$ im Nullpunkt?

(Im Nullpunkt hat die Kurve eine Spitze; die Y-Achse ist Tangente an den beiden Kurvenbögen.)

c) Etwaige Maxima oder Minima der Kurve $y = \dfrac{2}{x} - \dfrac{1}{x^2}$ zu finden.

$$\text{(Maximum für } x = 1.)$$

d) Ebenso für die Kurve $y^2 = x \cdot (x - 3)^2$.

$$\text{(Maximum und Minimum für } x = 1.)$$

e) Welche Steigungen hat die letzte Kurve in ihrem „Doppelpunkt"?

(Steigungswinkel: $\tau_1 = 60^0$; $\tau_2 = 120^0$.)

II. Im rechtwinkligen Achsensystem ist der Punkt P mit den Koordinaten a und b gegeben. Man soll durch P eine Gerade so ziehen, daß das ausgeschnittene rechtwinklige Dreieck MON einen möglichst kleinen Inhalt erhält. Wie sind die Abschnitte OM und ON zu wählen? (Abb. 46.)

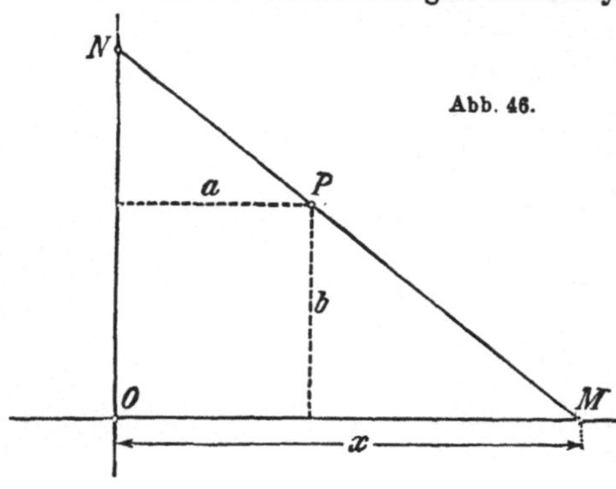

Abb. 46.

(Ist $OM = x$, dann wird $ON = \dfrac{b \cdot x}{x-a}$ und der Dreiecksinhalt

$$F = \frac{b}{2} \cdot \frac{x^2}{x-a};\ \text{Minimum für } OM = 2a,\ ON = 2b.)$$

III. Ein Denkmal hat samt Sockel die Höhe a, der Sockel allein hat die Höhe b (Abb. 47); in welcher wagerechten Entfernung x vom Sockel muß man sich aufstellen, damit das Denkmal allein möglichst günstig gesehen werden kann?

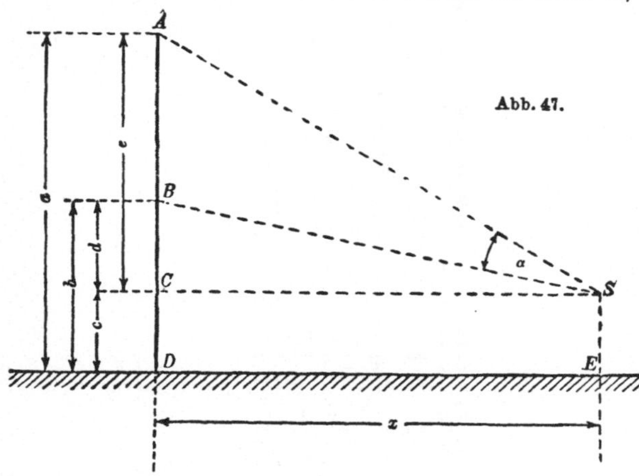

Abb. 47.

(Die Augenhöhe des Beobachters sei $SE = CD = c$. Der Sehwinkel $\alpha = ASB$ muß möglichst groß werden.

Berechne, für welchen Wert von x derjenige von tg α ein Maximum wird, also da $b - c = d$ und $a - c = e$.

$$\operatorname{tg}\alpha = \operatorname{tg}(ASC - BSC)$$

$$= \frac{\operatorname{tg}ASC - \operatorname{tg}BSC}{1 + \operatorname{tg}ASC \cdot \operatorname{tg}BSC} = \frac{\dfrac{e}{x} - \dfrac{d}{x}}{1 + \dfrac{ed}{x^2}}$$

$$\operatorname{tg}\alpha = \frac{(e-d)x}{x^2 + de};\ \text{Maximum für } x = \sqrt{de}.)$$

IV. Die Parabel $y^2 = 2px$ und die Koordinaten $x_1 y_1$ eines Punktes P_1 dieser Kurve schließen ein Flächenstück OP_1Q ein. Wie groß ist x (Abb. 48) zu wählen,

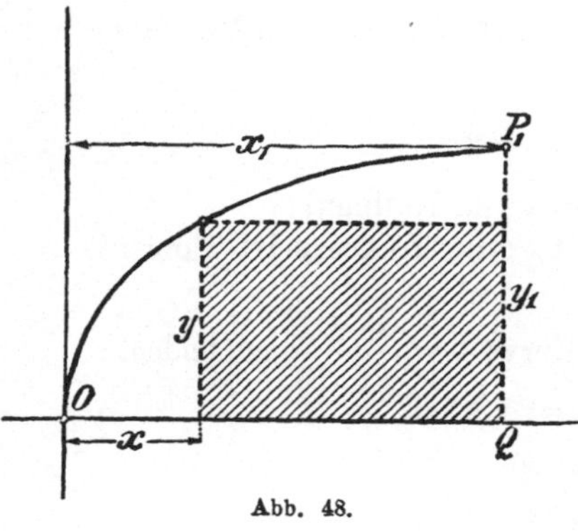

Abb. 48.

damit das aus dem Flächenstück herausgeschnittene Rechteck möglichst groß wird?

Die Rechtecksfläche ist

$$F = (x_1 - x)\,y = (x_1 - x)\,\sqrt{2px} = (x_1 - x)\,\sqrt{x} \cdot \sqrt{2p}$$

$$= \sqrt{2p}\left(x_1 \cdot x^{\frac{1}{2}} - x^{\frac{3}{2}}\right)$$

$$F' = \sqrt{2p} \cdot \left(\tfrac{1}{2}\,x_1 \cdot x^{-\frac{1}{2}} - \tfrac{3}{2}\,x^{\frac{1}{2}}\right) = 0$$

und

$$x = \frac{x_1}{3}.$$

V. Man soll einen Kreiszylinder von gegebenem Volumen V derartig herstellen, daß seine Oberfläche möglichst klein wird; wie sind Durchmesser x und Höhe y zu wählen?

$$\left(x = y = \sqrt[3]{\frac{4V}{\pi}}.\right)$$

VI. Es sollen n galvanische Elemente, die je die elektromotorische Kraft e und den inneren Widerstand r besitzen, zu einer Batterie vereinigt und durch den äußeren Widerstand R geschlossen werden. Zunächst vereinigt man je x Elemente durch Parallelschaltung zu einer Gruppe und schaltet dann die entstehenden $\dfrac{n}{x}$ Gruppen hintereinander. Bei welcher Schaltung (für welchen Wert von x) wird die erzielte Stromstärke am größten sein?

Nach dem Ohmschen Gesetz wird:

die gesamte elektromotorische Kraft $= \dfrac{n}{x} \cdot e,$

der gesamte innere Widerstand $= \dfrac{n}{x} \cdot \dfrac{r}{x} = \dfrac{n \cdot r}{x^2},$

also die Stromstärke $\quad i = \dfrac{\dfrac{n}{x} \cdot e}{\dfrac{n \cdot r}{x^2} + R} = n \cdot e \cdot \dfrac{x}{nr + Rx^2},$

i wird ein Maximum für $x = \sqrt{\dfrac{nr}{R}}.$

Das Ergebnis läßt sich auch so fassen:

$$\frac{nr}{x^2} = R,$$

d. h.: Die Stromstärke wird dann möglichst groß, wenn man derartig schaltet, daß der gesamte innere Widerstand (möglichst) gleich dem äußeren wird.

Beispiel: Es seien $n = 60$ Elemente mit der elektromotorischen Kraft $e = 2$ Volt und dem inneren Widerstand $r = 0,15$ Ohm gegeben; der äußere Widerstand sei $R = 1$ Ohm. Dann wird $x = 3$ Elemente und die Stromstärke $i = 20$ Ampere. Man berechne noch die Stromstärke für die Schaltungen $x = 1, 2, 4, 6$ Elemente usw.

VII. Eine Batterie hat die elektromotorische Kraft e und den inneren Widerstand r. Welcher äußere Widerstand x ist einzuschalten, damit die Leistung im äußeren Stromkreis eine möglichst große wird?

Nach dem Jouleschen Gesetz ist die Leistung L im äußeren Stromkreis

$$L = x \cdot i^2,$$

wobei die Stromstärke i sich nach dem Ohmschen Gesetz berechnet:

$$i = \frac{e}{r+x};$$

also wird

$$L = \frac{e^2 \cdot x}{(r+x)^2} = e^2 \cdot \frac{x}{x^2 + 2rx + r^2}.$$

L wird ein Maximum für $x = r$, also wenn der äußere Widerstand gleich dem inneren gemacht wird.

VIII. Wirtschaftlicher Querschnitt einer Leitung.

Von einem Ort A soll durch eine Kupferleitung nach einem anderen Ort B elektrische Energie übertragen werden. Die Kosten der Übertragung setzen sich der Hauptsache nach aus zwei Posten zusammen:

α) aus den Kosten für Verzinsung und Tilgung der Leitungsanlage (K_1),

β) aus den Kosten für Energieverlust bei der Leitung (K_2).
Diese beiden Posten werden nun in ganz verschiedener Weise durch den Querschnitt x der Leitung beeinflußt. Die Leitungsanlage wird natürlich um so teurer, je größer der Querschnitt x genommen wird; man kann also

$$K_1 = a \cdot x$$

setzen, wobei die Konstante a aus den besonderen Bedingungen der Aufgabe (Kupferpreis, Tilgungsbetrag usw.) zu berechnen ist. Anders ist es mit dem zweiten Posten. Der Energieverlust ist natürlich bei großem Querschnitt geringer; man kann setzen:

$$K_2 = \frac{b}{x},$$

wo b sich wieder aus den besonderen Verhältnissen (Größe des spezifischen Widerstands, Länge der Leitung, Kosten der Kilowattstunde usw.) bestimmen läßt. Die Gesamtkosten sind also

$$K = K_1 + K_2 = a \cdot x + \frac{b}{x}.$$

Für welchen Querschnitt werden nun diese Kosten am kleinsten sein? Da $\dfrac{dK}{dx} = a - \dfrac{b}{x^2} = 0$ ist, so wird K ein Minimum, wenn

$$a - \frac{b}{x^2} = 0.$$

Diese Gleichung läßt sich auch schreiben:

$$a \cdot x = \frac{b}{x} \quad \text{oder} \quad K_1 = K_2,$$

d. h. der Querschnitt x muß, um wirtschaftlich zu sein, so gewählt werden, daß die Verzinsungs- und Tilgungskosten der Leitungsanlage den Kosten für den Energieverlust in der Leitung gleich werden.

IX. Auf den Schenkeln eines Winkels von 60^0 bewegen sich zwei Punkte A und B nach dem Scheitel zu. A ist ursprünglich 12 m vom Scheitel entfernt und bewegt sich mit 3 m/sek. Geschwindigkeit. B ist ursprünglich 22 m vom Scheitel entfernt und bewegt sich mit 2 m/sek.

Geschwindigkeit. Wann ist die Entfernung AB am geringsten, vorausgesetzt, daß die Bewegung gleichzeitig beginnt? (Vgl. Abb. 49.)

Es ist die Entfernung y der Punkte A und B am geringsten nach x sek.

Nach der Zeichnung ist nach dem Cosinussatz, da $\cos 60^0 = 0{,}5$,

$$y^2 = (12 - 3x)^2 + (22 - 2x)^2 - 2 \cdot (12 - 3x) \cdot (22 - 2x) \cdot 0{,}5$$

oder $\quad z = y^2 = 7x^2 - 70x + 364$.

(Hier haben wir für y^2 die neue Variable z eingeführt.)

$z' = 14x - 70 = 0$; also $x = 5$ sek.

$$\text{und } y_{min} = 13{,}7477 \text{ m}.$$

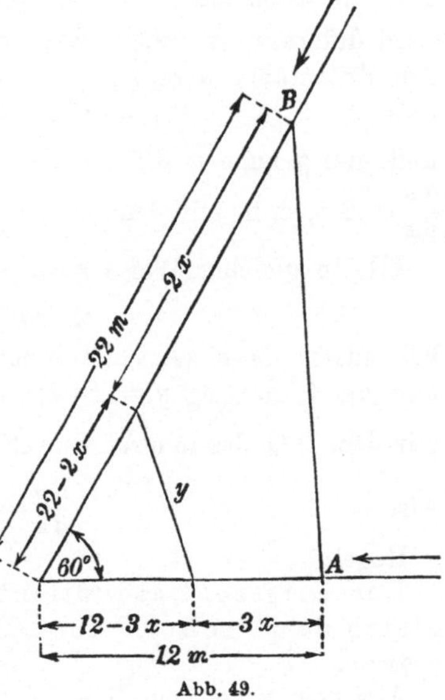

Abb. 49.

§ 24. Mittelbare Funktionen.

I. Es sei $y = (1 + x^2)^5$. Setze $1 + x^2 = u$, also $y = u^5$. Dann ist y eine Funktion von u, und u seinerseits eine Funktion von x; außerdem ist mittelbar auch y eine Funktion von x.

Man sagt in einem solchen Fall: y wäre eine „**mittelbare Funktion** von x" oder auch: y wäre eine „**Funktion einer Funktion** von x".

Ist allgemein

$\qquad y$ als Funktion von u dargestellt $\qquad$ durch $y = F(u)$,

$\qquad u$ „ $\qquad$ „ $\qquad$ „ $x \qquad$ „ $\qquad\qquad$ „ $\;u = f[x]$,

dann ergibt die Gleichung $y = F(f[x])$, daß y eine mittelbare Funktion von x ist.

II. Um eine solche mittelbare Funktion von x zu differenzieren, denke man sich zunächst die Differenzenquotienten der Teilfunktionen gebildet,

also $\qquad\qquad \dfrac{\varDelta y}{\varDelta u} \quad$ und $\quad \dfrac{\varDelta u}{\varDelta x}$;

dann erkennt man sofort, daß deren Produkt $\dfrac{\varDelta y}{\varDelta x}$ ist, nämlich

$$\frac{\varDelta y}{\varDelta x} = \frac{\varDelta y}{\varDelta u} \cdot \frac{\varDelta u}{\varDelta x},$$

und wenn man zu den Differentialquotienten übergeht, ergibt sich:

$$\frac{dy}{dx} = \frac{dy}{du} \cdot \frac{du}{dx}.$$

Beim obigen Beispiel ist demnach:

$$y = u^5 \qquad\qquad \frac{dy}{du} = 5u^4$$

$$u = 1 + x^2 \qquad\qquad \frac{du}{dx} = 2x,$$

somit
$$\frac{dy}{dx} = 5\,u^4 \cdot 2x = 5\,(1 + x^2)^4 \cdot 2\,x,$$

d. h. die Funktion
$$y = (1 + x^2)^5$$

wird differenziert, indem man zunächst für die „innere" Funktion $1 + x^2$ den Buchstaben u setzt;

also
$$u = 1 + x^2 \text{ und somit } y = u^5,$$

und nun y nach u differenziert; das Ergebnis $5\,u^4$ wird dann noch mit $\frac{du}{dx} = 2\,x$, d. h. mit dem D.Q. der inneren Funktion multipliziert.

III. In gleicher Weise wird jede mittelbare Funktion
$$y = F(f\,[x])$$

behandelt. Man setzt die innere Funktion $f(x) = u$ und differenziert nun die Gleichung $y = F(u)$; man muß aber das Ergebnis dann noch mit dem D.Q. der inneren Funktion, also mit $\frac{du}{dx} = u'$ nachmultiplizieren.

Also
$$\frac{dy}{dx} = F'(u) \cdot u'.$$

Regel:

Der Differentialquotient einer mittelbaren Funktion ist gleich dem Produkt der Differentialquotienten beider Funktionen.

Aus dem gegebenen Beispiel $y = (1 + x^2)^5$ wird also
$$\frac{dy}{dx} = 5\,(1 + x^2)^4 \cdot 2\,x$$

oder
$$\frac{d\,[(1 + x^2)^5]}{dx} = 10x + 40x^3 + 60x^5 + 40x^7 + 10x^9.$$

IV. Es sei die Gleichung gegeben $\frac{x}{a} + \frac{y^2}{b} = 1$, also eine implizite Funktion. Hieraus folgt die explizite Form
$$y = \sqrt{\left(1 - \frac{x}{a}\right)b}$$
$$y = \left(b - \frac{b}{a}x\right)^{\frac{1}{2}}$$
$$\frac{dy}{dx} = \frac{1}{2}\left(b - \frac{b}{a}x\right)^{-\frac{1}{2}} \cdot \left(-\frac{b}{a}\right)$$
$$\frac{dy}{dx} = \frac{-\dfrac{b}{a}}{2\sqrt{b - \dfrac{b}{a}x}} = \frac{-b}{2\,a\sqrt{b - \dfrac{b}{a}x}}$$

oder
$$\frac{dy}{dx} = \frac{-b}{2\,a\sqrt{\left(1 - \dfrac{x}{a}\right)b}}, \text{ und da } \sqrt{\left(1 - \frac{x}{a}\right)b} = y,$$

folgt
$$\frac{dy}{dx} = \frac{-b}{2\,a\,y}.$$

Der D.Q. kann aber auch in der Weise bestimmt werden, daß man die Gleichung in die Form bringt:
$$f(xy) = \frac{1}{a}x + \frac{1}{b}y^2 - 1 = 0.$$

Der D.Q. von $\frac{1}{a}x$ ist dann $\frac{1}{a}$. Das Glied $\frac{1}{b}y^2$ faßt man nun als mittelbare Funktion auf von der Form $\frac{1}{b}(y)^2$ und deren D.Q. ist dann $\frac{1}{b}2y\cdot y'$ oder da $y'=\frac{dy}{dx}$ ist, $\frac{2}{b}\cdot y\cdot\frac{dy}{dx}$,

also wird

$$\frac{1}{a}+\frac{2}{b}y\frac{dy}{dx}=0$$

$$\frac{dy}{dx}=-\frac{1}{a}\cdot\frac{b}{2y}=\frac{-b}{2ay}.$$

Man kommt also zum gleichen Ergebnis wie beim bisherigen Gang der Differentiation, wenn man in der gegebenen impliziten Funktion zunächst y als konstant ansieht und x differenziert, dann umgekehrt. Die beiden so gebrauchten D.Q. nennt man **partielle Differentialquotienten,** die statt mit d mit ∂ bezeichnet werden, also $\frac{\partial f}{\partial x}$ und $\frac{\partial f}{\partial y}$. Zwischen diesen und $\frac{dy}{dx}$ besteht dann nach obiger Entwicklung die Beziehung

$$\frac{\partial f}{\partial x}+\frac{\partial f}{\partial y}\cdot\frac{dy}{dx}=0 \quad\text{oder}\quad \frac{dy}{dx}=-\frac{\frac{\partial f}{\partial x}}{\frac{\partial f}{\partial y}}.$$

Die Funktion $f(xy)=\frac{x}{b}+\frac{y}{c}-1=0$ ergibt entsprechend

$$\frac{dy}{dx}=\frac{-\frac{1}{b}}{\frac{1}{c}}=-\frac{c}{b}.$$

V. Beispiele:

a) $y=(\alpha+\beta x)^{10}\quad=u^{10}$

$\frac{dy}{dx}=10u^9\cdot u'\quad=10(\alpha+\beta x)^9\cdot\beta.$

b) $y=\sqrt[3]{x^2+a^2}\quad=\sqrt[3]{u}$

$\frac{dy}{dx}=\frac{1}{3\sqrt[3]{u^2}}\cdot u'\quad=\frac{1}{3\cdot\sqrt[3]{(x^2+a^2)^2}}\cdot(2x).$

c) $y=\frac{1}{(1+x+x^2)^3}=\frac{1}{u^3}$

$y'=-\frac{3}{u^4}\cdot u'\quad=-\frac{3}{(1+x+x^2)^4}\cdot(1+2x).$

VI. Übungsaufgaben.

1. $y=(3-7x)^4$ $\qquad\qquad \frac{dy}{dx}=-28(3-7x)^3$

2. $y=(2+5x^4)^3$ $\qquad\qquad \frac{dy}{dx}=60(2+5x^4)^2\cdot x^3$

3. $y=(\alpha+\beta x)^3$ $\qquad\qquad \frac{dy}{dx}=3\beta(\alpha+\beta x)^2$

4. $y=(10-x^2)^2$ $\qquad\qquad \frac{dy}{dx}=-4(10-x^2)\cdot x$

5. $y = (x^4 - x^3 + 1)^4$ $\qquad \dfrac{dy}{dx} = 4(x^4 - x^3 + 1)^3(4x^3 - 3x^2)$

6. $y = (2x - 7x^2 + 5)^3$ $\qquad \dfrac{dy}{dx} = 3(2x - 7x^2 + 5)^2(2 - 14x)$

7. $y = (a + bx)^n$ $\qquad \dfrac{dy}{dx} = nb(a + bx)^{n-1}$

8. $y = (a + bx^2)^n$ $\qquad \dfrac{dy}{dx} = 2nbx(a + bx^2)^{n-1}$

9. $y = \left(x + \dfrac{1}{x}\right)^2$ $\qquad \dfrac{dy}{dx} = 2\left(x + \dfrac{1}{x}\right) \cdot \left(1 - \dfrac{1}{x^2}\right)$

10. $y = (\sqrt{x} - 1)^3$ $\qquad \dfrac{dy}{dx} = 3(\sqrt{x} - 1)^2 \cdot \dfrac{1}{2\sqrt{x}}$

11. $y = \dfrac{1}{(2 - 3x^2)^3}$ $\qquad \dfrac{dy}{dx} = \dfrac{18x}{(2 - 3x^2)^4}$

12. $y = \dfrac{1}{\alpha + \beta x}$ $\qquad \dfrac{dy}{dx} = \dfrac{-\beta}{(\alpha + \beta x)^2}$

13. $y = \dfrac{1}{(\alpha + \beta x)^2}$ $\qquad \dfrac{dy}{dx} = \dfrac{-2\beta}{(\alpha + \beta x)^3}$

14. $y = \sqrt{1 + x^3}$ $\qquad \dfrac{dy}{dx} = \dfrac{3x^2}{2\sqrt{1 + x^3}}$

15. $y = \sqrt{\alpha x + \beta}$ $\qquad \dfrac{dy}{dx} = \dfrac{\alpha}{2\sqrt{\alpha x + \beta}}$

16. $y = \sqrt{2px}$ $\qquad \dfrac{dy}{dx} = \dfrac{p}{\sqrt{2px}}$

17. $y = \dfrac{b}{a}\sqrt{a^2 - x^2}$ $\qquad \dfrac{dy}{dx} = \dfrac{-bx}{a\sqrt{a^2 - x^2}}$

18. $y = \dfrac{b}{a}\sqrt{x^2 - a^2}$ $\qquad \dfrac{dy}{dx} = \dfrac{bx}{a\sqrt{x^2 - a^2}}$

19. $y = \sqrt{3x - 5x^3}$ $\qquad \dfrac{dy}{dx} = \dfrac{3 - 15x^2}{2\sqrt{3x - 5x^3}}$

20. $y = \sqrt{x^4 + x^2 - 1}$ $\qquad \dfrac{dy}{dx} = \dfrac{2x^3 + x}{\sqrt{x^4 + x^2 - 1}}$

21. $y = \sqrt{\alpha x^3 + \beta x^2 + \gamma x + \delta}$ $\qquad \dfrac{dy}{dx} = \dfrac{3\alpha x^2 + 2\beta x + \gamma}{2\sqrt{\alpha x^3 + \beta x^2 + \gamma x + \delta}}$

22. $y = x^2 \cdot \sqrt{1 + x^2}$ $\qquad \dfrac{dy}{dx} = x^2 \dfrac{2x}{2\sqrt{1 + x^2}} + \sqrt{1 + x^2} \cdot 2x$
$\quad (= u \cdot v)$
$$\dfrac{dy}{dx} = \dfrac{x^3 + (1 + x^2)\,2x}{\sqrt{1 + x^2}}$$
$$\dfrac{dy}{dx} = \dfrac{3x^3 + 2x}{\sqrt{1 + x^2}}$$

23. $y = (5 + x)\sqrt{5 - x}$ $\qquad \dfrac{dy}{dx} = \dfrac{5 - 3x}{2\sqrt{5 - x}}$

24. $y = x\sqrt{1 + x}$ $\qquad \dfrac{dy}{dx} = \dfrac{2 + 3x}{2\sqrt{1 + x}}$

25. $y = 2x^2\sqrt{10 - x}$ $\qquad \dfrac{dy}{dx} = \dfrac{5(8x - x^2)}{\sqrt{10 - x}}$

26. $y = \dfrac{x}{2}\sqrt{1-x^2}$ $\dfrac{dy}{dx} = \dfrac{1-2x^2}{2\sqrt{1-x^2}}$

27. $y = \dfrac{1}{x}\cdot\sqrt{1+x^2}$ $\dfrac{dy}{dx} = \dfrac{-1}{x^2\sqrt{1+x^2}}$

28. $y = \sqrt[3]{1+x^2+x^3}$ $\dfrac{dy}{dx} = \dfrac{2x+3x^2}{3\sqrt[3]{(1+x^2+x^3)^2}}$

29. $y = \sqrt[4]{2x-3x^5}$ $\dfrac{dy}{dx} = \dfrac{2-15x^4}{4\sqrt[4]{(2x-3x^5)^3}}$

30. $y = \dfrac{1}{\sqrt{a^2-x^2}}$ $\dfrac{dy}{dx} = \dfrac{x}{\sqrt{(a^2-x^2)^3}}$

31. $y = \left(\dfrac{x}{1+x}\right)^n$ $\dfrac{dy}{dx} = \dfrac{nx^{n-1}}{(1+x)^{n+1}}$

32. $y = \dfrac{x^3}{\sqrt{(1-x^2)^3}}$ $\dfrac{dy}{dx} = \dfrac{3x^2}{\sqrt{(1-x^2)^5}}$

33. $y = \dfrac{x}{\sqrt{a+bx}}$ $\dfrac{dy}{dx} = \dfrac{2a+bx}{2\sqrt{(a+bx)^3}}$

34. $y = \sqrt{\dfrac{a+bx}{a-bx}}$ $\dfrac{dy}{dx} = \dfrac{ab}{(a-bx)\sqrt{a^2-b^2x^2}}.$

35. Die Kurve $y = \pm\, x\sqrt{8-x^2}$ zu zeichnen und ihre Maximum- oder Minimumpunkte zu berechnen.

$$\text{(Maximum und Minimum für } x = \pm\, 2.)$$

36. Die Kurve von Aufg. 35 hat einen „Doppelpunkt". Man bestimme die Tangenten der Kurve in diesem Punkt.

$$\left(\operatorname{tg}\tau = \pm\,\sqrt{8}.\right)$$

37. Ein Halbkreis habe den Durchmesser $AB = 2r$. Man soll parallel zu AB eine **Sehne** CD so ziehen, daß das Trapez $ABCD$ einen möglichst großen Flächeninhalt erhält. In welchem Abstand x muß man die **Sehne** ziehen?

$$\left(x = \dfrac{r}{2}\sqrt{3}.\right)\quad \text{(Trigonometrische Deutung?)}$$

38. Drei Holzbohlen von je 20 cm Breite sollen zu einer Wasserrinne von möglichst großem Querschnitt zusammengesetzt werden, die eine wagerecht, die beiden anderen unter einem Winkel β gegen diese geneigt. Wie groß ist β zu wählen? (Abb. 50.)

Der Querschnitt ist

$$F = \dfrac{20+20+2x}{2}\cdot y$$

und die Höhe $y = \sqrt{20^2-x^2}$. Dies oben eingesetzt und dann differenziert, ergibt $x = 10$ cm, $y = 17,32$ cm; $F_{max} = 519,6$ qcm und $\beta = 120^\circ$.

39. Eine Insel A hat von der gerad-

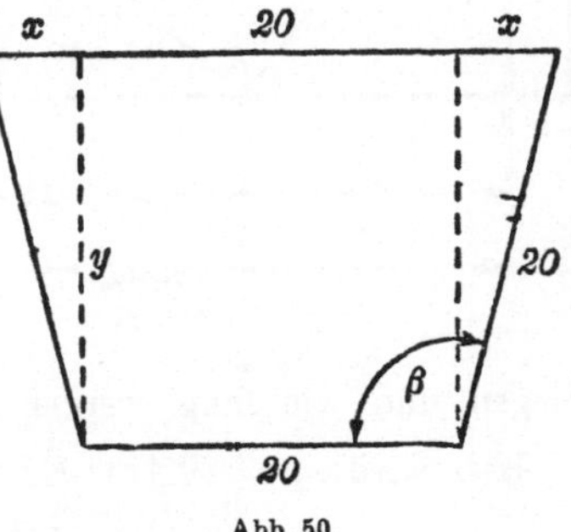

Abb. 50.

linig verlaufenden Binnenlandsküste einen senkrechten Abstand AB gleich 60 km (vgl. Abb. 51); östlich von B im Abstand BC gleich 150 km liegt

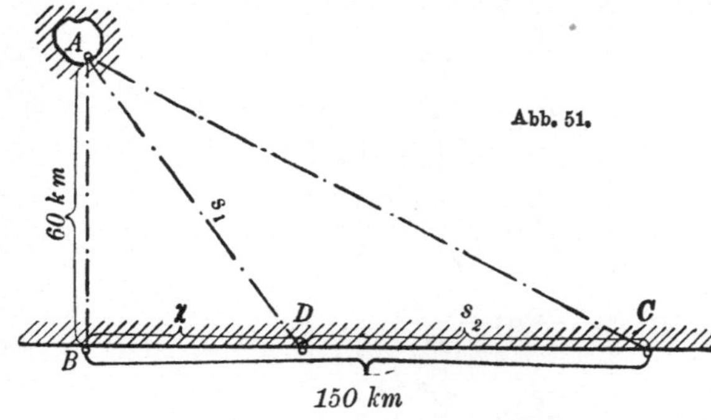

an der Küste eine Stadt C, die eine möglichst rasche Verbindung mit A erhalten soll. Zu diesem Zwecke sollen die Reisenden zunächst von A aus mit einem Dampfer mit $v_1 = 40$ km/std. Geschwindigkeit zu einer neu anzulegenden Landungsstelle D und von dort mit der Eisenbahn

mit $v_2 = 60$ km/std. Geschwindigkeit nach C gebracht werden. In welchem Abstande von C muß D liegen, um die schnellste Verbindung zu ermöglichen?

Setze die Reisewege $AD = s_1$ und $DC = s_2$, die zugehörigen Reisezeiten sind t_1 und t_2, die Gesamtreisezeit

$$t = t_1 + t_2 = \frac{s_1}{v_1} + \frac{s_2}{v_2}.$$

Nun ist aber $s_1 = \sqrt{60^2 + x^2}$ und $s_2 = 150 - x$
$v_1 = 40$ km/std.   und $v_2 = 60$ km/std.

Somit wird $$t = \frac{\sqrt{60^2 + x^2}}{40} + \frac{150 - x}{60}.$$

Die Differentiation ergibt:

$$x = 53{,}7 \text{ km, also } s_2 = 96{,}3 \text{ km} \quad \text{und } t_{min} = 3{,}6 \text{ std.}$$

40. Zwei Orte A und B haben von einer geradlinig verlaufenden Eisenbahnstrecke (vgl. Abb. 52) die senkrechten Abstände $AC = a = 5$ km

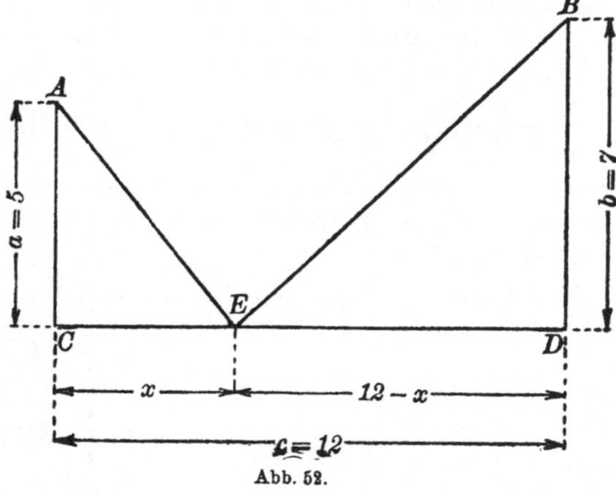

und $BD = b = 7$ km, während die Gleislänge $CD = c = 12$ km beträgt. An der Strecke CD soll nun für beide Orte gemeinsam ein Bahnhof E errichtet und durch geradlinige Landstraßen mit A und B derartig verbunden werden, daß zur Baukostenersparnis die Summe s der Strecken EA und EB möglichst klein wird. Wo muß der Bahnhof E

liegen und wie lang werden seine Zufahrtstraßen?

Hier wird $s = EA + EB = \sqrt{a^2 + x^2} + \sqrt{b^2 + (c - x)^2}$
$$s = \sqrt{5^2 + x^2} + \sqrt{7^2 + (12 - x)^2}.$$

Die Differentiation ergibt:

$$x = 5 \text{ km}, \quad \text{also} \quad EC = 5 \text{ km}, \quad ED = 7 \text{ km}, \quad EA = 7{,}1 \text{ km},$$
$$EB = 9{,}9 \text{ km}, \quad s = 17 \text{ km}.$$

§ 25. Der Lauf ebener Kurven.

I. Gegeben sei die einer Gleichung $y = f(x)$ entsprechende Kurve. (Abb. 53—56.) Wenn wir die X-Achse in positiver Richtung, also von links nach rechts, durchlaufen, so kann es sein, daß die Werte von y fort-

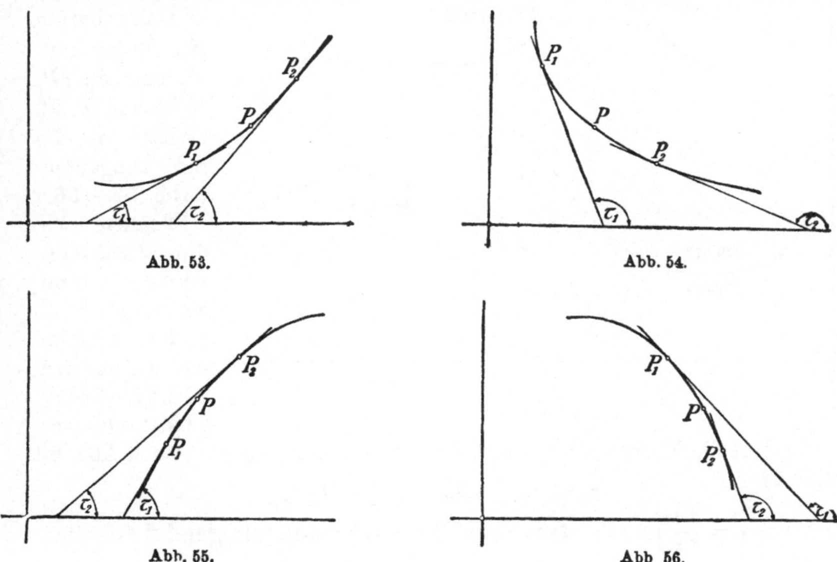

Abb. 53.

Abb. 54.

Abb. 55.

Abb 56.

während zunehmen (Abb. 53), oder daß sie abnehmen (Abb. 54). Im ersten Falle sagen wir, die Kurve oder die Funktion $f(x)$ sei steigend, im zweiten Falle nennen wir sie fallend.

Wenn eine Kurve im Punkte P im Steigen begriffen ist, dann ist der Tangentenwinkel τ ein spitzer Winkel; ist sie dagegen im Fallen begriffen, dann ist τ ein stumpfer Winkel. Im ersten Fall ist $\operatorname{tg}\tau$ positiv, im zweiten Fall dagegen negativ.

Da nun stets $\operatorname{tg}\tau = \dfrac{dy}{dx} = f'(x)$ ist, so kann man folgende Regel aufstellen:

Solange der D.Q. positiv ist, steigt die Funktion;

solange er negativ ist, fällt die Funktion.

Wenn eine Kurve, die aus einem ununterbrochenen Linienzug besteht (eine sogenannte stetige Kurve)[1], aus dem Fallen ins Steigen übergeht, dann geht ihr D.Q. aus dem Negativen ins Positive über, muß also (wenn wir von dem Wert „Unendlich" absehen) auch einmal Null werden; und zwar an der Stelle, wo die Kurve weder fällt noch steigt, sondern ihren tiefsten Punkt (Minimum) hat. Wenn die Kurve aus dem Steigen ins

---

1) Stetige Kurven sind die Schaubilder stetiger Funktionen.

Fallen übergeht, muß der D.Q. aus dem Positiven ins Negative übergehen, also wiederum Null werden; und zwar an der Stelle, wo die Kurve ihren höchsten Punkt (Maximum) hat. (Vgl. Abb. 20, S. 30.)

Zahlreiche Beispiele hierzu wurden bereits im § 8 usw. behandelt.

II. Wir wollen nun weiter untersuchen, ob eine Kurve in einem gegebenen Punkt P von oben gesehen, hohl (konkav) oder erhaben (konvex ist. (Abb. 57.)

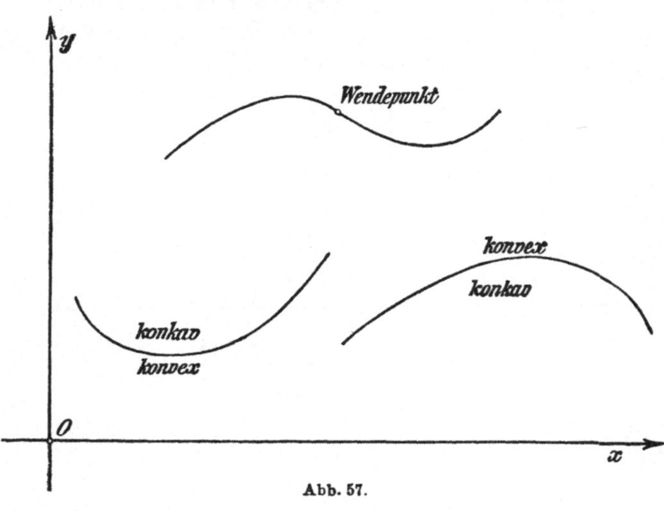

Abb. 57.

Zu diesem Zweck ziehen wir in zwei zu P benachbarten Kurvenpunkten P_1 und P_2 (P_1 links von P, P_2 rechts von P) die Tangenten. (Abb. 53—56.)

Nennen wir die Richtungswinkel ihrer Tangenten τ_1 und τ_2, so können wir aus den Abb. 53—56 folgendes ablesen:

a) Hat die Kurve ihre **konkave** Seite nach oben, so wird nach Abb. 53 und 54
$$\tau_1 < \tau_2, \quad \text{also} \quad \operatorname{tg}\tau_1 < \operatorname{tg}\tau_2,$$
d h : $\operatorname{tg}\tau = \dfrac{dy}{dx}$ ist in diesem Falle eine **wachsende (steigende)** Funktion.

b) Hat die Kurve ihre **konvexe** Seite nach oben, so wird nach Abb. 55 und 56
$$\tau_1 > \tau_2, \quad \text{also} \quad \operatorname{tg}\tau_1 > \operatorname{tg}\tau_2,$$
d. h. $\operatorname{tg}\tau = \dfrac{dy}{dx}$ ist in diesem Falle eine **abnehmende (fallende)** Funktion.

Wir können nun aber den D.Q. einer Funktion wieder als Funktion betrachten und noch einmal differenzieren, wodurch wir den sogenannten **zweiten** D Q. erhalten, den wir durch y'' oder $\dfrac{d^2y}{dx^2}$ oder $f''(x)$ bezeichnen.

Aus $y = x^4$ folgt beispielsweise:
$$\frac{dy}{dx} = 4x^3 \quad \text{(I. D.Q.)}$$

$$\frac{d^2y}{dx^2} = 12x^2 \quad \text{(II. D.Q.).}$$

Somit ergibt sich jetzt, wenn wir den Satz vom Steigen und Fallen einer Funktion anwenden:

Ist eine Kurve an einer bestimmten Stelle $\dfrac{\text{konkav}}{\text{konvex}}$ nach oben, dann ist daselbst der I. D.Q. eine $\dfrac{\text{wachsende}}{\text{abnehmende}}$ Funktion; der II. D.Q. ist somit an der betreffenden Stelle $\dfrac{\text{positiv}}{\text{negativ}}$.

Geht eine Kurve in einem bestimmten Punkt aus der Konvexität in die Konkavität über (oder umgekehrt), so wird der II. D.Q. von — zu + (oder umgekehrt) übergehen und daher für den Übergangspunkt (**Wendepunkt** der Kurve) im allgemeinen den Wert Null annehmen. (Abb. 57.)

Beispiele:

1. $y = x^3 - 12x^2,$ Gleichung der Funktionskurve,

$$\frac{dy}{dx} = 3x^2 - 24x, \qquad \text{„} \quad \text{„} \quad 1. \text{Differentialkurve,}$$

$$\frac{d^2y}{dx^2} = 6x - 24 = 6(x-4), \qquad \text{„} \quad \text{„} \quad 2. \qquad \text{„}$$

Daher wird für

$$x < 4 \quad \frac{d^2y}{dx^2} = -, \text{ die Kurve konvex nach oben,}$$

$$x > 4 \quad \frac{d^2y}{dx^2} = +, \text{ „} \quad \text{„} \quad \text{konkav „} \quad \text{„}$$

$$x = 4 \quad \frac{d^2y}{dx^2} = 0, \text{ „} \quad \text{„} \quad \text{hat einen Wendepunkt.}$$

2.
$$y = (x - 2)^4$$
$$\frac{dy}{dx} = 4(x - 2)^3$$
$$\frac{d^2y}{dx^2} = 12(x - 2)^2.$$

$\frac{d^2y}{dx^2}$ ist stets positiv, die Kurve also überall konkav nach oben.

III. Diese Sätze geben nun auch ein bequemes Mittel an die Hand, um bei einer Funktion zu entscheiden, ob an denjenigen Stellen, für die der I. D.Q. den Wert Null hat, ein Maximum oder ein Minimum vorliegt. In einem Maximumpunkt ist ja die Kurve konvex nach oben, in einem Minimumpunkt ist sie konkav nach oben. Wir können also folgenden Satz aufstellen:

Ist für einen gewissen Wert von x der erste D.Q. gleich Null, so kann für diesen Wert ein Maximum oder Minimum eintreten.

Ist alsdann für diesen Wert von x der zweite D.Q. positiv, so tritt ein Minimum ein; ist er negativ, so tritt ein Maximum ein.

Ist der II. D.Q. gleichfalls Null, so bleibt die Frage unentschieden. Es kann in diesem Fall ein Wendepunkt vorhanden sein.

Beispiele:

1. Untersuche, ob der Ausdruck $y = \frac{1}{3}x^3 - \frac{5}{2}x^2 + 6x - 4$ ein Maximum oder Minimum hat.

Hier ist
$$\frac{dy}{dx} = x^2 - 5x + 6,$$

$$\frac{d^2y}{dx^2} = 2x - 5.$$

Hat die Kurve irgendein Maximum oder Minimum, dann muß $x^2 - 5x + 6$ gleich Null sein;

also
$$x^2 - 5x + 6 = 0.$$

Dies ergibt die Werte $\quad x_1 = 2, \quad x_3 = 3,$

für die ein Maximum oder Minimum vorliegen kann. Um dies zu untersuchen, prüfen wir den II. D.Q., also $\dfrac{d^2y}{dx^2} = 2x - 5$, indem wir die zu untersuchenden Werte darin einsetzen. Nun wird

$$2 \cdot 2 - 5 = -1$$
$$2 \cdot 3 - 5 = +1.$$

Im ersten Fall, $x_1 = 2$, haben wir also ein Maximum,
im zweiten Fall, $x_2 = 3$, ein Minimum.

2. Hat der Ausdruck $y = x^2 - 8x + 1$ ein Maximum oder Minimum?

Hier wird
$$y = x^2 - 8x + 1$$
$$\frac{dy}{dx} = 2x - 8$$
$$\frac{d^2y}{dx^2} = 2.$$

Für $2x - 8 = 0$, oder $x = 4$ kann ein Maximum oder Minimum vorliegen.

Da nun $\dfrac{d^2y}{dx^2} = 2$ (stets) positiv ist, so haben wir ein Minimum.

IV. Übungsaufgaben.

a) Die Maxima oder Minima folgender Funktionen durch zweimaliges Differenzieren aufzufinden:

$$y = 3x^2 - 24x + 5, \quad y = 1 - 6x - 3x^2, \quad y = 5 + 8x - 2x^2.$$
$$(\text{Min. } x = 4, \quad \text{Max. } x = -1, \quad \text{Max. } x = 2.)$$

b) Bestimme Maxima, Minima und Wendepunkte folgender Kurven und zeichne die Kurven alsdann:

$y = \frac{1}{5}x^3 - \frac{12}{5}x + 1$ (Min. $x = 2$, Max. $x = -2$, Wdp. $x = 0$)
$y = \frac{1}{3}x^3 - \frac{1}{2}x^2 - 6x - \frac{1}{2}$ (Min. $x = 3$, Max. $x = -2$, Wdp. $x = \frac{1}{2}$)
$y = x^2 - x^3$ (Max. $x = \frac{2}{3}$, Min. $x = 0$,   Wdp. $x = \frac{1}{3}$).

c) Ebenso für die Kurve $y = \dfrac{6}{3 + x^2}$.
$$(\text{Max. } x = 0, \quad \text{Wdp. } x = \pm 1.)$$

d) Ebenso für $y = \dfrac{2}{x} - \dfrac{1}{x^2}$.
$$(\text{Max. } x = 1, \quad \text{Wdp. } x = 1{,}5.)$$

e) Ebenso für $y = x^2(4 - x^2)$.
$$(\text{Max. } x = \pm\sqrt{2}, \quad \text{Min. } x = 0, \quad \text{Wdp. } x = \pm\sqrt{\tfrac{2}{3}}.)$$

f) Ebenso für $y = \dfrac{x + 2}{+\sqrt{x}}$.
$$(\text{Min. } x = 2, \quad \text{Wdp. } x = 6.)$$

g) Ebenso für $y = \dfrac{10x}{x^2 + 4}$.
$$(\text{Max. } x = 2, \quad \text{Min. } x = -2, \quad \text{Wdp. } x = 0 \text{ und } x = \pm\sqrt{12}.)$$

h) Ebenso für $y = \dfrac{x^3}{x^2 + 12}$.

$$\text{(Min. } x = 0, \quad \text{Wdp. } x = \pm\, 2.)$$

i) Ebenso für $y = x^2 - \dfrac{1}{x^2}$.

$$\text{(Wdp. } x = \pm\, \sqrt[4]{3}.)$$

V. Exponentialfunktion und Logarithmus.

§ 26. Exponentialfunktion und Logarithmus.

I. Bei den bisherigen Betrachtungen haben wir nur die Potenzfunktion

$$y = x^n$$

oder Zusammensetzungen solcher Potenzen benutzt mit alleiniger Ausnahme bei den geometrischen Reihen und der Zinseszins- und Rentenrechnung in § 14 und 15. Wir betrachten jetzt eingehend Funktionen von der Art wie $$y = a^x.$$

Sie unterscheiden sich von $y = x^n$ dadurch, daß bei $y = a^x$ die Grundzahl (oder Basis) eine konstante (und zwar stets positive) Größe a, der Exponent dagegen eine veränderliche Größe x ist, während bei $y = x^n$ gerade umgekehrt die Grundzahl veränderlich und der Exponent konstant ist. Die Funktion $y = a^x$ heißt daher eine Exponentialgröße oder **Exponentialfunktion.**

Es sind also

$$x^2 \quad x^3 \quad x^{-5} \quad x^{\frac{2}{3}} \ldots \text{Potenzen, dagegen}$$
$$2^x \quad 3^x \quad 10^x \quad n^x \qquad \text{Exponentialgrößen.}$$

Die bisher betrachteten Funktionen waren derartig beschaffen, daß sich die abhängige Variable mit den einfachen Grundrechnungsarten (Addition, Subtraktion, Multiplikation, Division, Potenzierung und Radizierung) berechnen ließ, weswegen man diese Funktionen auch unter dem Namen **algebraische Funktionen** zusammenzufassen pflegt, im Gegensatz zu den **transzendenten Funktionen**, bei denen die abhängige Variable durch logarithmische, trigonometrische oder andere Rechenverfahren bestimmt wird, also z. B. bei

$$y = a^x, \qquad \text{(Exponentialfunktion)[1]},$$
$$y = \log x, \qquad \text{(Logarithmische Funktion)},$$
$$y = \operatorname{tg} x, \qquad \text{(Trigonometrische Funktion)},$$
$$y = \operatorname{arc\,sin} x \quad \text{(Zyklometrische Funktion)}.$$

II. Wir veranschaulichen uns nun den Verlauf der Exponentialfunktion $y = a^x$ durch die bildliche Darstellung. Da wir bereits festgesetzt haben, daß die Grundzahl a nur positive Werte annehmen soll, und da ferner aus leicht erkennbaren Gründen die Werte $a = 0$ und $a = 1$ ausgeschlossen sind, so bleiben noch zwei Fälle zu untersuchen übrig: $a > 1$ und $a < 1$. Als Beispiele wählen wir $a = 2$ und $a = \frac{1}{2}$.

---

[1] In § 14 bereits erwähnt.

$y = 2^x$

x	y
$-\infty$	0
$\vdots$	$\vdots$
-3	$\frac{1}{8}$
-2	$\frac{1}{4}$
-1	$\frac{1}{2}$
0	1
1	2
2	4
3	8
$\vdots$	$\vdots$
∞	∞

$y = \left(\frac{1}{2}\right)^x$

x	y
$-\infty$	∞
$\vdots$	$\vdots$
-3	8
-2	4
-1	2
0	1
1	$\frac{1}{2}$
2	$\frac{1}{4}$
3	$\frac{1}{8}$
$\vdots$	$\vdots$
∞	0

Die beiden entstandenen Kurven (Abb. 58) sind, wie man sofort erkennt, Spiegelbilder voneinander.

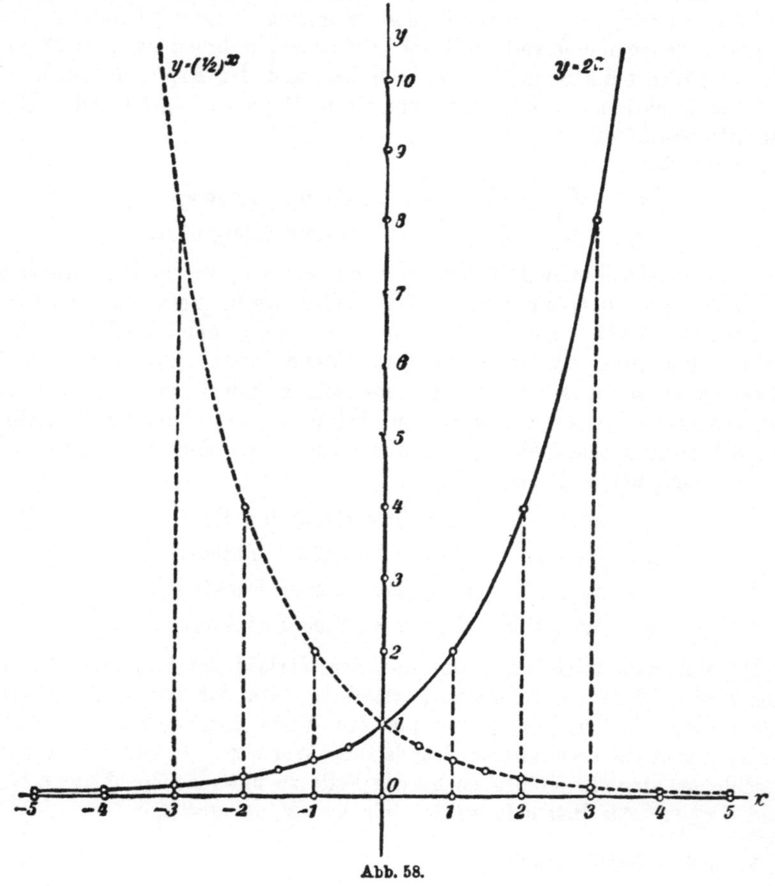

Abb. 58.

Die Kurve für $a > 1$ hat die negative X-Achse zur Asymptote und wächst zu immer größeren Werten an. $(y = 2^x)$

Die Kurve für $a < 1$ beginnt mit unendlich großen Werten, nimmt immer mehr ab und sinkt (im Unendlichen) auf die positive X-Achse, ihre Asymptote, herab. $(y = [\frac{1}{2}]^x)$

Die erste Kurve heißt die „steigende", die zweite die „fallende" Exponentiallinie. Bemerkenswert ist für spätere Anwendungen, daß in beiden Fällen a^x niemals im Endlichen den Wert Null oder gar einen negativen Wert annimmt.

a) Zeichne die Kurven $y = 3^x$ und $y = 1{,}5^x$.

b) Ebenso $y = 0{,}2^x$ und $y = 0{,}99^x$.

c) Was für eine Funktion ist $y = 2^{-x}$?

$$(y = 2^{-x} = [\tfrac{1}{2}]^x.)$$

d) Zeichne die Kurve $y = 2^x + 2^{-x}$.

III. Wir betrachten nun die Exponentialfunktion

$$x = a^y.$$

Um diese Gleichung nach y aufzulösen, müssen wir ihren Inhalt folgendermaßen ausdrücken:

„y ist derjenige Exponent, der über der Grundzahl a die Zahl x erzeugt."

Wenn wir statt des Wortes Exponent das in diesem Sinne gebräuchlichere „Logarithmus" einführen, können wir sagen:

„y ist derjenige Logarithmus, der über der Grundzahl a die Zahl x erzeugt."

Hierfür schreibt man kürzer: $y = {}^a\!\log x$.

(Gelesen: y ist gleich dem Logarithmus von x zur Grundzahl a.)

Nach dieser Erklärung ist also der Logarithmus die inverse Funktion (§ 17) der Exponentialfunktion.

Die Funktionen $y = {}^a\!\log x$ und $x = a^y$ sind demnach völlig gleichbedeutend und liefern dieselben Kurven oder: Die logarithmische Linie $y = {}^a\!\log x$ ist die zur Exponentiallinie $y = a^x$ inverse Kurve, d. h. sie geht aus dieser Exponentiallinie hervor durch Spiegelung an der Geraden $y = x$.

a heißt, wie bereits erwähnt, die Grundzahl oder Basis des Logarithmus und kann gleich jeder positiven Zahl sein. Gebrauchte Werte für a sind:

$a = 10$ (gewöhnliche, gemeine oder dekadische Logarithmen).[1]

$a = 2{,}71828$ (natürliche Logarithmen).[2]

a) Zeichne mit Hilfe der Logarithmentafel die Kurve $y = {}^{10}\!\log x$.

b) Vergleiche diese Kurve mit $y = 10^x$.

c) Beweise folgende Sätze:

$${}^a\!\log 0 = -\infty, \quad (a > 1), \quad {}^a\!\log 1 = 0, \quad {}^a\!\log a = 1.$$

d) Der Logarithmus einer negativen Zahl hat keinen reellen Wert. (Warum?)

---

1) Briggs 1617.   2) Neper 1614.

§ 27. Differentialquotient des Logarithmus. — Einführung der natürlichen Logarithmen.

I. In Abb. 59 ist die Funktion $y = \log x$ zeichnerisch dargestellt.[1]) Auf der Kurve sind die Punkte P und P_1 angenommen mit den Koordinaten x und y, bzw. x_1 und y_1.

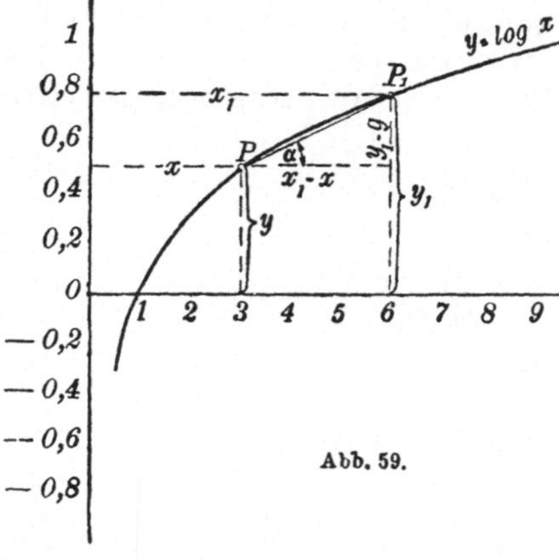

Der Differenzenquotient ist also

$$\frac{\Delta y}{\Delta x} = \frac{y_1 - y}{x_1 - x}.$$

Aus $y = \log x$ folgt $y_1 = \log x_1$ und daher

$$\frac{\Delta y}{\Delta x} = \frac{\log x_1 - \log x}{x_1 - x}$$

$$= \frac{\log\left(\dfrac{x_1}{x}\right)}{x_1 - x}.$$

Da $x_1 - x = \Delta x$, folgt $x_1 = x + \Delta x$. Setze beide Werte in die letzte Gleichung ein:

$$\frac{\Delta y}{\Delta x} = \frac{\log\left(\dfrac{x + \Delta x}{x}\right)}{\Delta x} = \frac{\log\left(1 + \dfrac{\Delta x}{x}\right)}{\Delta x}.$$

Setze $\dfrac{\Delta x}{x} = \dfrac{1}{n}$. Hieraus folgt $\Delta x = \dfrac{x}{n}$.

$$\frac{\Delta y}{\Delta x} = \frac{\log\left(1 + \dfrac{1}{n}\right)}{\dfrac{x}{n}} = \frac{n}{x}\log\left(1 + \frac{1}{n}\right) = \frac{1}{x} \cdot \log\left(1 + \frac{1}{n}\right)^n.$$

Wir haben nun den bekannten Grenzübergang zu machen, indem wir Δx und Δy sich unbegrenzt der Null nähern lassen. Hierbei wird n immer größer und der Ausdruck

$$\left(1 + \frac{1}{n}\right)^n$$

nimmt dann schließlich den Wert $e = 2{,}71828$ an (vgl. § 20 II). Also finden wir

5. $\dfrac{dy}{dx} = \dfrac{1}{x} \cdot \log e$ oder $\dfrac{d\,(\log x)}{dx} = \dfrac{1}{x} \cdot \log e.$

Es ergibt sich also: **Der Differentialquotient eines gemeinen Logarithmus ist gleich dem reziproken Wert seines Numerus mal dem Logarithmus der Zahl e.**

II. Diese Formel gewinnt eine besonders einfache Gestalt, wenn man die Grundzahl des Logarithmensystems so wählt, daß $\log e$ gleich 1 wird; d. h. wenn man die Zahl e selber zur Basis des Logarithmensystems macht. (Der Logarithmus der Basis ist ja stets gleich 1.) Es wird dann

$$\frac{dy}{dx} = \frac{1}{x}.$$

---

1) Wo nichts anderes bemerkt, bezieht sich $y = \log x$ immer auf die Grundzahl 10.

Man nennt nun die Logarithmen, die auf die Basis $e = 2{,}71828\cdots$ bezogen sind, „**natürliche Logarithmen**" und bezeichnet sie mit $ln\,(x)$. In der höheren Mathematik werden fast nur natürliche Logarithmen gebraucht. Um einen natürlichen Logarithmus zu differenzieren, haben wir also, wie oben gezeigt, die einfache Formel:

$$\text{Ist}\quad y = ln\,(x), \quad \text{dann ist}\quad \frac{dy}{dx} = \frac{1}{x} \quad \text{oder}\quad \frac{d\,(ln\,x)}{dx} = \frac{1}{x}.$$

Regel: Der Differentialquotient eines natürlichen Logarithmus ist gleich dem reziproken Wert seines Numerus.

III. Sehr einfach ist der Zusammenhang zwischen den gewöhnlichen und natürlichen Logarithmen:

Es sei
$$ln\,a = x.$$

Hieraus folgt nach den allgemeinen logarithmischen Gesetzen:
$$e^x = a.$$

Dieser Ausdruck wird in gewöhnlicher Weise logarithmiert,

also $\quad x \log e = \log a,\quad$ oder da uns $\quad x = ln\,a\quad$ gegeben ist, folgt
$$\log e \cdot ln\,a = \log a.$$

Da
$$\log e = \log 2{,}7183 = 0{,}4343,$$

ergibt sich
$$\log a = 0{,}4343 \cdot ln\,a$$

und
$$ln\,a = \frac{1}{0{,}4343} \cdot \log a \quad \text{oder}\quad ln\,a = 2{,}3 \cdot \log a.$$

Der gewöhnliche Logarithmus einer Zahl ist gleich dem 0,4343-fachen Wert ihres natürlichen Logarithmus. Umgekehrt ist der natürliche Logarithmus einer Zahl gleich dem 2,3-fachen Wert ihres gewöhnlichen Logarithmus. (Mercator 1668.)

Berechne mit Hilfe der Tafel der gewöhnlichen Logarithmen die natürlichen Logarithmen der Zahlen 1—10 und stelle sie bildlich dar.
$$(y = ln\,x.)$$

IV. Differenziere die Funktion $y = ln\,(\alpha + \beta x)$.

Dieses ist eine mittelbare Funktion. Man setzt daher die innere Funktion
$$\alpha + \beta x$$

gleich u, differenziert und multipliziert dann noch mit u'.

Also
$$y = ln\,(\alpha + \beta x),$$
$$\frac{dy}{dx} = \frac{1}{\alpha + \beta x} \cdot \beta = \frac{\beta}{\alpha + \beta x}.$$

Übungsaufgaben.

1. $\quad y = ln\,(x^2 - 1) \qquad\qquad \dfrac{dy}{dx} = \dfrac{2x}{x^2 - 1}$

2. $\quad y = ln\,(1 - x) \qquad\qquad \dfrac{dy}{dx} = \dfrac{-1}{1 - x}$

3. $\quad y = ln\,(x^3 - 3x^2 + 2) \qquad \dfrac{dy}{dx} = \dfrac{3\,(x^2 - 2x)}{x^3 - 3x^2 + 2}$

4. $y = ln(1 - x^4)$ $\qquad \dfrac{dy}{dx} = \dfrac{-4x^3}{1 - x^4}$

5. $y = ln(x^5)$ $\qquad \dfrac{dy}{dx} = \dfrac{5}{x}$

6. $y = ln(x^n)$ $\qquad \dfrac{dy}{dx} = \dfrac{n}{x}$

7. $y = ln\left(\dfrac{1}{x}\right)$ $\qquad \dfrac{dy}{dx} = -\dfrac{1}{x}$

8. $y = ln(3x)$ $\qquad \dfrac{dy}{dx} = \dfrac{1}{x}$

9. $y = ln(5x)$ $\qquad \dfrac{dy}{dx} = \dfrac{1}{x}$

10. $y = ln(3)$ $\qquad \dfrac{dy}{dx} = 0$

11. $y = ln(5x^4)$ $\qquad \dfrac{dy}{dx} = \dfrac{4}{x}$

12. $y = ln(ax^n)$ $\qquad \dfrac{dy}{dx} = \dfrac{n}{x}$

13. $y = ln(\sqrt{x})$ $\qquad \dfrac{dy}{dx} = \dfrac{1}{2x}$

14. $y = ln(\sqrt[n]{x})$ $\qquad \dfrac{dy}{dx} = \dfrac{1}{nx}$

15. $y = ln\left(\dfrac{1}{\sqrt[3]{x}}\right)$ $\qquad \dfrac{dy}{dx} = -\dfrac{1}{3x}$

Bei den folgenden Beispielen kann man vorteilhafterweise vor dem Differenzieren logarithmisch umformen.

16. $y = ln\left(\dfrac{\alpha + \beta x}{\alpha - \beta x}\right)$ $\qquad \dfrac{dy}{dx} = \dfrac{2\alpha\beta}{\alpha^2 - \beta^2 x^2}$

17. $y = ln\left(\dfrac{1 + x}{1 - x}\right)$ $\qquad \dfrac{dy}{dx} = \dfrac{2}{1 - x^2}$

18. $y = ln\left(\sqrt{\dfrac{1 - x}{1 + x}}\right)$ $\qquad \dfrac{dy}{dx} = -\dfrac{1}{1 - x^2}$

19. $y = ln\left(\dfrac{1}{\sqrt{1 + x^2}}\right)$ $\qquad \dfrac{dy}{dx} = -\dfrac{x}{1 + x^2}$

20. $y = ln\left(\dfrac{x}{\sqrt{1 - x^2}}\right)$ $\qquad \dfrac{dy}{dx} = \dfrac{1}{x(1 - x^2)}$

21. $y = ln\left(x + \sqrt{1 + x^2}\right)$ $\qquad \dfrac{dy}{dx} = \dfrac{1}{\sqrt{1 + x^2}}$

22. $y = ln\left(\dfrac{x + \sqrt{1 + x^2}}{x - \sqrt{1 + x^2}}\right)$ $\qquad \dfrac{dy}{dx} = \dfrac{2}{\sqrt{1 + x^2}}$

23. $y = x \cdot ln(x)$ $\qquad \dfrac{dy}{dx} = 1 + ln(x)$

24. $y = x^2 ln(x)$ $\qquad \dfrac{dy}{dx} = x(1 + 2ln(x))$

$25.\quad y = x^3 ln(x)$ $\qquad \dfrac{dy}{dx} = x^2\big(1 + 3\,ln(x)\big)$

$26.\quad y = x^n ln(x)$ $\qquad \dfrac{dy}{dx} = x^{n-1}\big(1 + n\,ln(x)\big)$

$27.\quad y = (ax + b)\cdot ln(x)$ $\qquad \dfrac{dy}{dx} = \dfrac{ax+b}{x} + a\,ln(x)$

$28.\quad y = (ax + b)^3\cdot ln(x)$ $\qquad \dfrac{dy}{dx} = (ax+b)^2\left(\dfrac{ax+b}{x} + 3\,a\,ln(x)\right)$

$29.\quad y = \sqrt{x}\cdot ln(x)$ $\qquad \dfrac{dy}{dx} = \dfrac{2 + ln(x)}{2\sqrt{x}}$

$30.\quad y = \dfrac{ln(x)}{x}$ $\qquad \dfrac{dy}{dx} = \dfrac{1 - ln(x)}{x^2}$

$31.\quad y = \dfrac{ln(x)}{x^2}$ $\qquad \dfrac{dy}{dx} = \dfrac{1 - 2\,ln(x)}{x^3}$

$32.\quad y = \dfrac{ln(x)}{x^5}$ $\qquad \dfrac{dy}{dx} = \dfrac{1 - 5\,ln(x)}{x^6}$

$33.\quad y = \dfrac{ln(x)}{x^n}$ $\qquad \dfrac{dy}{dx} = \dfrac{1 - n\,ln(x)}{x^{n+1}}$

$34.\quad y = \dfrac{x}{ln(x)}$ $\qquad \dfrac{dy}{dx} = \dfrac{ln(x) - 1}{ln^2(x)}$

$35.\quad y = \dfrac{x^3}{ln(x)}$ $\qquad \dfrac{dy}{dx} = \dfrac{x^2\,(3\,ln(x) - 1)}{ln^2(x)}$

36.　Zeichne die Kurve $y = ln(x)$.

37.　Zeichne die Kurve $y = x\cdot ln(x)$. Untersuche ihr Verhalten im Punkt $x = 0$. Suche etwaige Maxima oder Minima.

$$\left(\text{Min. } x = \frac{1}{e}\cdot\right)$$

38.　Ebenso die Kurve $y = \dfrac{ln(x)}{x}$.

$$\left(\text{Max. } x = e;\ \text{Wdp. } x = \sqrt{e^3}.\right)$$

§ 28. Der Differentialquotient der Exponentialfunktion.

I. Da die Exponentialfunktion die inverse Funktion des Logarithmus ist, so gelingt es leicht, ihren D.Q. aus demjenigen der logarithmischen Funktion herzuleiten. Es sei

$$y = a^x.$$

Logarithmieren wir diese Gleichung im natürlichen System, so erhalten wir

$$ln(y) = x\cdot ln(a)$$

oder

$$x = \frac{1}{ln(a)}\cdot ln(y);$$

x ist also eine mit dem konstanten Faktor $\dfrac{1}{ln(a)}$ multiplizierte logarithmische Funktion von y, und wir erhalten nun durch Differenzieren:

$$\frac{dx}{dy} = \frac{1}{ln(a)}\cdot\frac{1}{y},\ \text{ oder da } y = a^x \text{ ist, folgt } \frac{dx}{dy} = \frac{1}{ln(a)}\cdot\frac{1}{a^x}.$$

Hieraus finden wir sofort

$$\frac{dy}{dx} = a^x \cdot ln(a) \quad \text{oder} \quad \frac{d(a^x)}{dx} = a^x \cdot ln(a),$$

d. h.: **Der D.Q. der Exponentialfunktion a^x ist gleich dieser Exponentialfunktion mal dem natürlichen Logarithmus ihrer Grundzahl.**
In der höheren Mathematik kommt sehr häufig die Funktion

$$y = e^x \qquad (e = 2{,}71828)$$

vor. Für diese ergibt sich nun $\quad \dfrac{dy}{dx} = e^x \cdot ln(e)$

oder, weil $ln(e)$ den Wert 1 hat, $\dfrac{dy}{dx} = e^x,$

d. h.: **Die Exponentialfunktion e^x gibt differenziert wieder e^x.**
Um $y = e^{2x+3}$ zu differenzieren, setze man $2x + 3 = u$; man erhält

$$\frac{dy}{dx} = e^{2x+3} \cdot 2.$$

II. Übungsaufgaben.

1.　$y = e^{\alpha x+\beta}$ $\qquad\qquad \dfrac{dy}{dx} = e^{\alpha x+\beta} \cdot \alpha$

2.　$y = e^{ax}$ $\qquad\qquad \dfrac{dy}{dx} = e^{ax} \cdot a$

3.　$y = e^{-x}$ $\qquad\qquad \dfrac{dy}{dx} = - e^{-x}$

4.　$y = e^{x+1}$ $\qquad\qquad \dfrac{dy}{dx} = e^{x+1}$

5.　$y = a^{3x}$ $\qquad\qquad \dfrac{dy}{dx} = a^{3x} ln(a) \cdot 3$

6.　$y = 2^x$ $\qquad\qquad \dfrac{dy}{dx} = 2^x ln(2)$

7.　$y = 4^{\alpha x+\beta}$ $\qquad\qquad \dfrac{dy}{dx} = 4^{\alpha x+\beta} \cdot \alpha\, ln(4)$

8.　$y = 4 e^{\frac{x}{4}}$ $\qquad\qquad \dfrac{dy}{dx} = e^{\frac{x}{4}}$

9.　$y = x \cdot e^x$ $\qquad\qquad \dfrac{dy}{dx} = e^x (1 + x)$

10.　$y = x^2 \cdot e^x$ $\qquad\qquad \dfrac{dy}{dx} = x \cdot e^x (2 + x)$

11.　$y = x^n \cdot e^x$ $\qquad\qquad \dfrac{dy}{dx} = x^{n-1}(n + x) e^x$

12.　$y = (x - 1) \cdot e^x$ $\qquad\qquad \dfrac{dy}{dx} = x \cdot e^x$

13.　$y = (x^2 - 2x + 2) e^x$ $\qquad\qquad \dfrac{dy}{dx} = x^2 \cdot e^x$

14.　$y = e^x + e^{-x}$ $\qquad\qquad \dfrac{dy}{dx} = e^x - e^{-x}$

15. $y = \frac{1}{2}\left(e^{mx} + e^{-mx}\right)$ $\quad\quad \frac{dy}{dx} = \frac{m}{2}\left(e^{mx} - e^{-mx}\right)$

16. $y = \left(e^x + e^{-x}\right)^2$ $\quad\quad \frac{dy}{dx} = 2\left(e^{2x} - e^{-2x}\right)$

17. $y = \frac{e^x}{x}$ $\quad\quad \frac{dy}{dx} = \frac{e^x\,(x-1)}{x^2}$

18. $y = \frac{e^x}{x^2}$ $\quad\quad \frac{dy}{dx} = \frac{e^x\,(x-2)}{x^3}$

19. $y = \frac{e^x}{x^n}$ $\quad\quad \frac{dy}{dx} = \frac{e^x\,(x-n)}{x^{n+1}}$

20. $y = \frac{e^x - 1}{e^x + 1}$ $\quad\quad \frac{dy}{dx} = \frac{2\,e^x}{(e^x + 1)^2}$

21. $y = \frac{e^x + 1}{e^x - 1}$ $\quad\quad \frac{dy}{dx} = -\frac{2\,e^x}{(e^x - 1)^2}$

22. $y = \sqrt{e^x}$ $\quad\quad \frac{dy}{dx} = \frac{\sqrt{e^x}}{2}$

23. $y = e^x ln(x)$ $\quad\quad \frac{dy}{dx} = e^x\left(\frac{1}{x} + ln(x)\right)$

24. $y = \frac{e^x}{ln(x)}$ $\quad\quad \frac{dy}{dx} = \frac{e^x\left(ln(x) - \frac{1}{x}\right)}{ln^2(x)}$

25. $y = e^x + ln(x) + x^3$ $\quad\quad \frac{dy}{dx} = e^x + \frac{1}{x} + 3\,x^2$

26. $y = \frac{1}{e^x + 1}$ $\quad\quad \frac{dy}{dx} = \frac{-e^x}{(e^x + 1)^2}$

27. $y = \frac{1}{\sqrt{e^x + 1}}$ $\quad\quad \frac{dy}{dx} = \frac{-e^x}{2\sqrt{(e^x + 1)^3}}$

28. $y = ln(e^x)$ $\quad\quad \frac{dy}{dx} = 1$

29. Zeichne die **Kettenlinie** $y = \frac{1}{2}\left(e^x + e^{-x}\right)$ und bestimme ihre Maximum-, Minimum- und Wendepunkte.

$$\text{(Min. } x = 0.\text{)}$$

30. Ebenso die Kurve $y = \frac{x}{e^x}$.

$$\text{(Max. } x = 1; \quad \text{Wdp. } x = 2.\text{)}$$

31. Ebenso $y = x \cdot e^x$.

$$\text{(Min. } x = -1; \text{ Wdp. } x = -2.\text{)}$$

32. Ebenso $y = e^{-\frac{1}{2}x^2}$.

$$\text{(Max. } x = 0; \quad \text{Wdp. } x = \pm\,1.\text{)}$$

33. Ein Körper von der Temperatur T' Grad Celsius wird in eine Umgebung gebracht, die die Temperatur 0 Grad Celsius besitzt. Durch Wärmeabgabe an die Umgebung erkaltet der Körper und hat nach τ Se-

kunden nur noch die Temperatur T Grad Celsius. Für den Vorgang der Erkaltung hat man folgende Formel aufgestellt:

$$T = T' \cdot e^{-a\tau} \qquad (a \text{ eine Konstante}).$$

Es wird also die Temperatur T als eine fallende Exponentialfunktion von der Zeit τ betrachtet. Es sei z. B. für einen gewissen Körper von der Temperatur $T' = 50^0$ und $\alpha = 0{,}02$:

$$T = 50 \cdot e^{-0{,}02\,\tau}.$$

Zeichne die Temperaturkurve und deute dieselbe; was bedeutet der Differentialquotient $\dfrac{dT}{d\tau}$?

$\dfrac{dT}{d\tau} = -\,0{,}02 \cdot 50\,e^{-0{,}02\,\tau}$ bedeutet die Temperaturzunahme in der Zeiteinheit bei einer sehr geringen Beobachtungszeit; man kann sagen: die Geschwindigkeit der Erwärmung; sie ist negativ (warum?).

Die letzte Formel läßt sich auch schreiben: $\dfrac{dT}{d\tau} = -\,0{,}02 \cdot T$, d. h. die Erkaltungsgeschwindigkeit ist der jeweiligen Temperatur proportional.

34. Ein Punkt bewegt sich auf einer geraden Linie nach der Weg-Zeit-Gleichung: $s = s_0 \cdot e^{at}$; hierin bedeutet t die Zeit in Sekunden, s der Abstand des Punktes vom Nullpunkt der Geraden und a eine Konstante. Was bedeutet dann die Konstante s_0?

Wie groß sind Geschwindigkeit und Beschleunigung des Punktes nach t Sekunden?

$(s_0 = $ Abstand des Punktes zur Zeit $t = 0$;

$$\frac{ds}{dt} = s_0 \cdot a \cdot e^{at}, \quad \text{oder} \quad \frac{d^2s}{dt^2} = s_0 \cdot a^2 e^{at},$$

$$\frac{ds}{dt} = a \cdot s, \qquad\qquad \frac{d^2s}{dt^2} = a^2 \cdot s, \text{ Deutung?})$$

VI. Die trigonometrischen und zyklometrischen Funktionen.

§ 29. Die Funktionen des Einheitskreises.

I. Zu den bisher behandelten Funktionen x^n und a^x, die arithmetisch erklärt sind, kommt nun noch eine dritte Art von Funktionen hinzu, die aus der Geometrie stammen und zunächst rein geometrisch erklärt werden. Der Kreis, obgleich ein so einfaches geometrisches Gebilde, bietet dennoch sehr viele wichtige Aufgaben, die mit den Hilfsmitteln der elementaren Rechnung nicht lösbar sind, und um diese praktisch und mit einem genügenden Grade der Genauigkeit durchführen zu können, hat man gewisse Funktionen ersonnen und ihre Werte in Tabellen zusammengestellt. Der Betrachtung dieser Funktionen dienen die folgenden Abschnitte. Es ist dabei am einfachsten, einen Kreis mit dem Radius 1 (m oder dm oder cm, was natürlich gleichgültig ist) zugrunde zu legen; man nennt ihn den Einheitskreis.

II. Einen solchen Kreis (Abb. 60) denken wir uns durch Drehung der Strecke 1 um ihren einen Endpunkt 0 entstanden. Die Drehung kann entweder in der Richtung des Uhrzeigers oder entgegengesetzt geschehen. Wir nennen die Uhrzeigerbewegung auch die **negative**, die entgegengesetzte die **positive** Drehrichtung. Sei die Anfangslage unserer drehbaren Strecke (wir wollen sie kurz den „Zeiger" nennen) OA, so können wir eine zweite Stellung des Zeigers, OB, durch einen der beiden Winkel AOB (α oder α') festlegen. Den Winkel zählen wir in bekannter Weise von 0 bis 360 Grad, und zwar positiv oder negativ, je nach der oben erklärten Drehrichtung.[1]) Derselbe Zeiger, der z. B. durch $\alpha = 160^0$ festgelegt ist, könnte ebensogut durch $\alpha' = -200^0$ bestimmt werden. Natürlich kann man auch Winkel über 360^0 einführen durch

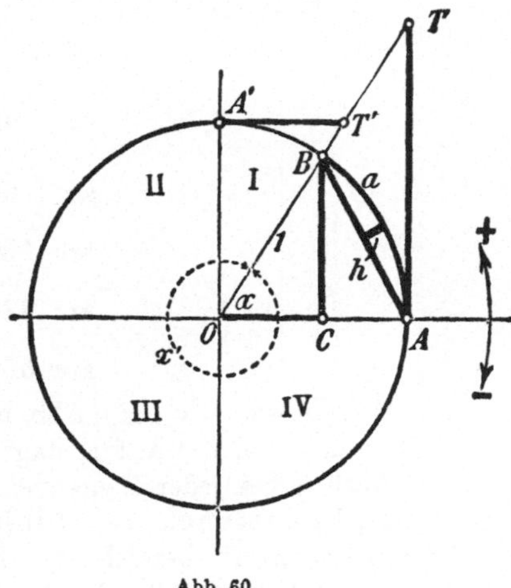

Abb. 60.

mehrmaliges Durchlaufen des Kreises. Der eben als Beispiel gewählte Winkel kann also auch durch die Winkel $160^0 + 360^0 = 520^0$ oder durch $160^0 + 5 \cdot 360^0 = 1960^0$ wiedergegeben werden.

Während sich nun der Zeiger im positiven Sinn von 0^0 bis 360^0 dreht, wächst der zugehörige Kreisbogen AB von dem Anfangswert Null bis zu einem Wert an, den man als **Kreisumfang** bezeichnet. Winkel und Kreisbogen wachsen proportional miteinander; ja, es läßt sich überhaupt der Winkel nur durch den Kreisbogen verstehen und benutzen. Die Berechnung der Länge der Kreisbögen und des Kreisumfangs läßt sich aber nicht elementar, sondern nur mit Hilfe von schwierigen Grenzübergängen (vgl. § 20 III) durchführen. Diese Berechnungen, die man in den Lehrbüchern der Geometrie finden kann, haben das Ergebnis geliefert: Der Umfang des Einheitskreises ist 6,2831 ... Längeneinheiten.

Man hat die Hälfte dieser Zahl mit π bezeichnet; also $\pi = 3,1415 \ldots$[2])

Der Umfang des Einheitskreises ist dann also 2π, und der Umfang eines Kreises vom Radius r ist $2\pi \cdot r$ oder für den Durchmesser d gleich πd.

III. Mit Hilfe dieser Zahl π gelingt es nun in einfacher Weise, zu jedem Winkel von α^0 den zugehörigen Bogen a des Einheitskreises anzugeben. Man braucht nur die Proportion zu beachten:

$$a : 2\pi = \alpha^0 : 360^0.$$

Umgekehrt kann man damit zu einem gegebenen Bogen a den zugehörigen Winkel berechnen.

Ist a der zu α^0 gehörige Bogen des Einheitskreises, so schreibt man kurz: a ist das **Bogenmaß** des Winkels von α^0 oder

$$a = \text{arc } \alpha^0 \qquad (\text{arc} = \text{arcus} = \text{Bogen}).$$

---

1) Die einzelnen Quadranten (Viertelkreise) sind durch die römischen Ziffern I—IV unterschieden, entgegengesetzt zur Drehrichtung der Uhrzeiger.

2) Die Bezeichnung π für das Verhältnis des Umfangs zum Durchmesser des Kreises führte Jones 1706 ein.

Aus obiger Proportion findet man sofort:

$$\text{arc} \quad 0^0 = 0$$

$$\text{arc} \quad 30^0 = \frac{\pi}{6} = 0,5236$$

$$\text{arc} \quad 45^0 = \frac{\pi}{4} = 0,7854$$

$$\text{arc} \quad 90^0 = \frac{\pi}{2} = 1,5708$$

$$\text{arc} \ 180^0 = \pi = 3,1416$$

$$\text{arc} \ 270^0 = \frac{3\pi}{2} = 4,7124$$

$$\text{arc} \ 360^0 = 2\pi = 6,2832.$$

IV. Lassen wir nun (Abb. 60) wieder den Zeiger OB sich in positiver Richtung von der Anfangslage OA aus herumdrehen, dann kann man bekanntlich bei jeder Zeigerstellung gewisse Strecken festlegen, die **man** als „**Funktionen des Einheitskreises**" oder „**trigonometrische Funktionen**" bezeichnet. Erstens haben wir die Koordinaten des Kreispunktes B, also die Strecken OC und CB. Man nennt

die Abszisse OC den **Cosinus** des Winkels α,
die Ordinate CB den **Sinus** des Winkels α;

da der Bogen a zum Winkel α proportional ist, so sagt man auch

$$OC = \cos a, \qquad \text{(Cosinus des Bogens } a\text{)}$$
$$CB = \sin a, \qquad \text{(Sinus des Bogens } a\text{)}.$$

Ferner errichtet man in den Achsenpunkten A und A' die Tangenten an den Einheitskreis. Auf diesen Tangenten werden durch die Verlängerung des Zeigers OB die Strecken AT und $A'T'$ abgeschnitten; man nennt nun AT den **Tangens**, $A'T'$ den **Cotangens** des Winkels α oder auch des Bogens a; also

$$AT = \operatorname{tg} \alpha = \operatorname{tg} a$$
$$A'T' = \operatorname{ctg} \alpha = \operatorname{ctg} a.$$

Endlich findet man in den technischen Kalendern auch noch Tafeln der **Sehne** AB und der **Bogenhöhe** h, sowie der **Bogenlänge** a und des von Sehne und Bogen begrenzten **Abschnitts**.

Die wichtigsten dieser Funktionen sind: $\sin a$, $\quad \cos a$, $\quad \operatorname{tg} a$.[1]

In der Trigonometrie werden diese Funktionen als Verhältnisse von Seiten des rechtwinkligen Dreiecks erläutert. Daß dies mit der jetzigen allgemeinen Erklärung übereinstimmt, ist leicht zu zeigen,

$$\text{z. B. } \sin \alpha = \frac{CB}{OB} = \frac{CB}{1} = CB.$$

Ebenso kann man einige Beziehungen zwischen den Funktionen des Einheitskreises sofort aus der Zeichnung ablesen:

1. $\quad \sin^2 a + \cos^2 a = 1;$

2. $\quad \operatorname{tg} a = \dfrac{\sin a}{\cos a}; \qquad \operatorname{ctg} a = \dfrac{\cos a}{\sin a};$

3. $\quad \operatorname{tg} a \cdot \operatorname{ctg} a = 1;$

4. $\quad$ Sehne $AB = 2 \cdot \sin \dfrac{\alpha}{2};$

____

[1] Diese Bezeichnung führte Euler 1753 ein.

5.   Bogenhöhe $h = 1 - \cos\dfrac{\alpha}{2}$;

6.   Ausschnitt $= \dfrac{a}{2} = \dfrac{1}{2}$ arc α Flächeneinheiten;

7.   Abschnitt $= \frac{1}{2}$ (arc α — sin α) Flächeneinheiten.

§ 30. Die Funktionen Sinus und Cosinus. Amplitude, Phase, Periode.

I. Läßt man den Zeiger OB von 0^0 bis 360^0 laufen, so kann man sich das Wachsen und Abnehmen der Funktion Sinus sehr anschaulich vorführen. Da ferner der Sinus als eine Ordinate (y) in dem Achsensystem AOA' erklärt wurde, so ergeben sich auch sofort die Vorzeichen für die verschiedenen Werte. Man erhält so nebenstehende Tabelle.[1])

Winkel α	Bogen x	$y = \sin x$
0^0	0	0
45^0	$\dfrac{\pi}{4}$	$0,707$
90^0	$\dfrac{\pi}{2}$	1
135^0	$\dfrac{3\pi}{4}$	$0,707$
180^0	π	0
225^0	$\dfrac{5\pi}{4}$	$-0,707$
270^0	$\dfrac{3\pi}{2}$	-1
315^0	$\dfrac{7\pi}{4}$	$-0,707$
360^0	2π	0

Beschreibe den Verlauf der Funktion $y = \sin x$! Welche Werte nimmt sin an, wenn man den Zeiger im negativen Sinn dreht? In welchen „Quadranten" ist der sin positiv bzw. negativ?

II. Um den Verlauf der Funktion $y = \sin x$ bildlich darzustellen, müßten wir auf der X-Achse die Winkel α oder die Kreisbögen x auftragen; da dies nicht möglich ist, so teilen wir die x-Achse annäherungsweise in Vielfache und Bruchteile der Zahl $\pi = 3,1416$ und errichten in den Teilpunkten die zugehörigen Sinusstrecken als **Ordinaten.** Wie dies am einfachsten geschieht, zeigt Abb. 61.

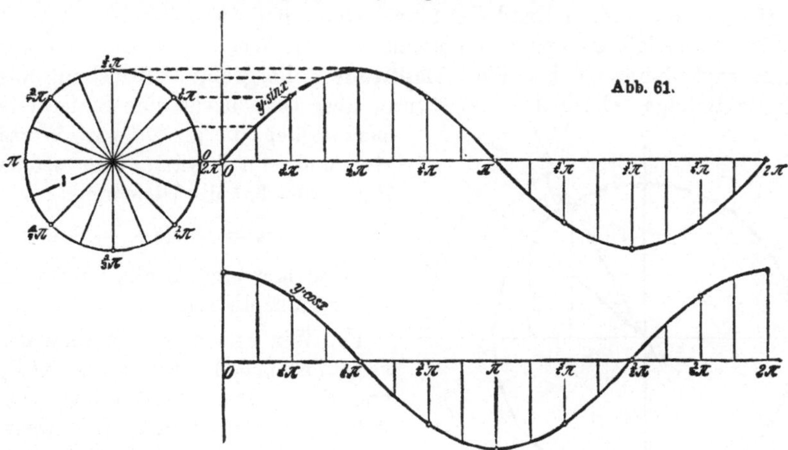

Abb. 61.

---

1) Nachfolgend werden häufig die Maße für die Winkelgröße in Graden und Bogenmaß einander gleich gesetzt, zur Förderung der Anschaulichkeit, obgleich dies vielleicht streng wissenschaftlich bedenklich erscheint.

8*

Man erkennt sofort, daß die Funktion für $\frac{\pi}{2}$ ihr Maximum $= 1$, für $\frac{3\pi}{2}$ ihr Minimum $= -1$ erreicht, und daß sie für 0, π, 2π den Wert 0 annimmt. Da wir den Einheitskreis beliebig oft positiv und negativ durchlaufen können, so muß die Kurve nach rechts und links sinngemäß fortgesetzt werden. Die „Sinuslinie" besteht daher aus unendlich vielen kongruenten Bögen, die sich im Abstand 2π periodisch wiederholen. Man nennt daher Sinus eine „periodische Funktion" mit der Periode 2π.

In gleicher Weise läßt sich die Funktion Cosinus behandeln. Die nebenstehende Tabelle zeigt ungefähr den Verlauf.

Winkel α	Bogen x	$y = \cos x$
0^0	0	1
45^0	$\dfrac{\pi}{4}$	$0{,}707$
90^0	$\dfrac{\pi}{2}$	0
135^0	$\dfrac{3\pi}{4}$	$-0{,}707$
180^0	π	-1
225^0	$\dfrac{5\pi}{4}$	$-0{,}707$
270^0	$\dfrac{3\pi}{2}$	0
315^0	$\dfrac{7\pi}{4}$	$0{,}707$
360^0	2π	1

Beschreibe den Verlauf! In welchen Quadranten ist $\cos +$ bzw. $-$? Um die Funktion $\cos x$ zu zeichnen, brauchen wir nur in der vorigen Abbildung an Stelle der Sinusstrecken die zugehörigen Cosinusstrecken aufzutragen. (Abb. 61)

Wir sehen, daß die Cosinuslinie eine um $\frac{\pi}{2}$ nach links verschobene Sinuslinie ist.

III. Die Funktionen Sinus und Cosinus sind also periodische Funktionen, d. h. ihr Verlauf wiederholt sich periodisch. Aus diesem Grunde werden sie zur Beschreibung solcher Vorgänge benutzt, die sich in immer gleichen Zeiten in gleicher Weise wiederholen; man nehme als Beispiele die Erscheinungen des Wechselstroms oder die Bewegung eines Kurbelgetriebes. Es treten bei derartigen Vorgängen einige eigentümliche Begriffe auf, die wir an Hand der Sinuskurve erläutern wollen.

Die Sinuslinie $y = \sin x$ nimmt als äußerste Werte $+1$ und -1 an; man sagt dann, sie hat die **„Amplitude"**, die größte Abweichung aus der Mittellage, gleich 1. Es ist nun aber sehr leicht eine Sinuswelle herzustellen, die als äußerste Werte $+a$ und $-a$ besitzt; eine solche Sinuswelle hat die Gleichung:

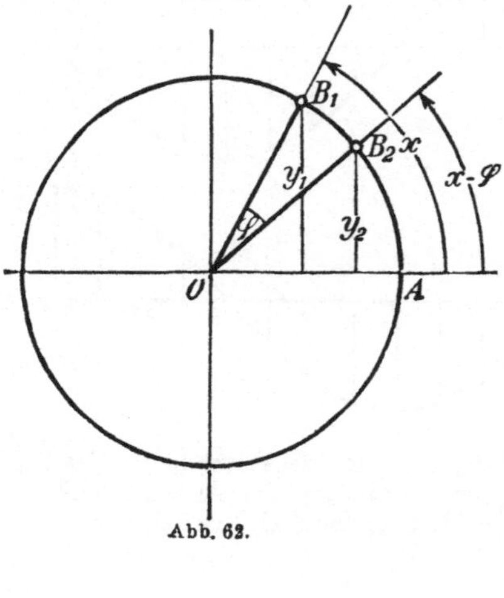

$$y = a \cdot \sin x.$$

Es sind hier einfach alle Ordinaten mit a multipliziert.

IV. Wir betrachten im Einheitskreis (Abb. 62) zwei Zeiger OB_1 und OB_2, die starr miteinander verbunden sind, derart, daß, wenn der eine sich dreht, auch der andere sich mitdreht und beide stets den gleichen Winkel φ miteinander bilden. Bildet also OB_1 mit der

Abb. 62.

Anfangslage OA den Winkel oder Bogen x, dann bildet OB_2 mit derselben den Winkel oder Bogen $x - \varphi$. Man nennt φ die **Phasenverschiebung** oder den **Phasenverschiebungswinkel**. Die beiden Funktionen

$$y_1 = \sin x \quad \text{und} \quad y_2 = \sin (x - \varphi)$$

nehmen, sobald x sich ändert, die gleichen Werte an; y_1 jedoch eilt stets um den Winkel φ voraus. Ist z. B. $\varphi = 30^0 = \dfrac{\pi}{6}$, so ergibt sich folgende Zusammenstellung:

x	$y_1 = \sin x$	$y_2 = \sin\left(x - \dfrac{\pi}{6}\right)$
0^0	0	$-0,5$
15^0	0,259	$-0,259$
30^0	0,5	0
45^0	0,707	0,259
60^0	0,866	0,5
75^0	0,966	0,707
90^0	1	0,866
105^0	0,966	0,966
120^0	0,866	1
135^0	0,707	0,966

y_1 hat z. B. für 45^0 bereits den Wert, den y_2 erst für 75^0 erreicht, usw. (Abb. 63.)

V. Die Funktion $y = \sin x$ hat die **Periode** 2π; d. h. vermehrt sich

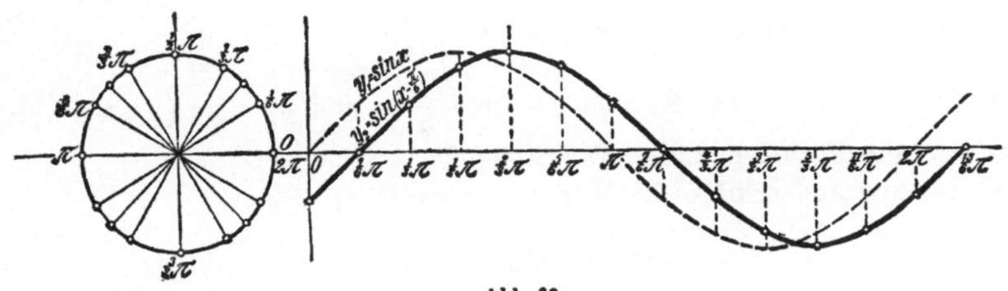

Abb. 63.

x um 2π (360^0) oder um ein ganzzahliges Vielfaches von 2π, dann ändert sich der Wert von y gar nicht;

also
$$\sin (x + n \cdot 2\pi) = \sin x.$$

Man kann auch sagen: Vergrößert sich x, bis es den Wert $x + 2\pi$ erreicht hat, dann nimmt y alle seine Werte nacheinander an und wird schließlich wieder bei seinem ursprünglichen Wert anlangen.

Es entsteht jedoch oft die Notwendigkeit, eine Sinuswelle zu besitzen, die nicht die Periode 2π, sondern eine andere Periode, etwa p, hat. Es ist leicht zu sehen, daß die Funktion

$$y = \sin \left(\frac{2\pi}{p} \cdot x\right)$$

diese Bedingung erfüllt. p spielt hier dieselbe Rolle wie 2π bei der gewöhnlichen Sinuswelle. Hier ist für

$$x = 0 \qquad y = \sin 0 \;=\; 0$$
$$x = \frac{p}{4} \qquad y = \sin \frac{\pi}{2} \;=\; 1$$
$$x = \frac{p}{2} \qquad y = \sin \pi \;=\; 0$$
$$x = \frac{3p}{4} \qquad y = \sin \frac{3\pi}{2} = -1$$
$$x = p \qquad y = \sin 2\pi = \; 0.$$

Wenn sich also hier x von 0 bis p vergrößert, durchläuft die Funktion gerade eine Welle.

VI. Nun ist es sehr leicht, die Gleichung einer Sinuswelle anzugeben, die eine vorgegebene Amplitude a und Periode p hat, sie lautet:

$$y = a \cdot \sin \left(\frac{2\pi}{p} \cdot x \right).$$

Eine Funktion, die gegen die eben genannte noch die Phasenverschiebung φ hat, besitzt die Gleichung:

$$y = a \cdot \sin \left(\frac{2\pi}{p} \cdot [x - \varphi] \right).$$

§ 31. Aufgaben und Anwendungen.

I. a) Zeichne die Kurven $y = 2 \sin x$ und $y = 0{,}8 \cdot \sin x$.

b) Ebenso $y = 2 \sin x$ und $y = 2 \sin \left(x - \frac{\pi}{4} \right)$.

c) Beschreibe die Kurve $y = \frac{3}{2} \sin \left(x + \frac{\pi}{6} \right)$.

d) Zeichne die beiden Kurven $y = \sin \left(\frac{2\pi}{3} x \right)$ und $y = \sin (2\pi x)$; welches sind die Perioden dieser Funktionen?

e) Zeichne und erkläre die Kurve $y = \sin (2x)$

$$\left(\frac{2\pi}{p} = 2; \; p = \pi. \right)$$

f) Wie heißt die Sinusfunktion, die die Amplitude 3 und die Periode $\frac{\pi}{2}$ besitzt? $\qquad (y = 3 \sin (4x).)$

g) Erkläre und zeichne die Funktion $y = 4 \sin \left(\frac{x}{2} - \frac{\pi}{6} \right)$.

$$\left(a = 4, \; p = 4\pi, \; \varphi = \frac{\pi}{3}. \right)$$

h) Ebenso $y = 2 \sin (2x - \pi)$.

$$\left(a = 2, \; p = \pi, \; \varphi = \frac{\pi}{2}. \right)$$

i) Was haben die beiden Funktionen $y = a \cdot \sin (mx + n)$ und $y = b \cdot \sin (mx + n')$ gemeinsam?

$$\left(\text{Die Periode } p = \frac{2\pi}{m}. \right)$$

k) Es ist $y = \cos x = \sin \left(x + \frac{\pi}{2} \right)$.   Deute dies an der Kurve.

II. a) Zeichne die aus 2 Sinusfunktionen zusammengesetzte Funktion $y = \sin x + \sin 2x$. (Abb. 64.)

(Man zeichnet zuerst die beiden Funktionen $y = \sin x$ und $y = \sin 2x$

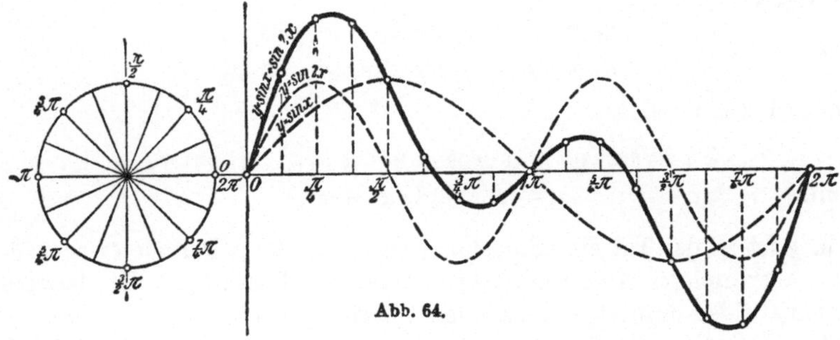

Abb. 64.

und bildet dann die geometrische Summe je zweier zusammengehöriger Ordinaten. Die entstehende Kurve ist zwar wieder periodisch mit der Periode 2π, jedoch keine Sinuslinie.)

b) Zeichne die Kurve $y = \sin x + \sin\left(x - \dfrac{\pi}{6}\right)$. (Abb. 65.)

(Man erhält hier wieder eine Sinuslinie. Bestimme aus der Abbildung Amplitude und Periode derselben.)

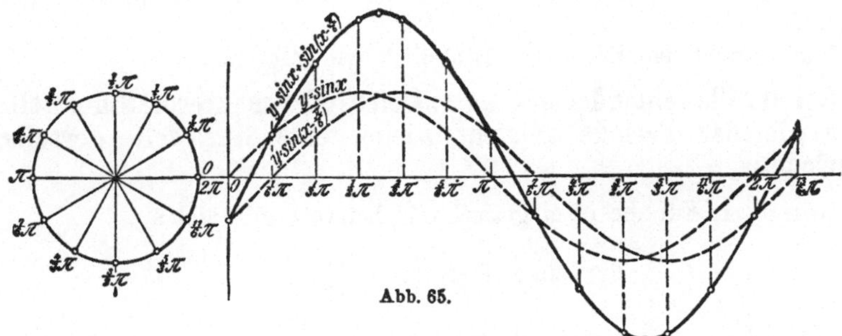

Abb. 65.

c) Zeichne $y = \sin x + \cos x$ und bestimme Amplitude und Periode.

$$(a = \sqrt{2}, \quad p = 2\pi.)$$

III. Bildet man aus den beiden Funktionen

$$y_1 = a_1 \sin (\alpha x + \beta_1),$$
$$y_2 = a_2 \sin (\alpha x + \beta_2),$$

die gleiche Perioden besitzen, durch Addition die Funktion

$$y = a_1 \sin (\alpha x + \beta_1) + a_2 \sin (\alpha x + \beta_2),$$

so erhält man wieder eine Sinuslinie.

Beweis: Man bekommt

$$y = a_1 \sin (\alpha x) \cos \beta_1 + a_1 \cos (\alpha x) \sin \beta_1$$
$$+ a_2 \sin (\alpha x) \cos \beta_2 + a_2 \cos (\alpha x) \sin \beta_2$$

oder

$$y = \sin(\alpha x) \cdot [a_1 \cos \beta_1 + a_2 \cos \beta_2] + \cos(\alpha x)\,[a_1 \sin \beta_1 + a_2 \sin \beta_2].$$

Wir führen nun für die in den Klammern stehenden Summen die Größen ein:

$$1. \qquad \begin{aligned} a_1 \cos \beta_1 + a_2 \cos \beta_2 &= A \cdot \cos \varphi, \\ a_1 \sin \beta_1 + a_2 \sin \beta_2 &= A \cdot \sin \varphi, \end{aligned}$$

wodurch wir erhalten:

$$y = \sin(\alpha x) \cdot A \cdot \cos \varphi + \cos(\alpha x) \cdot A \cdot \sin \varphi,$$

somit
$$y = A \cdot \sin(\alpha x + \varphi),$$

d. h. y ist in der Tat eine Sinusfunktion mit gleicher Periode (wegen des αx), aber anderer Amplitude (A) und anderer Phase (φ). Die letzteren beiden Größen ergeben sich aus den Gleichungen 1.

Durch Quadrieren und Addieren derselben ergibt sich:

$$a_1^2 + a_2^2 + 2 a_1 a_2 \cdot \cos(\beta_1 - \beta_2) = A^2,$$

also
$$A = + \sqrt{a_1^2 + a_2^2 + 2 a_1 a_2 \cos(\beta_1 - \beta_2)}.$$

Ferner ergibt sich durch Division der beiden Gleichungen 1:

$$\operatorname{tg} \varphi = \frac{a_1 \sin \beta_1 + a_2 \sin \beta_2}{a_1 \cos \beta_1 + a_2 \cos \beta_2},$$

somit sind A und φ durch die gegebenen Größen a_1, a_2, β_1 und β_2 bestimmt.

Man spricht das Ergebnis gewöhnlich wie folgt aus:

Bei der Übereinanderlagerung zweier (oder mehrerer) Sinuswellen von gleicher Periode entsteht wieder eine Sinuswelle derselben Periode.

Beispiel: Für die oben gezeichnete Kurve ergibt sich:

$$y = \sin x + \sin\left(x - \frac{\pi}{6}\right).$$

Hier ist
$$a_1 = 1,\ a_2 = 1,\ \beta_1 = 0,\ \beta_2 = -\frac{\pi}{6},$$

$$A = \sqrt{2 + 2 \cos \frac{\pi}{6}} = 1{,}932,$$

$$\operatorname{tg} \varphi = \frac{-\sin \dfrac{\pi}{6}}{1 + \cos \dfrac{\pi}{6}} = -\operatorname{tg} \frac{\pi}{12},$$

$$\varphi = -\frac{\pi}{12}.$$

Somit stellt sich y dar als $\qquad y = 1{,}932 \cdot \sin\left(x - \frac{\pi}{12}\right).$

IV. Bedeutend einfacher erledigt sich die Aufgabe durch ein zeichnerisches Verfahren.

Sind $\qquad y = a_1 \sin(\alpha x + \beta_1) \quad$ und $\quad y = a_2 \sin(\alpha x + \beta_2)$

die beiden Sinusfunktionen, und zeichnet man nun aus den beiden Amplituden a_1 und a_2 (als zwei Seiten) und aus $\beta_1 - \beta_2$ (als dem eingeschlossenen Winkel) ein Parallelogramm (Abb. 66),
so wird nach dem Cosinussatz die Diagonale

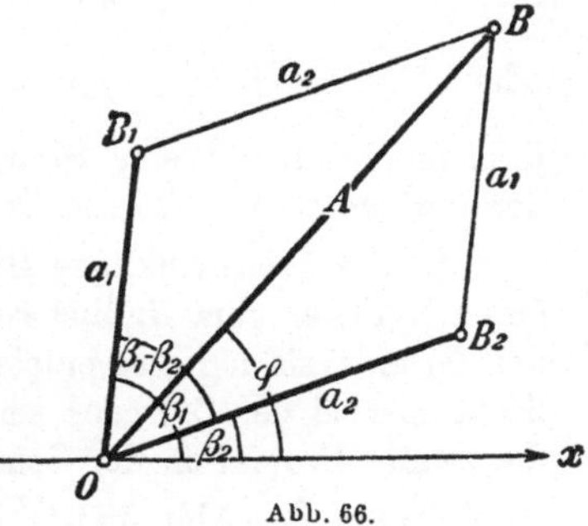

$$A = \sqrt{a_1^2 + a_2^2 + 2\,a_1\,a_2\,\cos(\beta_1 - \beta_2)},$$

also gerade gleich der Amplitude.

D. h.: Aus den beiden Amplituden zweier Sinuslinien mit gleicher Periode findet man die Amplitude der durch Addition entstehenden neuen Sinuslinie ebenso, wie man zu zwei Kräften die Resultante findet.

Ferner kann man aus der Zeichnung sofort ablesen (Proj = Abkürzung für Projektion):

$$\text{Proj. von } OB = \text{Proj. von } OB_2 + \text{Proj. von } B_2B.$$

Projiziert man also alles auf Ox, so folgt die früher mit 1. bezeichnete Formel:

$$A \cdot \cos \varphi = a_1 \cdot \cos \beta_1 + a_2 \cdot \cos \beta_2;$$

d. h. der in der Abbildung mit φ bezeichnete Winkel ist zugleich der Phasenverschiebungswinkel der neuen Sinuslinie.

Beispiele: a) $y = \sin x + \sin\left(x - \dfrac{\pi}{6}\right).$

Aus der Zeichnung ergibt sich sofort $\varphi = -\dfrac{\pi}{12}.$

b) $\qquad y = \sin x + \cos x \quad$ oder $\quad y = \sin x + \sin\left(x + \dfrac{\pi}{2}\right).$

Die Abbildung ergibt sofort $A = \sqrt{2}, \; \varphi = \dfrac{\pi}{4}.$

c) Beweise rechnerisch und zeichnerisch die für die Lehre des Dreiphasenstromes wichtige Formel:

$$\sin x + \sin(x + 120^0) + \sin(x + 240^0) = 0.$$

V. a) Zeichne die Kurve $y = \sin^2 x$
Beweise, daß auch diese Funktion eine Sinuslinie (aber mit der Periode π und in anderer Lage gegen das Achsensystem) darstellt.
(Man kann schreiben: $y = \frac{1}{2}[1 - \cos 2x].$)

b) Zeichne ebenso $y = \cos^2 x$ und suche die Formel

$$\sin^2 x + \cos^2 x = 1 \quad \text{zu deuten.}$$

c) Zeichne $y = \sin x \cdot \cos x$ und vergleiche sie mit der gewöhnlichen Sinuslinie $\qquad$ (Ampl. $= \frac{1}{2}$, Periode $= \pi$).

VI. Ein gerader Kreiszylinder vom Radius r wird durch eine Ebene, die zum Querschnitt unter φ Grad geneigt ist, geschnitten. Die Schnittfläche ist bekanntlich eine Ellipse. Was für eine Kurve wird aus dieser Ellipse, wenn der Zylindermantel zu einer Ebene aufgerollt wird?

Nach Abb. 67 ist $\quad y = s \cdot \mathrm{tg}\,\varphi, \quad s = r \cdot \sin z, \quad z = \dfrac{x}{r},$

also $\qquad\qquad y = r \cdot \mathrm{tg}\,\varphi \cdot \sin z = r \cdot \mathrm{tg}\,\varphi \cdot \sin \dfrac{x}{r}$

oder $\qquad\qquad y = a \cdot \sin \dfrac{x}{r},$

d. h. die Kurve ist eine Sinuslinie mit der Amplitude $a = r \cdot \mathrm{tg}\,\varphi$ und der Periode $2\pi r$. (Geometrische Deutung?)

VII. Ein rechtwinkliges Dreieck mit den Katheten b und a wird um einen Zylinder vom Radius r aufgewickelt, so daß die Kathete a sich um den Grundkreis legt; es entsteht dann bekanntlich eine **Schraubenlinie.** Steht hierbei der Zylinder senkrecht zur ersten Projektionsebene, so ist die zweite Projektion der Schraubenlinie eine Sinuslinie.

Beweis: Ist (Abb. 68) $O'P'$ der Grundriß, $O''P''$ der Aufriß der Schraubenlinie, dann ist $\quad\dfrac{x}{m} = \dfrac{b}{a},$ also $m = \dfrac{a x}{b},$ ferner $m = r \cdot \varphi$, wenn φ in Bogenmaß ausgedrückt ist; daher

$$\varphi = \frac{a}{b r} \cdot x, \quad \text{endlich ist} \quad y = r \cdot \sin \varphi,$$

also $\qquad\qquad y = r \cdot \sin \left(\dfrac{a}{b r} \cdot x \right)$

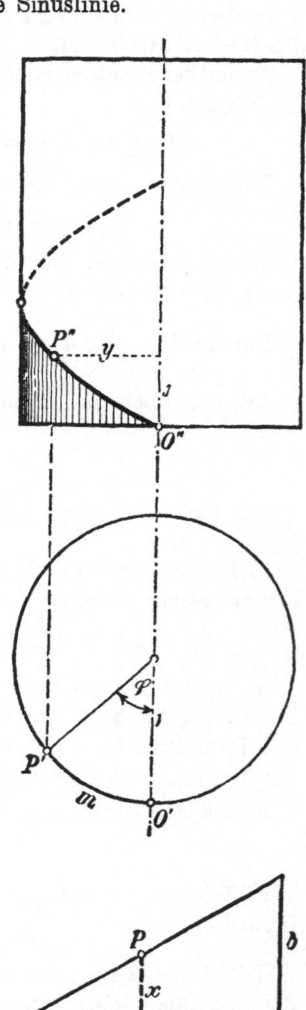

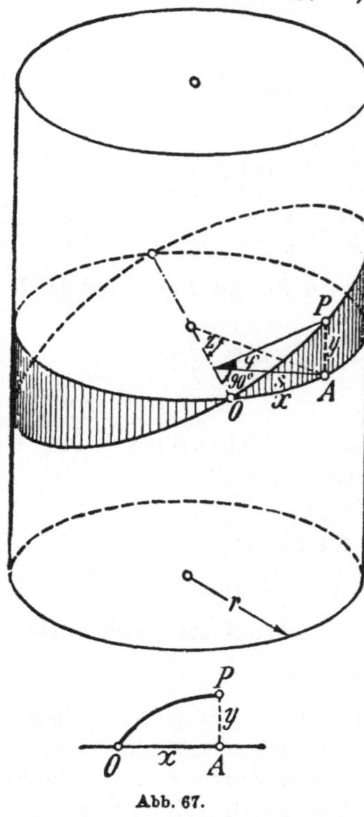

Abb. 67.

Abb. 68.

VIII. Zeichne die Kurve $y = e^{-x} \cdot \sin x$.

(Wellenlinie mit fortwährend abnehmender Amplitude.)

IX. Die am häufigsten vorkommende trigonometrische Gleichung

$$a \cdot \cos \varphi + b \cdot \sin \varphi = c,$$

worin φ ein unbekannter Winkel, a, b und c beliebige feste Zahlen sind, läßt eine sehr einfache graphische Lösung zu:

Wir setzen $\qquad \cos \varphi = x, \quad \sin \varphi = y,$

dann erhalten wir an Stelle unserer Gleichungen die beiden Gleichungen

$$a \cdot x + b \cdot y = c,$$
$$x^2 + y^2 = 1,$$

die wir zeichnerisch durch Schnitt eines Kreises (vom Radius 1) mit einer geraden Linie lösen (vgl. S. 22, Abb. 15).

Seien (Abb. 69) $P_1 (x_1 y_1)$ und $P_2 (x_2 y_2)$ die Schnittpunkte, dann sind, wie man ohne weiteres aus der Zeichnung ersieht,

$$x\,0\,P_1 = \varphi_1 \quad \text{und} \quad x\,0\,P_2 = \varphi_2$$

die gesuchten Lösungen für den Winkel φ.

(Wie viele Lösungen kann die Gleichung haben?)

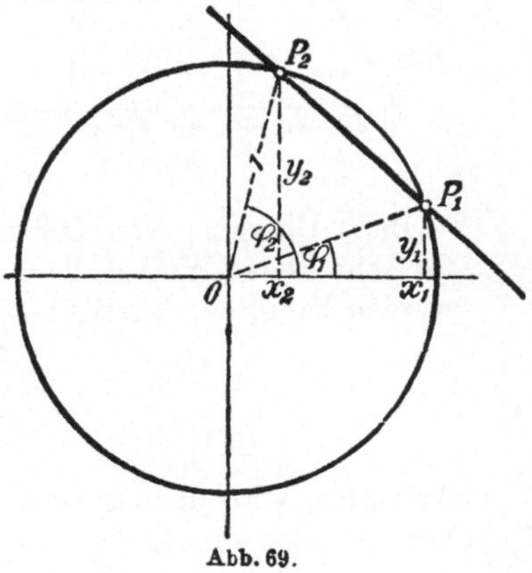

X. Gleichungen der Form $\sin x - \tfrac{1}{2}x = 0$ und ähnliche kann man zeichnerisch durch Schnitt einer Sinuslinie mit einer Geraden lösen; also in diesem Fall durch bildliche Darstellung von

$$y = \sin x \quad \text{und} \quad y = \tfrac{1}{2}x.$$

Die bildliche Darstellung zeigt sofort,

Abb. 69.

daß es außer $x = 0$ noch 2 Lösungen gibt, eine zwischen $\dfrac{\pi}{2}$ und π, die andere zwischen $-\dfrac{\pi}{2}$ und $-\pi$.

Zur genaueren Berechnung wird man das **Näherungsverfahren** anwenden. Ist α der zum Bogen x gehörige Winkel, so schreibt man:

$$\sin \alpha - \tfrac{1}{2}\operatorname{arc} \alpha = 0.$$

Nun wird
$$f(\ 90^0) = +0{,}215$$
$$f(120^0) = -0{,}181$$

$$f(108^0) = +0{,}008$$
$$f(109^0) = -0{,}005$$

$$\alpha = 108^0\,36'$$

Probe: $\qquad f(108^0\,36') = +0{,}00006.$

$$x = \operatorname{arc} 108^0\,36' = 1{,}89543.$$

§ 32. Der Differentialquotient der Funktionen Sinus und Cosinus.

I. Die Abb. 70 stellt uns die Funktion $y = \sin x$ bildlich dar. Auf der Kurve nehmen wir 2 Punkte P (Koordinaten x und y) und P_1 (Koordinaten x_1 und y_1) an. Dann ist der Differenzenquotient

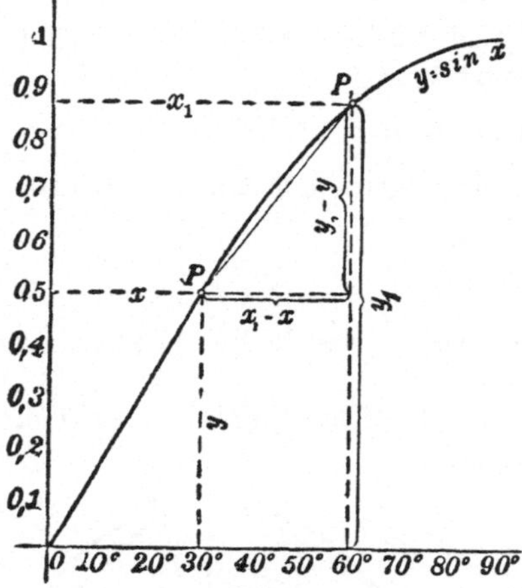

Abb. 70.

$$\frac{\Delta y}{\Delta x} = \frac{y_1 - y}{x_1 - x}.$$

Weil $y = \sin x$, ergibt sich

$$y_1 = \sin x_1 \quad \text{und} \quad \frac{\Delta y}{\Delta x} = \frac{\sin x_1 - \sin x}{x_1 - x}.$$

Da bekanntlich $\sin x_1 - \sin x$

$$= 2 \cos \frac{x_1 + x}{2} \sin \frac{x_1 - x}{2}, \text{ folgt}$$

$$\frac{\Delta y}{\Delta x} = \frac{2 \cos \frac{x_1 + x}{2} \cdot \sin \frac{x_1 - x}{2}}{x_1 - x}, \quad \text{oder}$$

$$\frac{\Delta y}{\Delta x} = \cos \frac{x_1 + x}{2} \cdot \frac{\sin \frac{x_1 - x}{2}}{\frac{x_1 - x}{2}}.$$

Beim Übergang vom Differenzen- zum Differentialquotienten wird, da für sehr kleine Winkel die Größe in Bogenmaß gleich dem Sinus gesetzt werden kann, der Quotient

$$\frac{\sin \frac{x_1 - x}{2}}{\frac{x_1 - x}{2}} = 1.$$

Außerdem wird dann $x_1 = x$ (weil die Punkte P und P_1 zusammenfallen). Wir erhalten somit

$$\frac{dy}{dx} = \cos \frac{x + x}{2} \cdot 1 = \cos x \quad \text{oder} \quad \frac{d(\sin x)}{dx} = \cos x.$$

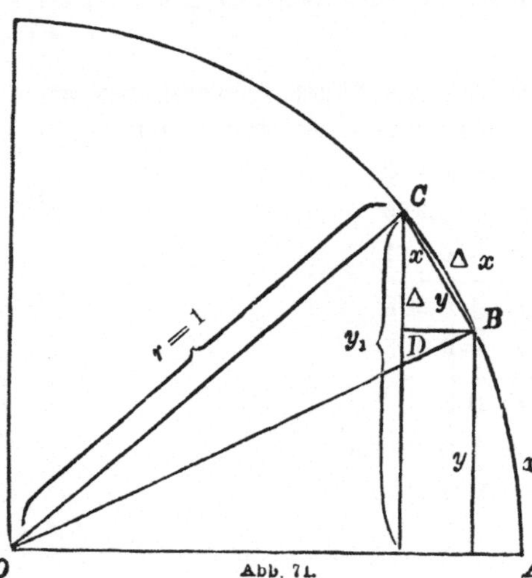

II. Ganz entsprechend ergibt sich der D.Q. von $y = \cos x$, wenn man beachtet, daß

$$\cos x_1 - \cos x =$$

$$- 2 \cdot \sin \frac{x_1 + x}{2} \cdot \sin \frac{x_1 - x}{2},$$

nämlich $\quad \dfrac{d(\cos x)}{dx} = - \sin x.$

III. Anschauliche Ableitung: In Bogenmaß gemessen (Abb. 71), ist $\sphericalangle AOB = x$, und $\sphericalangle AOC = x + \Delta x$. Somit ist $y = \sin x$ und $y_1 = \sin(x + \Delta x)$. Der D.Q. der Funktion $y = \sin x$ ist wieder

$$\frac{dy}{dx}.$$

Im Dreieck BCD ist aber $\dfrac{\Delta y}{BC} = \cos x$. Wird nun Bogen Δx immer kleiner, so wird er mit Sehne BC an Größe immer mehr übereinstimmen. Im Grenzfalle wird also Δy in dy übergehen, BC in dx, also wird $\dfrac{dy}{dx} = \cos x$.

Mache die entsprechende Ableitung für $y = \cos x$.

IV. a) Drücke die Beziehungen von $y = \sin x$, sowie $y = \cos x$ zu ihren Differentialquotienten durch Regeln aus.

b) Erkläre die Vorzeichen in den Formeln

$$y = \sin x, \qquad \frac{dy}{dx} = \cos x,$$

$$y = \cos x, \qquad \frac{dy}{dx} = -\sin x$$

durch das Steigen und Fallen der Kurve.

c) Wie heißt der II. D.Q. von $\sin x$ (von $\cos x$)? Was geht daraus für die Konvexität oder Konkavität dieser beiden Kurven hervor?

d) Bestimme die Maximum- und Minimumpunkte der Sinus- und Cosinuslinie.

e) Wo liegen die Wendepunkte dieser Kurven?

V. Differenziere folgende Funktionen:

1. $y = \sin (2x)$ $\qquad\qquad \dfrac{dy}{dx} = 2 \cdot \cos (2x)$

2. $y = \cos (2x)$ $\qquad\qquad \dfrac{dy}{dx} = -2 \cdot \sin (2x)$

3. $y = 2 \cdot \sin \left(\dfrac{x}{2}\right)$ $\qquad\qquad \dfrac{dy}{dx} = \cos \left(\dfrac{x}{2}\right)$

4. $y = m \cdot \cos (nx)$ $\qquad\qquad \dfrac{dy}{dx} = -mn \cdot \sin (nx)$

5. $y = a \cdot \sin \left(\dfrac{2\pi}{p} \cdot x\right)$ $\qquad \dfrac{dy}{dx} = a \cdot \dfrac{2\pi}{p} \cdot \cos \left(\dfrac{2\pi}{p} \cdot x\right)$

6. $y = a \cdot \sin \left(\dfrac{2\pi}{p} \cdot [x - \varphi]\right)$ $\qquad \dfrac{dy}{dx} = a \cdot \dfrac{2\pi}{p} \cdot \cos \left(\dfrac{2\pi}{p} \cdot [x - \varphi]\right)$

7. $y = \sin^2 x$ $\qquad\qquad \dfrac{dy}{dx} = 2 \sin x \cdot \cos x = \sin (2x)$

8. $y = \cos^2 x$ $\qquad\qquad \dfrac{dy}{dx} = -\sin (2x)$

9. $y = \sin^2 x + \cos^2 x$ $\qquad\qquad \dfrac{dy}{dx} = 0$

10. $y = \sin^3 x$ $\qquad\qquad \dfrac{dy}{dx} = 3 \sin^2 x \cdot \cos x$

11. $y = \cos^4 x$ $\qquad\qquad \dfrac{dy}{dx} = -4 \cos^3 x \cdot \sin x$

12. $y = \dfrac{1}{\sin x}$ $\qquad\qquad \dfrac{dy}{dx} = \dfrac{-\cos x}{\sin^2 x}$

13. $y = \dfrac{1}{\cos x}$ $\qquad\qquad \dfrac{dy}{dx} = \dfrac{\sin x}{\cos^2 x}$

14. $\quad y = \dfrac{1}{\sin^2 x}$ $\qquad\qquad \dfrac{dy}{dx} = \dfrac{-2\cos x}{\sin^3 x}$

15. $\quad y = \dfrac{1}{\cos^2 x}$ $\qquad\qquad \dfrac{dy}{dx} = \dfrac{2\sin x}{\cos^3 x}$

16. $\quad y = l n\,(\sin x)$ $\qquad\qquad \dfrac{dy}{dx} = \operatorname{ctg} x$

17. $\quad y = l n\,(\cos x)$ $\qquad\qquad \dfrac{dy}{dx} = -\operatorname{tg} x$

18. $\quad y = x \cdot \sin x$ $\qquad\qquad \dfrac{dy}{dx} = x \cdot \cos x + \sin x$

19. $\quad y = x \cdot \cos x$ $\qquad\qquad \dfrac{dy}{dx} = -x \cdot \sin x + \cos x$

20. $\quad y = \dfrac{\sin x}{x}$ $\qquad\qquad \dfrac{dy}{dx} = \dfrac{x \cdot \cos x - \sin x}{x^2}$

21. $\quad y = e^x \cdot \sin x$ $\qquad\qquad \dfrac{dy}{dx} = e^x\,(\cos x + \sin x)$

22. $\quad y = e^{-x} \cdot \sin x$ $\qquad\qquad \dfrac{dy}{dx} = e^{-x}\,(\cos x - \sin x)$

23. $\quad y = e^{-\alpha x} \cdot \sin\,(\beta x)$ $\qquad\qquad \dfrac{dy}{dx} = e^{-\alpha x} \cdot [\beta \cos\,(\beta x) - \alpha \sin\,(\beta x)]$

24. $\quad y = \sin x \cdot \cos x$ $\qquad\qquad \dfrac{dy}{dx} = \cos\,(2\,x)$

25. $\quad y = (1 + 2\sin x) \cdot \cos x$ $\qquad\qquad \dfrac{dy}{dx} = 2\cos\,(2\,x) - \sin x$

26. $\quad y = \sin x \cdot \sin\,(1 - x)$ $\qquad\qquad \dfrac{dy}{dx} = \sin\,(1 - 2\,x)$

27. $\quad y = \sin x - x \cdot \cos x$ $\qquad\qquad \dfrac{dy}{dx} = x \cdot \sin x$

28. $\quad y = 2\cos^2 x - \cos\,(2\,x)$ $\qquad\qquad \dfrac{dy}{dx} = 0$

29. $\quad y = \dfrac{1 - \cos x}{1 + \cos x}$ $\qquad\qquad \dfrac{dy}{dx} = \dfrac{2\sin x}{(1 + \cos x)^2}.$

VI. a) Ein auf wagerechter Ebene liegender Körper vom Gewicht G und dem Reibungskoeffizienten μ soll durch eine Kraft fortgezogen werden, die unter φ^0 zur Ebene geneigt ist. Wie groß ist diese Kraft P und für welchen Winkel φ wird sie ein Minimum?

Die gesuchte Kraft P muß so groß sein, daß ihre wagerechte Komponente $P \cdot \cos \varphi$ die Reibung überwindet. Die Reibung ist

$$R = \mu\,(G - P \cdot \sin \varphi).$$

Somit wird $\quad P \cdot \cos \varphi = \mu\,(G - P \cdot \sin \varphi),$

also $\qquad\qquad P = \dfrac{\mu \cdot G}{\cos \varphi + \mu \sin \varphi}$

und $\dfrac{P}{\mu\,G} = \dfrac{1}{\cos \varphi + \mu \sin \varphi}.$ $\quad$ Setze $\dfrac{P}{\mu\,G} = \dfrac{1}{z},$ also

$$z = \cos \varphi + \mu \cdot \sin \varphi$$

$$\frac{dx}{d\varphi} = -\sin \varphi + \mu \cdot \cos \varphi = 0$$

$$\frac{d^2 x}{d\varphi^2} = -\cos \varphi - \mu \sin \varphi \quad (\text{also Maximum}).$$

Aus $-\sin \varphi + \mu \cdot \cos \varphi = 0$ folgt $\mu = \dfrac{\sin \varphi}{\cos \varphi}$ oder

$$\operatorname{tg} \varphi = \mu. \quad (\text{Deutung?})$$

b) Im rechtwinkligen Koordinatensystem sei ein Punkt $P\,(a,\ b)$ gegeben. Man soll durch P eine gerade Linie so legen, daß das durch die Achsen ausgeschnittene Stück AB möglichst klein wird. Wie groß ist der spitze Winkel φ zwischen der Linie und der X-Achse zu nehmen?

$$AB = AP + PB = \frac{b}{\sin \varphi} + \frac{a}{\cos \varphi}.$$

AB wird ein Minimum für $\operatorname{tg} \varphi = \sqrt[3]{\dfrac{b}{a}}.$

c) Der Eisenkern einer Spule habe kreuzförmigen Querschnitt. (Abb. 72.) Welche Abmessungen muß man nehmen (wie groß wird insbesondere der Winkel φ), wenn der Kern die Spule möglichst ausfüllen soll?[1]

Der Flächeninhalt F des Eisenkerns wird, wenn der Radius der Spule $= 1$ gesetzt wird.

$$F = 4 \cdot \cos^2 \varphi - 4 \cdot (\cos \varphi - \sin \varphi)^2,$$

und zwar ein Maximum für

$$\varphi = 31^\circ 43'.$$

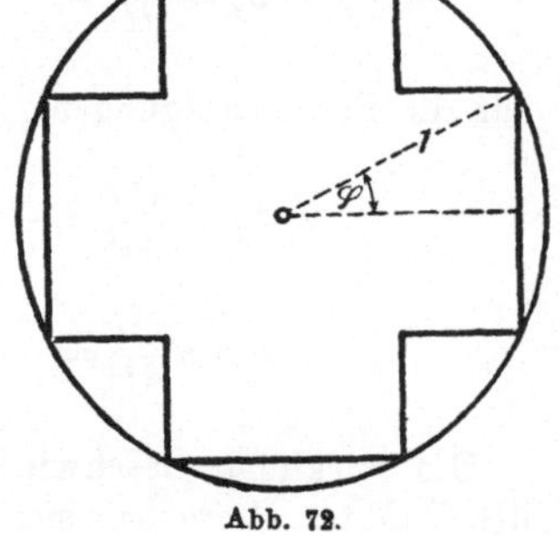

Abb. 72.

VII. Für einen sinusförmigen Wechselstrom gilt das Gesetz

$$i = J \cdot \sin\left(\frac{2\pi}{T} \cdot t\right).$$

Hierbei ist die Veränderliche t die Zeit, die Veränderliche i die Stromstärke, T ist die zu einer Periode nötige Zeit, also eine Konstante, J ist die maximale Stromstärke. Die durch Selbstinduktion hervorgerufene Spannung ist

$$L \cdot \frac{di}{dt} \quad (L = \text{Selbstinduktionskoeffizient}).$$

Es wird

$$L \cdot \frac{di}{dt} = L \cdot J \cdot \frac{2\pi}{T} \cdot \cos\left(\frac{2\pi}{T} \cdot t\right) = L \cdot J \cdot \frac{2\pi}{T} \cdot \sin\left(\frac{2\pi}{T} \cdot t + \frac{\pi}{2}\right).$$

Welche Phasenverschiebung hat diese Spannung gegen die Stromstärke i?

$$\left(\frac{T}{4} \cdot\right)$$

VIII. Ein Punkt P bewegt sich gleichförmig auf einem Kreise vom Halbmesser r und braucht zu einem Umlauf die Zeit T (Zentralbewegung)

---

1) Gewöhnlich ist $r = 25$ cm für praktische Zwecke zu setzen.

Man lege durch den Mittelpunkt des Kreises zwei senkrechte Achsen X und Y und bestimme Geschwindigkeit und Beschleunigung der Projektionen des Punktes P auf die Achsen.

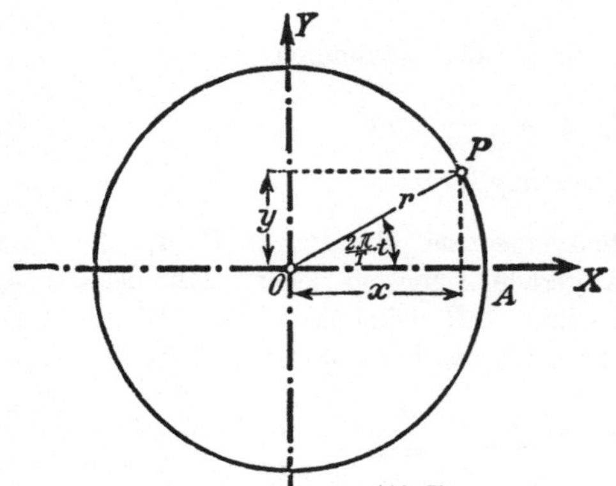

Abb. 73.

Die Winkelgeschwindigkeit von P ist $\frac{2\pi}{T}$, kommt der Punkt in der Zeit t von A bis P (Abb 73), dann ist das zum Winkel AOP gehörige Bogenmaß $= \frac{2\pi}{T} \cdot t$.

Für die Projektionsabstände x und y ergibt sich:

$$x = r \cdot \cos\left(\frac{2\pi}{T} \cdot t\right),$$

$$y = r \cdot \sin\left(\frac{2\pi}{T} \cdot t\right);$$

für die Geschwindigkeiten:

$$v_x = \frac{dx}{dt} = -r \cdot \frac{2\pi}{T} \cdot \sin\left(\frac{2\pi}{T} \cdot t\right) = -y \cdot \frac{2\pi}{T},$$

$$v_y = \frac{dy}{dt} = r \cdot \frac{2\pi}{T} \cdot \cos\left(\frac{2\pi}{T} \cdot t\right) = x \cdot \frac{2\pi}{T};$$

für die Beschleunigungen:

$$b_x = \frac{d^2x}{dt^2} = -r \cdot \frac{4\pi^2}{T^2} \cdot \cos\left(\frac{2\pi}{T} \cdot t\right) = -x \cdot \frac{4\pi^2}{T^2},$$

$$b_y = \frac{d^2y}{dt^2} = -r \cdot \frac{4\pi^2}{T^2} \cdot \sin\left(\frac{2\pi}{T} \cdot t\right) = -y \cdot \frac{4\pi^2}{T^2}.$$

Die wirkliche Geschwindigkeit und die **Zentripetalbeschleunigung** des Punktes P ergeben sich hieraus als:

$$v = \sqrt{v_x^2 + v_y^2} = \frac{2\pi}{T} \cdot \sqrt{x^2 + y^2} = r \cdot \frac{2\pi}{T},$$

$$b = \sqrt{b_x^2 + b_y^2} = \frac{4\pi^2}{T^2} \cdot \sqrt{x^2 + y^2} = r \cdot \frac{4\pi^2}{T^2}.$$

Die Bewegung der Projektionen des Punktes P wird als „**harmonische Bewegung**" bezeichnet.

§ 33. Die Funktionen Tangens und Cotangens.

I. Im § 29 III haben wir die Funktionen Tangens und Cotangens erklärt als die Strecken AT und $A'T'$ des Einheitskreises (siehe Abb. 60). Der Verlauf dieser Funktionen ergibt sich aus den folgenden kurzen Tabellen.

$y = \operatorname{tg} x$

x		y
0^0 od. 0		0
30^0 „ $\dfrac{\pi}{6}$		$0,577$
45^0 „ $\dfrac{\pi}{4}$		1
60^0 „ $\dfrac{\pi}{3}$		$1,732$
90^0 „ $\dfrac{\pi}{2}$		$\pm \infty$
120^0 „ $\dfrac{2\pi}{3}$		$-1,732$
135^0 „ $\dfrac{3\pi}{4}$		-1
150^0 „ $\dfrac{5\pi}{6}$		$-0,577$
180^0 „ π		0

$y = \operatorname{ctg} x$

x		y
0^0 od. 0		∞
30^0 „ $\dfrac{\pi}{6}$		$1,732$
45^0 „ $\dfrac{\pi}{4}$		1
60^0 „ $\dfrac{\pi}{3}$		$0,577$
90^0 „ $\dfrac{\pi}{2}$		0
120^0 „ $\dfrac{2\pi}{3}$		$-0,577$
135^0 „ $\dfrac{3\pi}{4}$		-1
150^0 „ $\dfrac{5\pi}{6}$		$-1,732$
180^0 „ π		$\pm \infty$

Für Werte von x, die größer sind als π, werden sich die Werte von y einfach wiederholen. Die Schaubilder beider Funktionen (Abb. 74) bestehen daher aus unendlich vielen kongruenten Zweigen, die sich im Abstand π

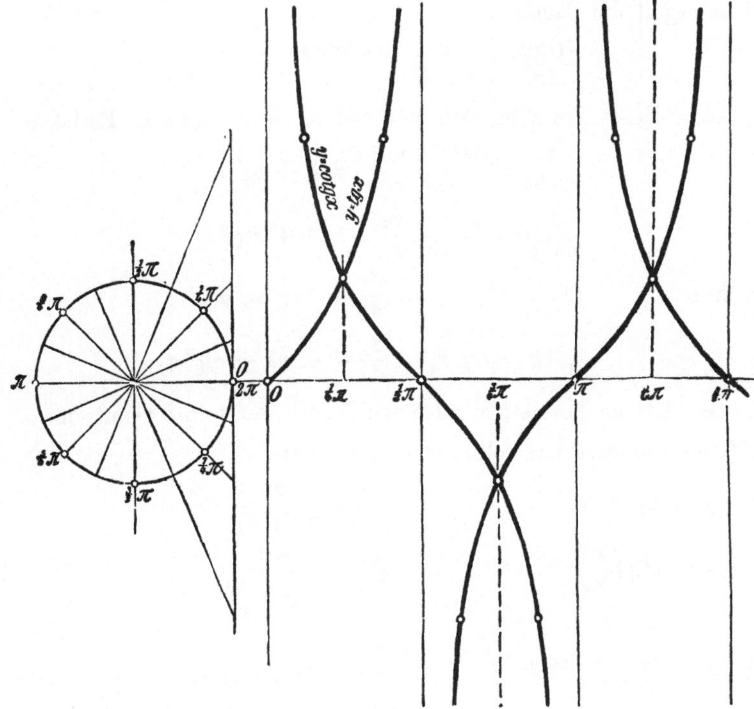

Abb. 74.

wiederholen. Für die Abszissen $\pm \frac{\pi}{2}$, $+\frac{3\pi}{2}$, $\pm \frac{5\pi}{2}$ $\cdots\cdots$ sind die zugehörigen Ordinaten die Asymptoten der Tangenskurve. Die entsprechenden Asymptoten der Cotangenskurve sind die Ordinaten, die zu den Abszissen 0, $\pm \pi$, $\pm 2\pi$ $\cdots\cdots$ gehören.

II. D.Q. von Tangens und Cotangens.

Die Funktionen $y = \operatorname{tg} x$ und $y = \operatorname{ctg} x$ können auf die Funktionen sin und cos zurückgeführt werden. Es ist

$$y = \operatorname{tg} x = \frac{\sin x}{\cos x}.$$

Also
$$\frac{dy}{dx} = \frac{\cos x \cdot \cos x - \sin x \cdot (-\sin x)}{\cos^2 x},$$

$$\frac{dy}{dx} = \frac{\cos^2 x + \sin^2 x}{\cos^2 x} = \frac{1}{\cos^2 x}.$$

Ebenso findet man für
$$y = \operatorname{ctg} x = \frac{\cos x}{\sin x},$$

$$\frac{dy}{dx} = \frac{\sin x \cdot (-\sin x) - \cos x \cdot \cos x}{\sin^2 x},$$

$$\frac{dy}{dx} = -\frac{\sin^2 x + \cos^2 x}{\sin^2 x} = -\frac{1}{\sin^2 x}.$$

Dies ergibt die Regel:
$$\frac{d(\operatorname{tg} x)}{dx} = \frac{1}{\cos^2 x}, \qquad \frac{d(\operatorname{ctg} x)}{dx} = -\frac{1}{\sin^2 x}.$$

Man kann diesen Formeln noch eine andere Gestalt geben. Es ist
$$\frac{1}{\cos^2 x} = \frac{\sin^2 x + \cos^2 x}{\cos^2 x} = 1 + \operatorname{tg}^2 x,$$

$$\frac{1}{\sin^2 x} = \frac{\sin^2 x + \cos^2 x}{\sin^2 x} = 1 + \operatorname{ctg}^2 x;$$

also auch $\qquad$ für $y = \operatorname{tg} x,\qquad \frac{dy}{dx} = 1 + \operatorname{tg}^2 x,$

$\qquad\qquad\qquad\ \ $„ $y = \operatorname{ctg} x,\qquad \frac{dy}{dx} = -(1 + \operatorname{ctg}^2 x).$

Diese letzteren Formeln werden wir jedoch nur selten benutzen.

III. Man differenziere folgende Funktionen:

1. $\quad y = \operatorname{tg}(2x) \qquad\qquad \dfrac{dy}{dx} = \dfrac{2}{\cos^2(2x)}$

2. $\quad y = \operatorname{ctg}\left(\dfrac{x}{2}\right) \qquad\quad \dfrac{dy}{dx} = \dfrac{-1}{2\sin^2\left(\dfrac{x}{2}\right)}$

3. $\quad y = \operatorname{tg} x - \operatorname{ctg} x \qquad \dfrac{dy}{dx} = \dfrac{1}{\sin^2 x \cdot \cos^2 x}$

4. $\quad y = ln(\operatorname{tg} x) \qquad\qquad \dfrac{dy}{dx} = \dfrac{2}{\sin(2x)}$

5. $\quad y = ln\,(\text{ctg}\,x)$ $\qquad\qquad \dfrac{dy}{dx} = \dfrac{-2}{\sin\,(2\,x)}$

6. $\quad y = \text{tg}^2\,x$ $\qquad\qquad \dfrac{dy}{dx} = 2\,\text{tg}\,x \cdot \dfrac{1}{\cos^2 x}$

7. $\quad y = ln\left(\dfrac{1+\text{tg}\,x}{1-\text{tg}\,x}\right)$ $\qquad \dfrac{dy}{dx} = \dfrac{2}{\cos\,(2\,x)}.$

IV. Einer Turbinenanlage fließt das Wasser durch einen Kanal von trapezförmigem Querschnitt und dem Böschungswinkel $\alpha = 60^0$ mit einer Geschwindigkeit $v = 0{,}9$ m/sek zu. Welche Sohlenbreite x muß der Kanal erhalten, wenn der Anlage $Q = 1{,}8$ cbm/sek Wasser zugeführt werden sollen?

Bekanntlich wird die Reibung um so geringer, die zugeführte Wassermenge also um so größer, je kleiner der benetzte Umfang u ist. Nach Abb. 75 ist nun $u = AB + BC + AD$ und da $BC = AD = \dfrac{y}{\sin\alpha}$, wird

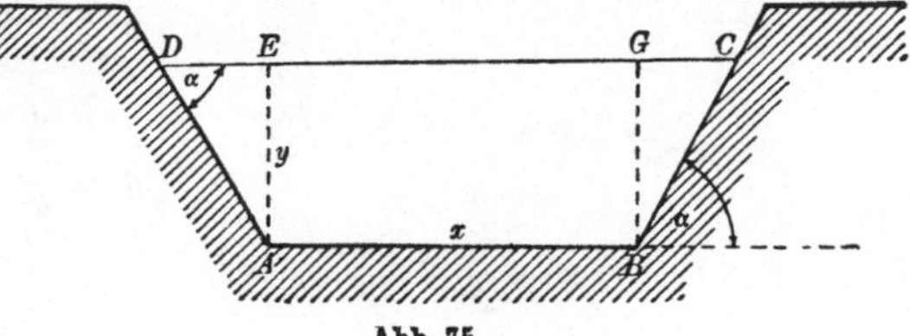

Abb. 75.

$$BC + AD = 2 \cdot \dfrac{y}{\sin\alpha}, \quad \text{also} \quad u = x + \dfrac{2y}{\sin\alpha}.$$

Nun ist der Kanalquerschnitt

$$F = \dfrac{CD+AB}{2} \cdot y$$

und $\qquad CD = AB + DE + CG = AB + 2DE$

oder $\qquad CD = x + 2y\,\text{ctg}\,\alpha.$

$\qquad\qquad$ (Weil $AB = x$ und $DE = y \cdot \text{ctg}\,\alpha$.)

Hieraus folgt

$$F = \dfrac{x + x + 2y\,\text{ctg}\,\alpha}{2} \cdot y = \dfrac{2x + 2y \cdot \text{ctg}\,\alpha}{2} \cdot y$$

$$F = (x + y\,\text{ctg}\,\alpha) \cdot y$$

und $\qquad x = \dfrac{F}{y} - y \cdot \text{ctg}\,\alpha.$

Da nun $\qquad\qquad u = x + \dfrac{2y}{\sin\alpha},$

folgt $\qquad u = \dfrac{F}{y} - y \cdot \text{ctg}\,\alpha + \dfrac{2y}{\sin\alpha} = \dfrac{F}{y} + \left(\dfrac{2-\cos\alpha}{\sin\alpha}\right) y,$

somit $\qquad \dfrac{du}{dy} = -\dfrac{F}{y^2} + \dfrac{2-\cos\alpha}{\sin\alpha} = 0$

und $\qquad \dfrac{d^2u}{dy^2} = \dfrac{2F}{y^3}$ (also wird u ein Minimum).

Aus $\qquad \dfrac{du}{dy} = -\dfrac{F}{y^2} + \dfrac{2-\cos\alpha}{\sin\alpha} = 0$

folgt $\qquad y = \sqrt{\dfrac{F \sin\alpha}{2-\cos\alpha}}.$

Da nach der Aufgabe $\alpha = 60^0$　　und

$$F = \frac{Q}{v} = \frac{1,8}{0,9} = 2 \text{ qm,}$$

folgt　　$$y = \sqrt{\frac{2 \cdot \sin 60^0}{2 - \cos 60^0}} = \sqrt{\frac{2 \cdot 0,86603}{2 - 0,50000}} = 1,075 \text{ m}$$

und beim Einsetzen dieses Wertes in $x = \dfrac{F}{y} - y \cdot \operatorname{ctg} \alpha$ die gesuchte Sohlenbreite $x = 1,241$ m.

V. Hat der Kanal rechteckigen Querschnitt, so ist $\alpha = 90^0$ und nach obiger Ableitung wird die Sohlenbreite $x = 2$ m.

Einfacher gestaltet sich die Lösung letzterer Aufgabe durch die Überlegung, daß der Gefälleverlust z gleich dem Quotienten aus Benetzungsumfang $x + 2y$ und Wasserquerschnitt xy ist. (Abb. 76.)

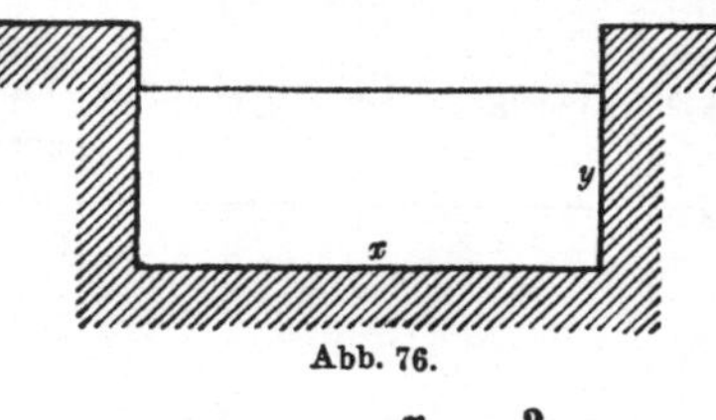

Abb. 76.

Nun folgt aus $F = xy$, daß $y = \dfrac{F}{x}$ ist und

$$z = \frac{x}{F} + \frac{2}{x}.$$

Die Differentiation gibt

$$\frac{dz}{dx} = F^{-1} - 2x^{-2} = 0,$$

$$\frac{d^2z}{dx^2} = \frac{4}{x^3} \text{ (also wird } z \text{ ein Minimum).}$$

Aus　　$$\frac{dz}{dx} = F^{-1} - 2x^{-2} = 0$$

folgt　　$$x = \sqrt{2F} \quad \text{und} \quad y = \tfrac{1}{2}\sqrt{2F},$$

somit　　$$y = \tfrac{1}{2}x.$$

Da nun　　$$F = xy = x \cdot \tfrac{1}{2}x = \frac{x^2}{2} = 2,$$

wird　　$$x = 2 \text{ m} \quad \text{und} \quad y = 1 \text{ m.}$$

§ 34. Die zyklometrischen Funktionen.

I. Es sei ein Bogen $AB = z$ des Einheitskreises (Abb. 77) gegeben. Ist s die zugehörige Sinusstrecke, also

$$s = \text{Sinus des Bogens } z,$$

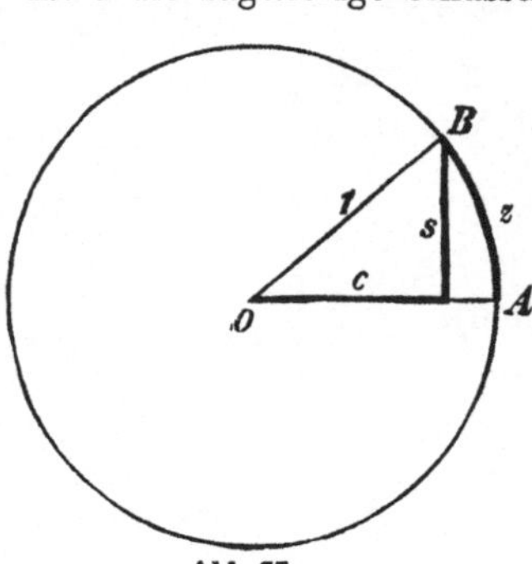

Abb. 77.

dann läßt sich die Beziehung zwischen s und z auch noch auf eine zweite Art ausdrücken:

$$z = \text{Bogen zum Sinus } s,$$

wofür man kürzer schreibt:

$$z = \text{arc sin } s.$$

Ist ebenso c die zu z gehörige Cosinusstrecke, so kann man statt

$$c = \cos z$$

auch schreiben: $z = \text{arc cos } c.$

In ganz entsprechender Weise lassen sich die Bezeichnungen arc tg und arc ctg erklären. Auf diese Weise entstehen die vier „**zyklometrischen**" Funktionen oder **Arcus-Funktionen**:

$$y = \text{arc sin } x, \qquad\qquad y = \text{arc cos } x,$$
$$y = \text{arc tg } x, \qquad\qquad y = \text{arc ctg } x,$$

die die **inversen** Funktionen der vier trigonometrischen

$$y = \sin x, \qquad\qquad y = \cos x,$$
$$y = \text{tg } x, \qquad\qquad y = \text{ctg } x$$

sind. D. h.: Spiegelt man beispielsweise die gewöhnliche Sinuslinie $y = \sin x$ an der Geraden $y = x$, dann ergibt sich die Kurve $x = \sin y$ oder $y = \text{arc sin } x$. Diese Kurve ist also einfach eine um die Y-Achse verlaufende Sinuslinie. Entsprechendes gilt für die drei anderen zyklometrischen Funktionen.

II. Berechne: arc sin $\frac{1}{2}$.

Der Winkel oder Bogen, dessen Sinus gleich $\frac{1}{2}$ ist, ist der Winkel von 30^0 oder der Bogen $\frac{\pi}{6}$ bzw. auch der Winkel von 150^0 oder der Bogen $\frac{5\pi}{6}$, es ist aber leicht zu sehen, daß jeder Winkel oder Bogen, der sich von den beiden genannten um ganzzahlige Vielfache von $360^0 = 2\pi$ unterscheidet, den gleichen Sinus $= \frac{1}{2}$ besitzt.

Daher ist

$$\text{arc sin } \frac{1}{2} = \frac{\pi}{6} \pm n \cdot 2\pi \quad \text{und} \quad = \frac{5\pi}{6} \pm n \cdot 2\pi,$$

arc sin $\frac{1}{2}$ hat also unendlich viele Werte. Ebenso haben arc cos $0{,}6$, arc tg 1, arc ctg 0 nicht nur **einen** bestimmten Wert, sondern unendlich viele Werte. Man nennt daher die zyklometrischen Funktionen „**vieldeutig**".

Oft nennt man denjenigen Wert von arc sin x usw., der, absolut genommen, am kleinsten ist, den **Hauptwert**.

Beispiele:

a) arc sin 1 $= \frac{\pi}{2} \pm n \cdot 2\pi$, Hauptwert $= \frac{\pi}{2}$,

b) arc cos $0{,}5 = \frac{\pi}{3} \pm n \cdot 2\pi$ und $= \frac{5\pi}{3} \pm n \cdot 2\pi$, Hauptwert $= \frac{\pi}{3}$,

c) arc tg 1 $= \frac{\pi}{4} \pm n \cdot \pi$, Hauptwert $= \frac{\pi}{4}$,

d) arc ctg $\sqrt{2} = \frac{\pi}{6} \pm n \cdot \pi$, Hauptwert $= \frac{\pi}{6}$.

III. a) Zeichne die den vier zyklometrischen Funktionen entsprechenden Kurven.

b) Erkläre die Vieldeutigkeit dieser Funktionen an den gezeichneten Kurven.

c) Beweise aus der Erklärung, bzw. mit Hilfe des Einheitskreises, folgende beiden Gleichungen:

$$\left.\begin{array}{l} \text{arc sin } x + \text{arc cos } x = \dfrac{\pi}{2} \\[2ex] \text{arc tg } x + \text{arc ctg } x = \dfrac{\pi}{2} \end{array}\right\} \text{ (für beliebiges } x\text{).}$$

IV. Um unsere vier zyklometrischen Funktionen zu differenzieren, beachten wir, daß wir ja ihre Umkehrungen, die trigonometrischen Funktionen, bereits differenzieren können. Wir erhalten, da

$$y = \text{arc sin } x \text{ gleichbedeutend mit } x = \sin y,$$
$$y = \text{arc cos } x \quad\text{,,}\quad\quad\text{,,}\quad x = \cos y,$$
$$y = \text{arc tg } x \quad\text{,,}\quad\quad\text{,,}\quad x = \text{tg } y,$$
$$y = \text{arc ctg } x \quad\text{,,}\quad\quad\text{,,}\quad x = \text{ctg } y,$$

zunächst die Gleichungen:

$$\frac{dx}{dy} = \cos y = \sqrt{1 - \sin^2 y} = \sqrt{1 - x^2},$$
$$\frac{dx}{dy} = -\sin y = -\sqrt{1 - \cos^2 y} = -\sqrt{1 - x^2},$$
$$\frac{dx}{dy} = \frac{1}{\cos^2 y} = 1 + \text{tg}^2 y = 1 + x^2,$$
$$\frac{dx}{dy} = -\frac{1}{\sin^2 y} = -(1 + \text{ctg}^2 y) = -(1 + x^2).$$

Bilden wir endlich die reziproken Werte, so ergeben sich folgende Formeln:

$$y = \text{arc sin } x, \qquad \frac{dy}{dx} = \frac{1}{\sqrt{1-x^2}},$$
$$y = \text{arc cos } x, \qquad \frac{dy}{dx} = -\frac{1}{\sqrt{1-x^2}},$$
$$y = \text{arc tg } x, \qquad \frac{dy}{dx} = \frac{1}{1+x^2},$$
$$y = \text{arc ctg } x, \qquad \frac{dy}{dx} = -\frac{1}{1+x^2}.$$

V. Anschauliche Ableitung von $\dfrac{d\,(\text{arc sin } x)}{dx} = \dfrac{1}{\sqrt{1-x^2}}$.

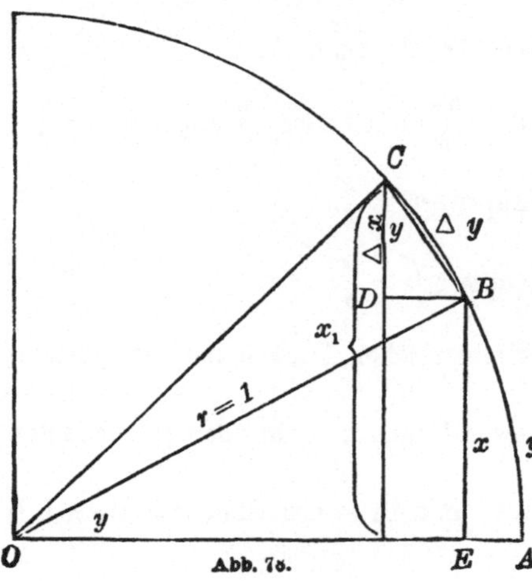

In Abb. 78 ist im Dreieck BCD $\cos y = \dfrac{\varDelta x}{\varDelta y}$, also auch entsprechend beim Übergang zum D.Q. $\dfrac{dx}{dy} = \cos y$ und $\dfrac{dy}{dx} = \dfrac{1}{\cos y}$.

Im Dreieck BEO ist aber $\cos y = \dfrac{OE}{OB}$ und da $OE = \sqrt{OB^2 - x^2}$ und $OB = r = 1$, folgt $\cos y = \sqrt{1 - x^2}$, also $\dfrac{dy}{dx} = \dfrac{1}{\sqrt{1-x^2}}$ oder da $y = \text{arc sin } x$

$$\frac{d\,(\text{arc sin } x)}{dx} = \frac{1}{\sqrt{1-x^2}}$$

VI. Differenziere:

1. $y = \text{arc sin}\,(4x)$ $\qquad\qquad$ $\dfrac{dy}{dx} = \dfrac{4}{\sqrt{1 - 16\,x^2}}$

2. $y = \text{arc cos}\,(5x)$ $\qquad\qquad$ $\dfrac{dy}{dx} = \dfrac{-5}{\sqrt{1 - 25\,x^2}}$

3. $y = \text{arc tg}\,(7x)$ $\qquad\qquad$ $\dfrac{dy}{dx} = \dfrac{7}{1 + 49\,x^2}$

4. $y = \text{arc ctg}\,(2x)$ $\qquad\qquad$ $\dfrac{dy}{dx} = \dfrac{-2}{1 + 4\,x^2}$

5. $y = \text{arc sin}\,(1 - x)$ $\qquad\qquad$ $\dfrac{dy}{dx} = \dfrac{-1}{\sqrt{2x - x^2}}$

6. $y = \text{arc ctg}\,(1 - x)$ $\qquad\qquad$ $\dfrac{dy}{dx} = \dfrac{1}{2 - 2x + x^2}$

7. $y = \text{arc cos}\left(\dfrac{1}{x}\right)$ $\qquad\qquad$ $\dfrac{dy}{dx} = \dfrac{1}{x\,\sqrt{x^2 - 1}}$

8. $y = \text{arc ctg}\left(\dfrac{1}{x}\right)$ $\qquad\qquad$ $\dfrac{dy}{dx} = \dfrac{1}{1 + x^2}$

9. $y = \text{arc sin}\,\sqrt{1 - x^2}$ $\qquad\qquad$ $\dfrac{dy}{dx} = -\dfrac{1}{\sqrt{1 - x^2}}$

10. $y = \text{arc tg}\,\sqrt{x}$ $\qquad\qquad$ $\dfrac{dy}{dx} = \dfrac{1}{2\,(1 + x)\,\sqrt{x}}$

11. $y = \text{arc sin}\,\dfrac{x}{\sqrt{1 + x^2}}$ $\qquad\qquad$ $\dfrac{dy}{dx} = \dfrac{1}{1 + x^2}$

12. $y = x \cdot \text{arc tg}\,x - ln\left(\sqrt{1 + x^2}\right)$ $\qquad\qquad$ $\dfrac{dy}{dx} = \text{arc tg}\,x$

13. $y = x \cdot \text{arc sin}\,x + \sqrt{1 - x^2}$ $\qquad\qquad$ $\dfrac{dy}{dx} = \text{arc sin}\,x$

14. $y = x \cdot \sqrt{1 - x^2} + \text{arc sin}\,x$ $\qquad\qquad$ $\dfrac{dy}{dx} = 2\,\sqrt{1 - x^2}\,.$

§ 35. Die Krümmung der Kurven.

I. Ein kleines Teilchen eines Kreisbogens läßt sich so auf dem Kreisumfang verschieben, daß es in jeder Lage mit allen seinen Punkten auf dem Kreise liegt; man sagt, der Kreis habe überall die gleiche „Krümmung"; betrachten wir aber eine beliebige Kurve, so ist es nicht möglich, ein Teilchen derselben in obiger Weise zu verschieben; die einzelnen Teilchen der Kurve haben verschiedene „Krümmung". Zwei Kreise von ungleichem Radius haben auch ungleiche Krümmung; man sagt, der kleinere Kreis habe die größere, der größere Kreis die kleinere „Krümmung".

Um das Wesen dieser Krümmung schärfer zu erfassen, machen wir folgende Betrachtung.

Durchläuft ein Punkt den Kreisumfang (Abb. 78a) von P bis P_1, dann ändert sich auch die Tangentenrichtung von τ bis τ_1. Die Zunahme des Tangentenwinkels ist $\tau_1 - \tau = \varDelta\tau$. Wir nennen nun das Verhältnis

$$\frac{\varDelta\tau}{\text{Bogen } PP_1} = K$$

die zum Bogen PP_1 gehörige „Krümmung".

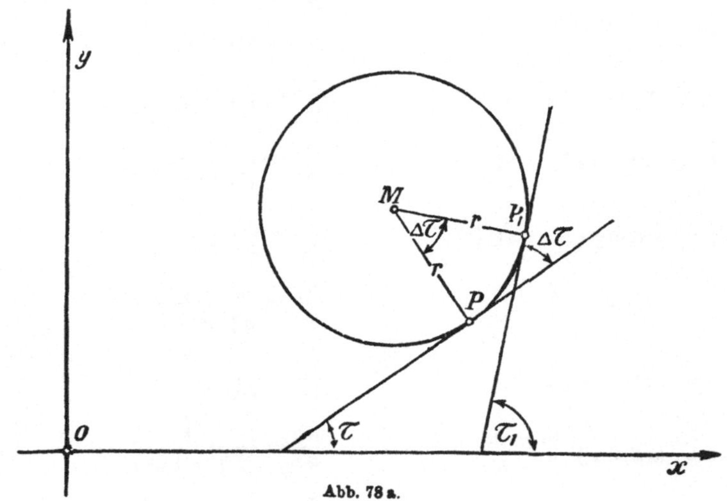

Abb. 78 a.

Nun ist aber $\qquad$ Bogen $PP_1 = r \cdot \varDelta\tau$,

wenn $\varDelta\tau$ im Bogenmaß ausgedrückt ist; daher wird

$$\text{Krümmung } K = \frac{\varDelta\tau}{r \cdot \varDelta\tau} = \frac{1}{r},$$

d. h. die Krümmung eines Kreises ist unabhängig von der Größe des Bogens PP_1; sie ist stets gleich dem reziproken Wert des Radius.

Eine gerade Linie hat die Krümmung 0. (Warum?)

II. Es sei nun eine beliebige Kurve gegeben (Abb. 79). Unter der

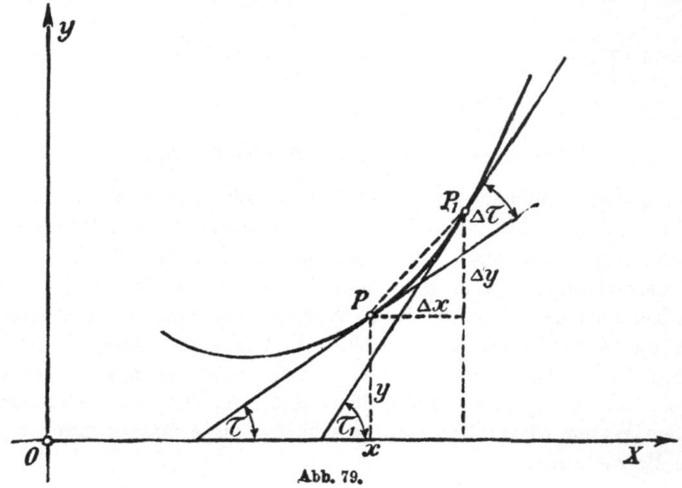

Abb. 79.

„zum Kurvenbogen PP_1 gehörigen Krümmung K" verstehen wir wieder das Verhältnis

$$K = \frac{\Delta\tau}{\text{Kurvenbogen } PP_1} = \frac{\Delta\tau}{\text{Sehne } PP_1} \cdot \frac{\text{Sehne } PP_1}{\text{Kurvenbogen } PP_1},$$

wofür wir schreiben können

$$K = \frac{\Delta\tau}{\sqrt{\Delta x^2 + \Delta y^2}} \cdot \frac{\text{Sehne } PP_1}{\text{Kurvenbogen } PP_1}$$

oder

$$K = \frac{\dfrac{\Delta\tau}{\Delta x}}{\sqrt{1+\left(\dfrac{\Delta y}{\Delta x}\right)^2}} \cdot \frac{\text{Sehne } PP_1}{\text{Kurvenbogen } PP_1}.$$

Halten wir nun P fest und lassen P_1 immer mehr auf P zurücken, dann werden Sehne und Kurvenbogen PP_1, sowie die Größen Δx, Δy und $\Delta\tau$ sich immer mehr verkleinern; die Krümmung K geht hierbei einem Grenzwert entgegen, den wir als „Krümmung der Kurve im Punkt P" bezeichnen. Die Differenzenquotienten $\frac{\Delta y}{\Delta x}$ und $\frac{\Delta\tau}{\Delta x}$ gehen in die entsprechenden D.Q. $\frac{dy}{dx}$ und $\frac{d\tau}{dx}$ über; der Quotient $\frac{\text{Sehne } PP_1}{\text{Kurvenb. } PP_1}$ nimmt nach § 20 V den Wert 1 an. Als Krümmung K für den Punkt P erhalten wir durch den beschriebenen Grenzübergang:

$$K = \frac{\dfrac{d\tau}{dx}}{\sqrt{1+\left(\dfrac{dy}{dx}\right)^2}}.$$

III. Dem gefundenen Wert kann man durch eine kleine Rechnung eine brauchbare Form geben. Der Zähler $\frac{d\tau}{dx}$ ist ein D.Q., und zwar derjenige von τ, wenn τ als Funktion von x betrachtet wird.

Nun war
$$\operatorname{tg} \tau = \frac{dy}{dx};$$

also ist
$$\tau = \operatorname{arc\,tg} \left(\frac{dy}{dx}\right).$$

Da gemäß der Kurvengleichung y eine Funktion von x ist, so ist auch der D.Q. $\frac{dy}{dx}$ irgendeine Funktion von x, und endlich ist auch τ die Funktion (arc tg) einer Funktion von x. Wenn wir also nach der Regel über mittelbare Funktionen differenzieren, so erhalten wir

$$\frac{d\tau}{dx} = \frac{1}{1+\left(\dfrac{dy}{dx}\right)^2} \cdot \left[\text{D.Q. von } \frac{dy}{dx}\right],$$

oder
$$\frac{d\tau}{dx} = \frac{1}{1+\left(\dfrac{dy}{dx}\right)^2} \cdot \frac{d^2 y}{dx^2}.$$

Tragen wir diesen Wert in die Formel für K ein, so erhalten wir

$$K = \frac{\dfrac{d^2 y}{d x^2}}{\left[1 + \left(\dfrac{d y}{d x}\right)^2\right]^{\frac{3}{2}}};$$

oder
$$K = \frac{y''}{(1 + y'^2)^{\frac{3}{2}}} \qquad \left(\frac{d y}{d x} = y'; \ \frac{d^2 y}{d x^2} = y''\right).$$

Die Krümmung K hängt also vom I. und II. D.Q. der Funktion ab.

IV. Den reziproken Wert von K, wir wollen ihn ϱ nennen, bezeichnet man als **Krümmungsradius** für den Punkt P (Abb. 80).

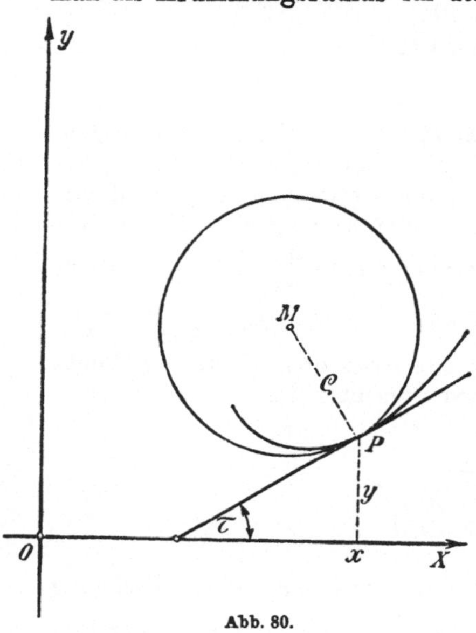

Abb. 80.

Denken wir uns nämlich das sehr kleine Kurvenstück PP_1 als Kreisbogen, so ist sein Radius, da PP_1 die Krümmung K besitzt, nach der in I. dieses Paragraphen gegebenen Erklärung gleich, $\dfrac{1}{K}$ also gleich ϱ.

Trägt man $\varrho = \dfrac{1}{K}$ auf der konkaven Seite der Kurve senkrecht zur Tangente auf, so daß also $PM = \varrho$ wird, dann heißt M der zu P gehörige **Krümmungsmittelpunkt.**

Der Kreis um M mit Radius ϱ heißt der **Krümmungskreis** des Punktes P.

V. a) Für den Krümmungsradius ϱ haben wir die Formel:
$$\varrho = \frac{[1 + y'^2]^{\frac{3}{2}}}{y''}.$$

b) Für einen Kurvenpunkt, dessen Tangente der X-Achse parallel läuft, ist $y' = 0$, also:
$$\varrho = \frac{1}{y''}.$$

c) Im Fall eines Wendepunktes, wenn also $y'' = 0$ ist, wird ϱ unendlich groß. (Deutung?)

d) Zeichnet man zu allen Punkten einer Kurve die zugehörigen Krümmungsmittelpunkte, so werden diese sich wieder zu einer Kurve ordnen, die als **Evolute** der ersten Kurve bezeichnet wird. Die erste Kurve heißt dann **Evolvente** der zweiten.

e) Wie groß ist der Krümmungsradius der Parabel $y = a x^2$; welchen Wert nimmt er für den Scheitel an?

$$y = a x^2, \quad y' = 2 a x, \quad y'' = 2 a, \quad \varrho = \frac{(1 + 4 a^2 x^2)^{\frac{3}{2}}}{2 a}.$$

Für den Scheitel wird $x = 0$, also $\varrho = \dfrac{1}{2 a}.$

f) Für die Parabelgleichung $y^2 = 2 p x$ oder $y = \sqrt{2 p} \cdot x^{\frac{1}{2}}$ erhält man
$$\varrho = \sqrt{\frac{(2 x + p)^3}{p}}, \text{ also für } x = 0 \text{ den Wert } \varrho = p.$$

g) Wie groß ist die Krümmung in den Scheiteln der Ellipse $\dfrac{x^2}{a^2}+\dfrac{y^2}{b^2}=1$?

$$\left(\varrho_1 = \frac{b^2}{a},\; \varrho_2 = \frac{a^2}{b},\; \text{zeichne hiernach die 4 Krümmungskreise!}\right)$$

h) Bestimme den Krümmungsradius für die Maximumpunkte der Sinuslinie $y = \sin x$!

$$(\varrho = 1,\; \text{vom Vorzeichen wird abgesehen.})$$

i) Wie groß ist der Krümmungsradius im Scheitel der Hyperbel $xy = a$?

$$\left(\varrho = \frac{(a^2+x^4)^{\frac{3}{2}}}{2\,a\,x^3},\; \text{für den Scheitel wird } x = \sqrt{a},\; \varrho = \sqrt{2\,a}.\right)$$

k) In der Festigkeitslehre wird für die Biegung belasteter Balken die Formel benutzt:

$$M = \frac{E \cdot J}{\varrho},$$

worin E den Elastizitätsmodul, M das Biegungsmoment im Abstand x vom einen Ende, J das Trägheitsmoment des Balkenquerschnitts und ϱ den Krümmungsradius der neutralen Faser bezeichnet.

Bei geringer Durchbiegung kann in

$$\varrho = \frac{(1+y'^2)^{\frac{3}{2}}}{y''}$$

$y' = \operatorname{tg} \tau$ nur einen sehr kleinen Wert haben; man vernachlässigt daher y'^2 und schreibt:

$$M = E \cdot J \cdot \frac{d^2 y}{d x^2}.$$

VII. Integralrechnung.

§ 36. Differential und Integral einer Funktion.

I. Der D.Q. von $\qquad\qquad y = x^4$

ist bekanntlich $\qquad\qquad \dfrac{dy}{dx} = 4 x^3;$

führt man in diese Gleichung für y seinen eigentlichen Wert $y = x^4$ ein, so kommt man, wie früher gezeigt, zu einer etwas anderen, aber sehr bequemen Ausdrucksweise:

$$\frac{d\,(x^4)}{d x} = 4 x^3,$$

wofür man auch schreiben kann

$$dy = 4 x^3 \cdot dx \quad \text{oder} \quad d(x^4) = 4 x^3 \cdot dx,$$

d. h. **man verfährt mit den Zeichen dx und dy oder $d(x^4)$ gerade so, als ob dies endliche Größen wären.** Ein solches Verfahren ist vom streng mathematischen Standpunkte aus eigentlich nicht erlaubt; denn das Zeichen $\dfrac{dy}{dx}$ ist kein eigentlicher Bruch mit dem Zähler dy und dem Nenner dx, sondern **ein einheitliches Zeichen** für den vollzogenen Grenzübergang

$$\frac{dy}{dx} = \lim_{\Delta x = 0} \frac{\Delta y}{\Delta x}.$$

Will man sich also dieser bequemen Schreibweise bedienen, so muß man sich darüber klar sein, daß sie nur dann eine bestimmte Bedeutung gewinnt, wenn man wieder die strenge Schreibweise $\frac{dy}{dx}$ herstellt.

In den Anwendungen auf Geometrie, Physik und Technik findet man aber oft von vornherein statt der endlichen Größen Δx und Δy die Zeichen dx und dy benutzt, nämlich dann, wenn man die Absicht hat, später von $\frac{dy}{dx}$ durch den bekannten Grenzübergang auf $\frac{dy}{dx}$ oder von der endlichen Summe $\sum\limits_{a}^{b} y \cdot \Delta x$ auf den Grenzwert $\int\limits_{a}^{b} y\, dx$ zu kommen. Derartig **unstrenge** Ableitungen sind oft sehr kurz und daher zweckmäßig. Jedoch muß man sich dabei immer bewußt sein, daß es keine eigentlichen, sondern nur **„symbolische"** (scheinbare) Rechnungen sind, die man hierbei ausführt, und daß erst die **am Schluß der Rechnung** auftretenden Größen

$$\frac{dy}{dx} \quad \text{und} \quad \int\limits_{a}^{b} y\, dx$$

wieder eine bestimmte Bedeutung haben.

Wendet man nun die oben gelehrte symbolische Schreibweise auf die allgemeine Funktion
$$y = f(x)$$
an, so erhält man
$$dy = f'(x)\, dx$$
oder
$$df(x) = f'(x) \cdot dx.$$

Man nennt dann dx das **„Differential von x"**; $df(x)$ das **„Differential von $f(x)$"** und sagt:

Das Differential einer Funktion $f(x)$ wird gefunden, indem man den D.Q. derselben, $f'(x)$, mit dem Differential der unabhängigen Veränderlichen (dx) multipliziert.

II. Unsere bisher gefundenen Differentiationsformeln können hiernach in folgender Weise geschrieben werden:

$$
\begin{aligned}
&\text{1.} \quad d\,x^n \quad &&= \quad n\,x^{n-1} \cdot dx; \\[2mm]
&\text{2.} \quad d\,ln(x) \quad &&= \quad \frac{1}{x} \cdot dx; \\[2mm]
&\text{3.} \quad d\,a^x \quad &&= \quad a^x \cdot ln(a) \cdot dx; \\[2mm]
&\text{4.} \quad d\,e^x \quad &&= \quad e^x \cdot dx; \\[2mm]
&\text{5.} \quad d \sin x \quad &&= \quad \cos x \cdot dx; \\[2mm]
&\text{6.} \quad d \cos x \quad &&= \quad -\sin x \cdot dx; \\[2mm]
&\text{7.} \quad d \operatorname{tg} x \quad &&= \quad \frac{1}{\cos^2 x} \cdot dx; \\[2mm]
&\text{8.} \quad d \operatorname{ctg} x \quad &&= \quad -\frac{1}{\sin^2 x} \cdot dx;
\end{aligned}
$$

$$9. \quad d \arcsin x = \frac{1}{\sqrt{1 - x^2}} \cdot dx;$$

$$10. \quad d \arccos x = - \frac{1}{\sqrt{1 - x^2}} \cdot dx;$$

$$11. \quad d \operatorname{arc} \operatorname{tg} x = \frac{1}{1 + x^2} \cdot dx;$$

$$12. \quad d \operatorname{arc} \operatorname{ctg} x = - \frac{1}{1 + x^2} \cdot dx.$$

III. Als Aufgabe der Differentialrechnung kann nun betrachtet werden: **Zu einer beliebigen Funktion $f(x)$ das zugehörige Differential aufzufinden.** Wir sind nach dem Bisherigen imstande, diese Aufgabe für die elementaren Funktionen und ihre einfachen Zusammensetzungen zu lösen.

Wir wollen nun aber die umgekehrte Aufgabe in Angriff nehmen. Es sei z. B. das Differential $10 x^9 \cdot dx$ gegeben und wir fragen: Wie heißt die Funktion, die man differenzieren muß, um $10 x^9\, dx$ zu erhalten? Die Antwort lautet: x^{10}. Wir können daher x^{10} als die ursprüngliche Funktion zu dem Differential $10 x^9 dx$ bezeichnen.

Wir schreiben: $\qquad\qquad x^{10} = \int 10 x^9 dx.$

(Gelesen: x^{10} ist die ursprüngliche Funktion zu $10 x^9 dx$ oder
x^{10} ist das Integral von $10 x^9 dx$.)

Nach dieser Erklärung bedeutet das Zeichen $\int$ und das Wort „**Integral**" soviel wie „**Ursprüngliche Funktion**".

Man erkennt sofort, daß aus jeder Formel der Differentialrechnung sich durch Umkehrung eine Integralformel herstellen läßt. Z. B.:

$$\text{Aus } d \ln(x) = \frac{1}{x} \cdot dx \text{ folgt: } \int \frac{1}{x}\, dx \cdot = \ln(x) + C;$$

$$\text{„} \quad d \sin x = \cos x \cdot dx \quad \text{„} \quad \int \cos x\, dx = \sin x + C \text{ usw.}$$

Es lassen sich nun leicht die folgenden vielgebrauchten Formeln aufstellen und durch Differenzieren als richtig erweisen.

$$\text{I.} \int x^n dx = \frac{1}{n + 1} \cdot x^{n+1} + C \text{ (jedoch unbrauchbar für } n = -1),$$

$$\text{II.} \int \frac{dx}{x} = \ln(x) + C,$$

$$\text{III.} \int a^x dx = \frac{1}{\ln(a)} \cdot a^x + C,$$

$$\text{IV.} \int e^x dx = e^x + C,$$

$$\text{V.} \int \sin x\, dx = - \cos x + C,$$

$$\text{VI.} \int \cos x\, dx = \sin x + C,$$

$$\text{VII.} \int \frac{dx}{\sqrt{1 - x^2}} = \arcsin x + C,$$

$$\text{VIII.} \int \frac{dx}{1 + x^2} = \operatorname{arc} \operatorname{tg} x + C.$$

a) Die überall angefügte Größe C ist eine beliebige Konstante; sie heißt die **Integrationskonstante.** Warum muß hier eine solche beliebige Konstante beigefügt werden?

b) Der Ausdruck: $\int 4x^3 dx = x^4 + C$ ist, da C eine ganz beliebige Konstante ist, noch unbestimmt; man nennt ihn und ebenso alle in obigen Formeln enthaltenen Integrale ein **unbestimmtes Integral.**

c) Man überzeuge sich durch Einsetzen von $n = -1$ in die Formel I, daß diese Formel unbrauchbar wird; was dient als Ersatz für diesen Fall?

d) Die Integrale VII und VIII lassen sich auch auf eine zweite Art berechnen:

$$\int \frac{dx}{\sqrt{1-x^2}} = - \arccos x + C, \qquad \int \frac{dx}{1+x^2} = - \operatorname{arc\,ctg} x + C.$$

Zur Erklärung beachte die Formeln § 34 IIIc.

e) Es ist $\int 10 \cdot \cos x\, dx = 10 \cdot \int \cos x\, dx,$

$$\int 2 \cdot x^5 dx \ = \ 2 \cdot \int x^5 dx \ \text{usw.}$$

Zeige die Richtigkeit dieser Gleichungen und sprich den Satz in Worten aus!

f) Welchen Wert haben $\int \dfrac{dx}{\cos^2 x}$ und $\int \dfrac{dx}{\sin^2 x}$?

$$\int \frac{dx}{\cos^2 x} = \operatorname{tg} x + C, \quad \int \frac{dx}{\sin^2 x} = - \operatorname{ctg} x + C.$$

IV. Das von der Kurve $y = f(x)$, der X-Achse, einer beliebigen Ordinate m und der Ordinate y des Punktes x eingeschlossene Flächenstück soll berechnet werden. (Abb. 81.)

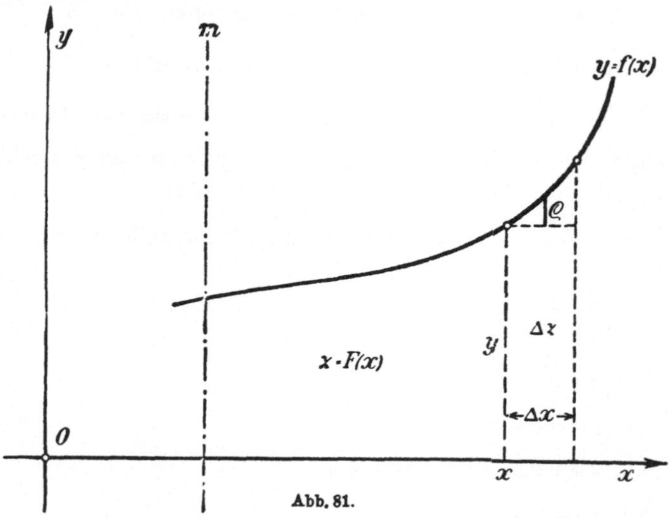

Abb. 81.

Der Inhalt dieses Flächenstücks ist eine noch unbekannte Funktion von x und soll daher durch $z = F(x)$ bezeichnet werden. Ähnlich wie in § 9 II erhalten wir $\Delta z = y \cdot \Delta x + \varrho \cdot \Delta x$

oder $\dfrac{\Delta z}{\Delta x} = y + \varrho.$

Lassen wir $\varDelta x$ und damit auch ϱ sich unbegrenzt der Null nähern, so erhalten wir

$$\frac{dz}{dx} = y$$

oder

$$\frac{dz}{dx} = f(x),$$

d. h. z oder $F(x)$ ist diejenige Funktion, die differenziert $f(x)$ gibt, also

$$F(x) = \int f(x)\,dx$$

Das unbestimmte Integral

$$\int f(x)\,dx$$

bedeutet also geometrisch eine Fläche, und zwar diejenige Fläche, die durch die Kurve $y = f(x)$ und die X-Achse, sowie durch die **beliebige** Ordinate m und die **bestimmte** Ordinate des Punktes x begrenzt wird.

Die so gekennzeichnete Fläche ist insofern nicht scharf begrenzt, als die Ordinate m ja noch **ganz beliebig** ist. Darum drückt sich die noch unbestimmte Fläche auch durch eine unbestimmte Größe, nämlich durch $\int f(x)\,dx$ aus.

V. Das von der Kurve $y = f(x)$, der X-Achse, sowie den beiden festen in a und b errichteten Ordinaten begrenzte Flächenstück ist zu berechnen.

Dieses Flächenstück F stellt sich jetzt wie in § 9 II als Differenz zweier Flächen dar. (Abb. 82.) $\qquad F = F(b) - F(a).$

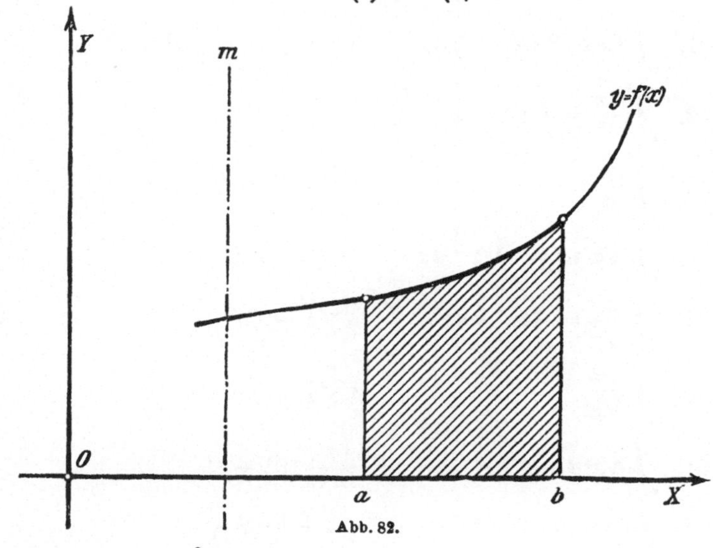

Abb. 82.

Nun ist $F(x) = \int f(x)\,dx$;

$$F(a) = \int f(x)\,dx, \text{ für } x = a;$$

$$F(b) = \int f(x)\,dx, \quad „ \quad x = b;$$

somit $\qquad F = \int\limits_{x=b} f(x)\,dx - \int\limits_{x=a} f(x)\,dx,$

d. h. man hat zunächst das unbestimmte Integral $\int f(x)dx$ zu berechnen und dann in dem Ergebnis für x erst den Weit b, dann den Wert a zu setzen; endlich sind die so gewonnenen Ergebnisse zu subtrahieren. Der Ausdruck

$$\int\limits_{x=b} f(x)dx - \int\limits_{x=a} f(x)dx$$

heißt ein **bestimmtes Integral** und wird durch

$$\int\limits_{a}^{b} f(x)dx$$

abgekürzt (gelesen: Bestimmtes Integral von $f(x)dx$ in den Grenzen von a bis b).

Z. B. $\int\limits_{1}^{3}(3x^2 + 1)\,dx = ?$

$$\int (3x^2 + 1)\,dx = x^3 + x + C$$

$$\int\limits_{1}^{3}(3x^2 + 1)\,dx = \mid x^3 + x + C \mid_{1}^{3} = (30 + C) - (2 + C) = 28.$$

Der Name: bestimmtes Integral ist gerechtfertigt, weil bei der Subtraktion die unbestimmte Konstante C wieder fortfällt.

§ 37. Übungsaufgaben und Anwendungen.

I. 1. $\int(\alpha + \beta x + \gamma x^2)\,dx$ $\alpha x + \dfrac{\beta}{2}x^2 + \dfrac{\gamma}{3}x^3 + C$

2. $\int\dfrac{dx}{x^2} = \int x^{-2}\,dx$ $-\dfrac{1}{x} + C$

3. $\int\dfrac{a}{x}\,dx$ $a \cdot \ln(x) + C$

4. $\int\sqrt{x}\,dx = \int x^{\frac{1}{2}}\,dx$ $\frac{2}{3} \cdot \sqrt{x^3} + C$

5   $\int\dfrac{dx}{\sqrt{x}} = \int x^{-\frac{1}{2}}\,dx$ $2\sqrt{x} + C$

6. $\int\dfrac{dx}{\sqrt[3]{x^2}}$ $3\sqrt[3]{x} + C$

7. $\int 10^x\,dx$ $\dfrac{1}{\ln 10}10^x + C$

8. $\int(a + b \cdot e^x)\,dx$ $ax + b \cdot e^x + C$

9. $\int(m \cdot \sin x + n \cdot \cos x)\,dx$ $n \cdot \sin x - m\cos x + C$

10. $\int a^x \cdot b^x\,dx$ $\dfrac{1}{\ln(ab)} \cdot (ab)^x + C$

11. $\int\dfrac{dx}{\sqrt{1+x} \cdot \sqrt{1-x}}$ $\arcsin x + C$

12. $\displaystyle\int \frac{a^2}{1+x^2}\cdot dx$ $\qquad\qquad a^2\cdot \operatorname{arc\,tg} x + C$

13. $\displaystyle\int \frac{dx}{1-\sin^2 x}$ $\qquad\qquad \operatorname{tg} x + C$

14. $\displaystyle\int \frac{dx}{\cos x\cdot\sqrt{1-\sin^2 x}}$ $\qquad\quad \operatorname{tg} x + C$

15. $\displaystyle\int x^{\frac{m}{n}}dx$ $\qquad\qquad \dfrac{n}{m+n}\cdot x^{\frac{m+n}{n}} + C.$

II. Zur besseren Erläuterung der Beziehungen zwischen der Funktion $f(x)$ und ihrem Integral $\int f(x)dx$ werden beide graphisch dargestellt. Abb. 83 zeigt die Funktionskurve $y=\frac14 x^3$ und die Integralkurve

$$F = \int_0^x \tfrac14 x^3\cdot dx = \left[\frac{x^4}{16}\right] = \tfrac{1}{16}x^4.$$

(Für diese Kurve $F=\tfrac{1}{16}x^4$ ist diejenige von $y=\tfrac14 x^3$ umgekehrt die Differentialkurve.) Nehmen wir nun auf der X-Achse irgendeinen beliebigen Punkt mit der Abszisse x an, so muß die zugehörige Ordinate der Kurve $F=\tfrac{1}{16}x^4$ ebenso viele Längeneinheiten haben, wie die Fläche, die von der Kurve $y=\tfrac14 x^3$, der X-Achse und der zur Abszisse x gehörigen Ordinate eingeschlossen ist, Flächeneinheiten besitzt.

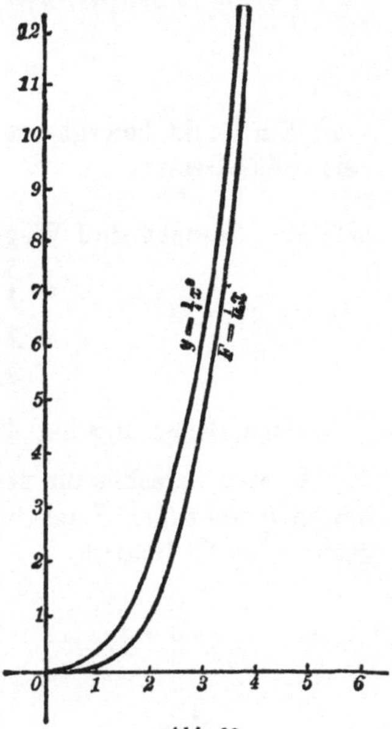

III. a) Ein Punkt bewegt sich auf einer geraden Linie so, daß seine Beschleunigung konstant $= b \dfrac{\mathrm{m}}{\mathrm{sek}^2}$ ist. Zu Beginn der Bewegung hat er vom Nullpunkt der Geraden den Abstand s_0 und die Geschwindigkeit v_0.

Abb. 83.

Wie groß sind Geschwindigkeit und Abstand vom Nullpunkt nach der t-ten Sekunde?

$$\frac{dv}{dt} = b;\; dv = b\cdot dt;$$

$$v = \int b\cdot dt = b\cdot t + C_1;$$

v ist aber gleich $\dfrac{ds}{dt}$, somit $\dfrac{ds}{dt} = bt + C_1$, $ds = (bt + C_1)\, dt$,

$$s = \int (bt + C_1)\, dt = \tfrac12 bt^2 + C_1 t + C_2.$$

Zur Bestimmung der Integrationskonstanten C_1 und C_2 benutzen wir die Anfangsbedingungen.

Für $t=0$ ist $v=v_0$, also $b\cdot 0 + C_1 = v_0$, $C_1 = v_0$,

$s=s_0$, also $\tfrac12 b\cdot 0 + C_1\cdot 0 + C_2 = s_0$, $C_2 = s_0$.

Die Weg-Zeit-Gleichung lautet also:

$$s = \tfrac{1}{2} b t^2 + v_0 t + s_0.$$

Die Geschwindigkeit nach der t-ten Sekunde ist:

$$v = b \cdot t + v_0.$$

b) Ein im Nullpunkt befindlicher Punkt bewegt sich ohne Anfangsgeschwindigkeit so auf der Geraden weiter, daß seine Beschleunigung proportional der Zeit ist. Wie groß ist die Geschwindigkeit und der zurückgelegte Weg nach t Sekunden?

$$\frac{d^2 s}{d t^2} = k \cdot t, \qquad (k = \text{Konstante})$$

$$v = \frac{d s}{d t} = \frac{k}{2} \cdot t^2,$$

$$s = \frac{k}{6} \cdot t^3.$$

c) Ein Punkt bewegt sich so auf einer Geraden, daß seine Geschwindigkeit v das Gesetz

$$v = k \cdot \sqrt{t} \qquad (k = \text{Konstante})$$

befolgt. Gesucht sind Weg und Beschleunigung nach t Sekunden.

$$s = \int k \cdot \sqrt{t}\, dt = \tfrac{2}{3} k \cdot \sqrt{t^3} + C;$$

$$b = \frac{d v}{d t} = \frac{k}{2 \sqrt{t}}.$$

Welche Bedeutung hat die Konstante C?

III. Man berechne die nachstehenden bestimmten Integrale und zeichne die entsprechenden Flächeninhalte, bzw. die zugehörigen Kurven und begrenzenden Ordinaten.

1. $\displaystyle\int_1^4 \sqrt{x}\, d x$ $\qquad$ $4\tfrac{2}{3}$ Flächeneinheiten

2. $\displaystyle\int_2^6 \frac{d x}{x}$ $\qquad$ $ln(3) = 1{,}0987$

3. $\displaystyle\int_a^b \frac{d x}{x^2}$ $\qquad$ $\dfrac{1}{a} - \dfrac{1}{b}$

4. $\displaystyle\int_4^9 \frac{d x}{\sqrt{x}}$ $\qquad$ 2 Flächeneinheiten

5. $\displaystyle\int_1^8 \frac{d x}{\sqrt[3]{x}}$ $\qquad$ $4{,}5$

6. $\displaystyle\int_0^1 e^x d x$ $\qquad$ $e - 1$

7. $\quad \displaystyle\int\limits_0^1 \frac{dx}{\sqrt{1-x^2}} \qquad \frac{\pi}{2}$

8. $\quad \displaystyle\int\limits_{\frac{1}{2}}^1 \frac{dx}{\sqrt{1-x^2}} \qquad \frac{\pi}{3}$

9. $\quad \displaystyle\int\limits_0^1 \frac{dx}{1+x^2} \qquad \frac{\pi}{4}$

10. $\quad \displaystyle\int\limits_0^\infty \frac{dx}{1+x^2} \qquad \frac{\pi}{2}.$

IV. a) Welchen Flächeninhalt hat ein Bogen der Sinuslinie?

$$\int\limits_0^\pi \sin x\, dx = \left[-\cos x \,\right|_0^\pi = 1 - (-1) = 2.$$

b) Welchen Flächeninhalt hat der Abschnitt der Parabel $y^2 = 2\,p\,x$, der von den Koordinaten a und b eines Parabelpunktes begrenzt wird?

$$\int\limits_0^a \sqrt{2\,p\,x}\, dx = \sqrt{2\,p} \cdot \int\limits_0^a \sqrt{x}\, dx = \tfrac{2}{3}\,a\,b.$$

c) Berechne den entsprechenden Abschnitt für die verallgemeinerte Parabel $y^m = k^m\, x^n$ oder $y = k \cdot x^{\frac{n}{m}}$.

$$\frac{m}{n+m} \cdot a\,b.$$

d) Welchen Flächeninhalt bildet die gleichseitige Hyperbel $x\,y = m^2$ in den Grenzen $x = 1$ und $x = a$?

$$m^2 \cdot l\,n\,(a).$$

e) Berechne den oberhalb der X-Achse liegenden Flächeninhalt der Kurve $y = x^3 - \tfrac{1}{9}\, x^5$. $\qquad 6{,}75.$

f) Ebenso für die Kurve $y = x^2\,(a^2 - x^2)$.

$$\tfrac{4}{15}\, a^5.$$

g) Welchen Flächeninhalt hat der geschlossene Teil der Kurve $y = (x - a)\,\sqrt{x}$? $\qquad \tfrac{8}{15}\, a^{\frac{5}{2}}.$

V. a) Im Nullpunkt der X-Achse hat man die magnetische Menge m; im Abstand r befindet sich die Menge 1. Die auf die Einheitsmenge im Abstand x ausgeübte Abstoßungskraft ist nach dem Coulombschen Gesetz

$K = \dfrac{m \cdot 1}{x^2}$. Welche Arbeit wird geleistet, wenn die Einheitsmenge von $x = r$ bis $x = r_1$ abgestoßen wird?

Arbeit bei der Verschiebung von x bis $x + dx = K \cdot dx$,

$$\text{Gesamtarbeit} = \int_r^{r_1} K \cdot dx = \int_r^{r_1} \frac{m}{x^2} dx = m \cdot \left(\frac{1}{r} - \frac{1}{r_1} \right).$$

Die Arbeit, die geleistet wird, wenn die Einheitsmenge bis ins Unendliche gestoßen wird, ist $\dfrac{m}{r}$ und heißt das **Potential** im Punkt $x = r$.

b) Ein Gas hat das Volumen v_0 und den Druck p_0. Welche Arbeit leistet das Gas, wenn es ohne Änderung der Temperatur, also isothermisch, auf das Volumen v expandiert?

Hat das Gas den Druck p und das Volumen v, so gilt das Gesetz

$$p \cdot v = p_0 \cdot v_0$$

oder
$$p = (p_0 v_0) \cdot \frac{1}{v}.$$

Die Arbeit bei der Vergrößerung des Volumens um dv ist

$$p \cdot dv.$$

Die gesuchte Gesamtarbeit also

$$\int_{v_0}^{v} p \, dv = \int_{v_0}^{v} (p_0 v_0) \cdot \frac{1}{v} dv = p_0 v_0 \cdot ln\left(\frac{v}{v_0}\right).$$

c) Das Gas soll adiabatisch, d. h. ohne Gewinn oder Verlust von Wärme expandieren. Welche Arbeit ist nun von dem Gas zu leisten?

Für die adiabatische Zustandsänderung gilt die Gleichung:

$$p \cdot v^K = p_0 \cdot v_0^K.$$

$$\left(K = \frac{\text{spez. Wärme bei konstantem Druck}}{\text{spez. Wärme bei konstantem Volumen}} = \text{Konstante.}\right)[1])$$

Daher wird die Arbeit:

$$\int_{v_0}^{v} p \, dv = \int_{v_0}^{v} (p_0 v_0^K) \cdot \frac{1}{v^K} dv$$

$$= \frac{p_0 v_0^K}{1-K} \cdot (v^{1-K} - v_0^{1-K}).$$

d) Man soll das statische Moment oder die Lage des Schwerpunkts eines Kreisbogens vom Radius r und dem Mittelpunktswinkel α berechnen.

---

1) Statt K schreibt man in der Mechanik vielfach auch $\varkappa$ (Kappa).

Als Achse nehmen wir die Parallele zur Sehne s durch den Kreismittelpunkt. Für einen kleinen Bogen $d\,b$ (Abb. 84) ergibt sich das Moment $y \cdot db$ oder da $y = r \cdot \cos\varphi$ und $db = r \cdot d\varphi$, $y\,db = r^2 \cdot \cos\varphi \cdot d\varphi$.

Das statische Moment des ganzen Bogens bezüglich der genannten Achse wird daher:

$$2 \int_0^{\frac{\alpha}{2}} r^2 \cdot \cos\varphi \cdot d\varphi$$

$$= 2\,r^2 \cdot \sin\frac{\alpha}{2}$$

$$= 2\,r^2 \cdot \frac{s}{2\,r} = r \cdot s$$

$$= \text{Radius mal Sehne.}$$

Der Abstand des Schwerpunkts S vom Kreismittelpunkt O wird nun aus der Momentengleichung berechnet:

$$b \cdot OS = r \cdot s,$$

also

$$OS = \frac{r \cdot s}{b} = \frac{\text{Radius} \cdot \text{Sehne}}{\text{Bogen}}.$$

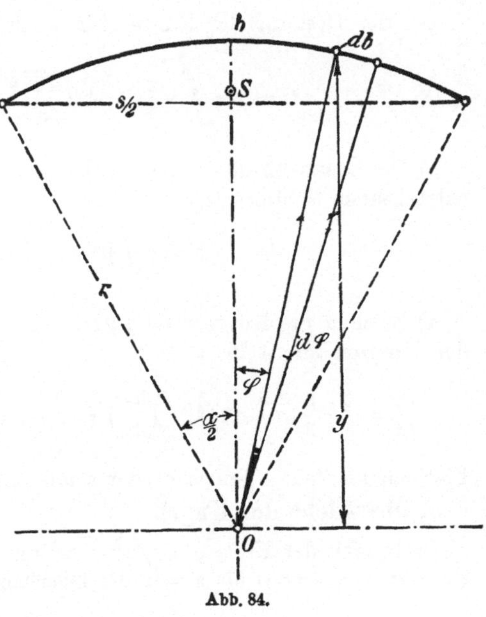

Abb. 84.

VI. a) Länge eines Kurvenbogens.

Für das Kurvenstückchen ds ergibt sich (Abb. 85) der Wert:

$$ds = \sqrt{dx^2 + dy^2} = \sqrt{1 + \left(\frac{dy}{dx}\right)^2} \cdot dx.$$

Daher wird die Länge der Kurve AB

$$L = \int_a^b \sqrt{1 + \left(\frac{dy}{dx}\right)^2} \cdot dx.$$

Das Bemerkenswerte an dieser Formel ist, daß hier die Kurvengleichung zuerst differenziert werden muß. Erst wenn man $\frac{dy}{dx}$ kennt, kann man die Integration beginnen.

b) Oberfläche eines Umdrehungskörpers. Dreht sich das

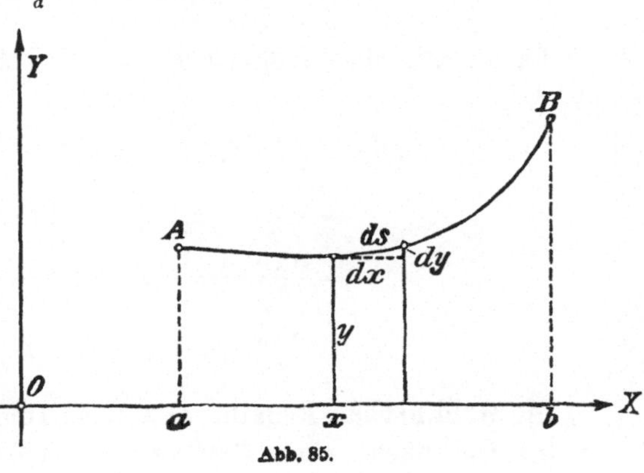

Abb. 85.

Kurvenstückchen ds um die X-Achse, so erzeugt es einen Gürtel vom Flächeninhalt:

$$O = 2\pi y \cdot ds = 2\pi \cdot y \cdot \sqrt{1 + \left(\frac{dy}{dx}\right)^2} \cdot dx.$$

Bei der Drehung der Kurve AB beschreibt diese daher die Fläche

$$O = 2\pi \int_a^b y \sqrt{1 + \left(\frac{dy}{dx}\right)^2} \cdot dx. \quad \text{(Abb. 85.)}$$

c) Der **Rauminhalt** des bei der Drehung der Kurve AB um die X-Achse entstehenden Gebildes ist

$$V = \pi \int_a^b y^2\, dx. \quad \text{(Abb. 85.)}$$

d) Zeichne die Kurve $y = \frac{2}{3}\sqrt{(x-1)^3}$ und berechne ihre Länge in den Grenzen $x = 1$ bis $x = 9$.

$$\frac{dy}{dx} = \frac{2}{3} \cdot \frac{3}{2}(x-1)^{\frac{1}{2}}, \quad \left(\frac{dy}{dx}\right)^2 = x - 1, \quad L = \int_1^9 \sqrt{x}\, dx = 17\tfrac{1}{3}$$

Flächeneinheiten. (Neilsche oder semikubische Parabel.)

e) **Oberfläche der Kugel.**

Dreht sich der Kreis $y = \sqrt{r^2 - x^2}$ um die X-Achse, so wird in den Grenzen von $x = 0$ bis $x = r$ die Oberfläche erzeugt:

$$O = 2\pi \int_0^r \sqrt{r^2 - x^2} \cdot \sqrt{1 + \frac{x^2}{r^2 - x^2}}\, dx$$

$$= 2\pi \int_0^r r\, dx = 2\pi r^2.$$

Die Kugeloberfläche ist somit $\mathbf{4\,\pi\,r^2}$.

f) Fläche der **Kugelzone** (gekrümmte Begrenzung der Kugelscheibe) mit der Höhe h.

$$O = 2\pi \int_a^{a+h} r\, dx = \mathbf{2\pi r \cdot h}.$$

g) Rauminhalt einer **Kugelscheibe.** (Endflächenradien: r_1 und r_2.)

$$V = \pi \int_{x_1}^{x_2} (r^2 - x^2)\, dx = \pi\left(r^2 x_2 - \frac{x_2^3}{3} - r^2 x_1 + \frac{x_1^3}{3}\right)$$

$$= \pi(x_2 - x_1) \cdot \left[r^2 - \tfrac{1}{3}(x_2^2 + x_1 x_2 + x_1^2)\right]$$

$$= \frac{\pi \cdot h}{3} \cdot \left[r_1^2 + r_2^2 + (r^2 - x_1 x_2)\right]$$

$$= \frac{\pi \cdot h}{6} \cdot \left[3 r_1^2 + 3 r_2^2 + h^2\right].$$

h) **Die Guldinschen Regeln.** (Entdeckt 1635—1641.)

1. **Die Oberfläche eines Umdrehungskörpers ist** $O = 2\pi \int y\, ds$.

Bekanntlich kann $\int y \cdot ds$ als Summe der statischen Momente der einzelnen Kurventeilchen gedeutet werden und läßt sich somit durch das statische Moment der Gesamtkurve, also durch $L \cdot x_0$ ersetzen, wenn L die Gesamtkurvenlänge und x_0 der Abstand ihres Schwerpunkts von der Achse bedeutet. Es wird also

$$O = 2\,\pi\,x_0 \cdot L;$$

d. h.: Die Oberfläche eines Umdrehungskörpers ist gleich dem Produkt aus der Länge der sich drehenden Kurve und dem Weg ihres Schwerpunkts.

2. **Der Rauminhalt eines Umdrehungskörpers** ist $V = \pi \int y^2\,dx$ $= 2\,\pi \int (y\,dx)\frac{y}{2}$; $y\,dx$ ist ein schmaler Flächenstreifen, $\frac{y}{2}$ der Abstand seines Schwerpunkts von der Achse. $\int (y\,dx) \cdot \frac{y}{2}$ ist die Summe der statischen Momente aller Flächenstreifen, also auch gleich dem statischen Moment der Gesamtfläche F, also gleich $F \cdot x_0$. Somit wird

$$V = 2\,\pi \cdot x_0 \cdot F;$$

d. h.: Der Inhalt eines Umdrehungskörpers ist gleich dem Produkt aus der sich drehenden Fläche und dem Weg ihres Schwerpunkts.

§ 38. Einige schwierigere Integrale.

I. $$\int (ax + b)^5\,dx = ?$$

Ein Integral kann oft dadurch vereinfacht werden, daß man für eine darin vorkommende Funktion eine neue Veränderliche einführt. Hier z. B. kann man setzen (Integration durch Substitution):

$$ax + b = z,$$

nun würde man erhalten:

$$\int z^5 \cdot dx,$$

da jedoch an Stelle von x nunmehr die Veränderliche z unter dem Integral steht, so darf auch dx nicht mehr vorkommen, sondern muß durch dz ausgedrückt werden. Aus der Substitutionsgleichung $z = ax + b$ ist nun die Beziehung zwischen dz und dx durch Differenzieren zu ermitteln:

$$z = ax + b, \quad \frac{dz}{dx} = a, \quad dx = \frac{1}{a}\,dz.$$

Setzt man diese Werte in das gegebene Integral ein, so folgt:

$$\int (ax + b)^5 \cdot dx = \int z^5 \cdot \frac{1}{a}\,dz = \frac{z^6}{6\,a} + C = \frac{1}{6\,a} \cdot (ax + b)^6 + C.$$

II. In ganz entsprechender Weise lassen sich folgende Integrale behandeln:

1. $\displaystyle\int (ax + b)^n\,dx$ $\qquad\qquad \dfrac{1}{(n+1) \cdot a}(ax + b)^{n+1} + C$

2. $\displaystyle\int \frac{dx}{ax+b}$ $\qquad\qquad \dfrac{1}{a}\,ln(ax + b) + C$

3. $\displaystyle\int \sqrt{\alpha + \beta x}\, dx$ $\dfrac{2}{3\beta}\sqrt{(\alpha + \beta x)^3} + C$

4. $\displaystyle\int \dfrac{dx}{\sqrt{mx + n}}$ $\dfrac{2}{m}\sqrt{mx + n} + C$

5. $\displaystyle\int e^{nx}\, dx, \quad (nx = z)$ $\dfrac{1}{n}\cdot e^{nx} + C$

6. $\displaystyle\int e^{-x}\, dx$ $-\, e^{-x} + C$

7. $\displaystyle\int \sin(\alpha x + \beta)\, dx$ $-\dfrac{1}{\alpha}\cdot \cos(\alpha x + \beta) + C$

8. $\displaystyle\int \sin\left(\dfrac{2\pi}{T}t\right) dt$ $-\dfrac{T}{2\pi}\cdot \cos\left(\dfrac{2\pi}{T}t\right) + C$

9. $\displaystyle\int \cos(2x)\, dx$ $\tfrac{1}{2}\sin(2x) + C$

10. $\displaystyle\int (ax^2 + b)^3 \cdot x \cdot dx = \,?$

$$z = ax^2 + b$$

$$\frac{dz}{dx} = 2ax$$

$$x \cdot dx = \frac{dx}{2a}$$

$$\int (ax^2 + b)^3 \cdot x\, dx = \frac{1}{2a}\int z^3 \cdot dz \quad = \frac{1}{8a}z^4 + C$$

$$= \frac{1}{8a}\cdot (ax^2 + b)^4 + C$$

11. $\displaystyle\int \sqrt{a^2 + x^2}\cdot x\, dx$ $\tfrac{1}{3}\sqrt{(a^2 + x^2)^3} + C$

12. $\displaystyle\int \dfrac{x\, dx}{\sqrt{a^2 - x^2}}$ $-\sqrt{a^2 - x^2} + C$

13. $\displaystyle\int \dfrac{x\, dx}{1 + x^2}$ $\tfrac{1}{2}\ln(1 + x^2) + C$

14. $\displaystyle\int \operatorname{tg} x\, dx = \int \dfrac{\sin x}{\cos x}\, dx$ $-\ln(\cos x) + C$

15. $\displaystyle\int \operatorname{ctg} x\, dx = \int \dfrac{\cos x}{\sin x}\, dx$ $\ln(\sin x) + C$

16. $\displaystyle\int \sin x \cdot \cos x\, dx$ $\tfrac{1}{2}\sin^2 x + C$

17. $\displaystyle\int \sin^2 x\, dx = \int \dfrac{1 - \cos(2x)}{2}\, dx$ $\dfrac{x}{2} - \dfrac{1}{4}\sin(2x) + C$

18. $\displaystyle\int \cos^2 x\, dx = \int \dfrac{1 + \cos(2x)}{2}\, dx$ $\dfrac{x}{2} + \dfrac{1}{4}\sin(2x) + C$

19. $\displaystyle\int \dfrac{dx}{\sqrt{a^2 - x^2}} = \dfrac{1}{a}\int \dfrac{dx}{\sqrt{1 - \left(\dfrac{x}{a}\right)^2}}$ $\arcsin \dfrac{x}{a} + C$

20. $\displaystyle\int \frac{dx}{a^2+x^2} = \frac{1}{a^2}\int \frac{dx}{1+\left(\frac{x}{a}\right)^2} \qquad \frac{1}{a}\cdot \operatorname{arc\,tg}\frac{x}{a} + C$

21. $\displaystyle\int \frac{dx}{(x-a)(x-b)} = \frac{1}{a-b}\int\left[\frac{1}{x-a}-\frac{1}{x-b}\right]dx = \frac{1}{a-b}\,ln\left(\frac{x-a}{x-b}\right) + C$

22. $\displaystyle\int \frac{dx}{x^2-a^2} \qquad\qquad\qquad \frac{1}{2a}\,ln\left(\frac{x-a}{x+a}\right) + C$

23. $\displaystyle\int \frac{dx}{\sin x \cos x} = \int \frac{\frac{dx}{\cos^2 x}}{\operatorname{ctg} x} \qquad ln\,(\operatorname{tg} x) + C$

24. $\displaystyle\int \sin x \cdot \sin(x-\varphi)\,dx = \int \sin^2 x \cdot \cos\varphi\,dx - \int \sin x \cdot \cos x \sin\varphi\,dx$

$$= \frac{\cos\varphi}{2}(x-\sin x \cos x) - \frac{\sin\varphi}{2}\cdot \sin^2 x + C.$$

III. Für einige andere oft vorkommende Integrale gibt es das besondere Lösungsverfahren der „**teilweisen**" oder „**partiellen**" **Integration**.

Es sei $\qquad\qquad\qquad y = u \cdot v$

ein Produkt zweier Funktionen von x; durch Differenzieren nach der Produktenregel ergibt sich:

$$d(u \cdot v) = [u \cdot v' + v \cdot u']\,dx,$$

oder wenn wir diese Gleichung in der Sprache der Integralrechnung ausdrücken,

$$u \cdot v = \int [uv' + v \cdot u']\,dx$$

und hieraus findet man endlich:

$$\int u v'\,dx = u \cdot v - \int v \cdot u'\,dx.$$

Die Formel ist auf solche Integrale anwendbar, die unter dem Integralzeichen ein Produkt zweier Funktionen enthalten. Die eine Funktion setzt man gleich u, die andere gleich v'. Man integriert nun die zweite Funktion v' allein und findet v, das man noch mit der ersten Funktion u zu multiplizieren hat. Von dem so erhaltenen Produkt $u \cdot v$ muß man nun noch das Integral

$$\int v \cdot u'\,dx$$

subtrahieren, das gerade umgekehrt gebildet ist wie das erste Integral.

Die Formel führt nur dann zum Ziel, wenn das Integral einfacher ist (oder gerade dasselbe ist) wie das gegebene.

Beispiele:

$$\int \underset{(u)\cdot(v')}{x \cdot \cos x}\,dx = \underset{(u)\cdot(v)}{x \cdot \sin x} - \int \underset{(v)}{\sin x} \cdot \underset{(u')}{1} \cdot dx = x \cdot \sin x + \cos x + C;$$

$$\int \underset{(u)\cdot(v')}{ln\,(x)\cdot x^3}\,dx = \underset{(u)\cdot(v)}{ln\,(x)\cdot \frac{x^4}{4}} - \int \underset{(v)\cdot(u')}{\frac{x^4}{4}\cdot \frac{1}{x}}\,dx = ln\,(x)\cdot \frac{x^4}{4} - \frac{1}{16}\cdot x^4 + C$$

IV. Nach diesem Verfahren lassen sich ferner folgende Integrale behandeln:

1. $\int x \cdot \sin x\, dx$ $\qquad\qquad -x \cos x + \sin x + C,$

2. $\int x \cdot e^x\, dx$ $\qquad\qquad x \cdot e^x - e^x + C,$

3. $\int ln\,(x)\, dx = \int ln\,(x) \cdot 1 \cdot dx$ $\qquad ln\,(x) \cdot x - x + C,$

4. $\int \sin x \cdot \cos x\, dx$ $\qquad \frac{1}{2} \sin^2 x + C,$

5. $\int \sin^2 x\, dx = \int \sin x \cdot \sin x \cdot dx$ $\qquad \frac{1}{2}\,(-\sin x \cos x + x) + C,$

6. $\int \cos^2 x\, dx = \int \cos x \cdot \cos x \cdot dx$ $\qquad \frac{1}{2}\,(\sin x \cos x + x) + C,$

7. $\int \operatorname{arc\,sin} x\, dx = \int \operatorname{arc\,sin} x \cdot 1 \cdot dx$ $\qquad x \cdot \operatorname{arc\,sin} x + \sqrt{1 - x^2} + C,$

8. $\int \operatorname{arc\,tg} x\, dx = \int \operatorname{arc\,tg} x \cdot 1 \cdot dx$ $\qquad x \cdot \operatorname{arc\,tg} x - \frac{1}{2} ln\,(1 + x^2) + C,$

9. $\int \dfrac{x^2\, dx}{\sqrt{a^2 - x^2}} = \,?$

$$\int \underset{u}{x} \cdot \underset{v'}{\frac{x}{\sqrt{a^2 - x^2}}}\, dx = x \cdot (-\sqrt{a^2 - x^2}) + \int \sqrt{a^2 - x^2}\, dx,$$

$$\int \frac{x^2}{\sqrt{a^2 - x^2}}\, dx = -x \cdot \sqrt{a^2 - x^2} + \int \frac{a^2}{\sqrt{a^2 - x^2}}\, dx - \int \frac{x^2}{\sqrt{a^2 - x^2}}\, dx,$$

$$2 \int \frac{x^2}{\sqrt{a^2 - x^2}}\, dx = -x \cdot \sqrt{a^2 - x^2} + a^2 \operatorname{arc\,sin} \frac{x}{a},$$

$$\int \frac{x^2\, dx}{\sqrt{a^2 - x^2}} = -\frac{x}{2} \sqrt{a^2 - x^2} + \frac{a^2}{2} \operatorname{arc\,sin} \frac{x}{a} + C,$$

10. $\displaystyle \int \sqrt{a^2 - x^2}\, dx = \int \frac{a^2}{\sqrt{a^2 - x^2}}\, dx - \int \frac{x^2}{\sqrt{a^2 - x^2}}\, dx$

$$= \frac{x}{2} \sqrt{a^2 - x^2} + \frac{a^2}{2} \operatorname{arc\,sin} \frac{x}{a} + C.$$

V. Man kann die gebrochenen rationalen Funktionen als echte und unechte unterscheiden, je nachdem, ob der Grad der Zählergrößen niedriger oder höher als der der Nennergrößen ist. Für solche echt gebrochene rationale Funktionen, bei denen der Zähler von der ersten, der Nenner von der zweiten Potenz ist, verwendet man das Verfahren der Integration durch Partialbruchzerlegung. Es sei z. B.

$$y = \int \frac{(rx + s)\, dx}{x^2 + 2ux + v}$$

gegeben. Zwecks Zerlegung des Ausdrucks in Partialbrüche nehmen wir an, die durch den Nenner dargestellte quadratische Gleichung $x^2 + 2ux + v = 0$ habe die Wurzeln $x_1 = \alpha$ und $x_2 = \beta$, so daß also nach dem Satz von Vieta (vgl. § 4 S. 17)

$$x^2 + 2ux + v = (x - \alpha)(x - \beta)$$

ist, und wenn die Wurzeln der Gleichung reell, so besteht die Beziehung

$$\frac{rx+s}{x^2 - 2ux + v} = \frac{A}{x-\alpha} + \frac{B}{x+\beta}.$$

In der rechten Seite dieser Gleichung, die aus den zwei Partialbrüchen besteht, sind noch die konstanten Größen A und B zu bestimmen. Setze zu diesem Zwecke für $x^2 - 2ux + v$ zunächst den gefundenen Wert

$$(x - \alpha)(x - \beta)$$

ein, also
$$\frac{rx+s}{(x-\alpha)(x-\beta)} = \frac{A}{x-\alpha} + \frac{B}{x-\beta}.$$

Multipliziere beide Seiten der Gleichung mit $(x - \alpha)$:

$$\frac{(rx+s)(x-\alpha)}{(x-\alpha)(x-\beta)} = \frac{A(x-\alpha)}{x-\alpha} + \frac{B(x-\alpha)}{x-\beta}$$

oder
$$\frac{rx+s}{x-\beta} = A + \frac{B(x-\alpha)}{x-\beta}.$$

Zur Ermittelung von A bzw. B aus dieser Gleichung setzen wir für x den Wert α bzw. β ein und erhalten

$$A = \frac{r\alpha+s}{\alpha-\beta} \quad \text{und} \quad B = -\frac{r\beta+s}{\alpha-\beta}$$

und durch Einführung dieser Werte in die Gleichung

$$\frac{rx+s}{x^2+2ux+v} = \frac{A}{x-\alpha} + \frac{B}{x-\beta}$$

wird
$$\frac{rx+s}{x^2+2ux+v} = \frac{\dfrac{r\alpha+s}{\alpha-\beta}}{x-\alpha} - \frac{\dfrac{r\beta+s}{\alpha-\beta}}{x-\beta}$$

oder
$$y = \int \frac{(rx+s)\,dx}{x^2+2ux+v} = \frac{r\alpha+s}{\alpha-\beta} \int \frac{dx}{x-\alpha} - \frac{r\beta+s}{\alpha-\beta} \int \frac{dx}{x-\beta}.$$

Die Integration ergibt

$$y = \frac{r\alpha+s}{\alpha-\beta} \cdot ln\,(x - \alpha) - \frac{r\beta+s}{\alpha-\beta} \cdot ln\,(x - \beta) + C.$$

Zahlenbeispiel:
$$y = \int \frac{(7x+8)\,dx}{x^2+x-2}$$

ist gegeben. Aus

$$x^2 + x - 2 = 0 \qquad x_1 = \alpha = 1 \quad \text{und} \quad x_2 = \beta = -2,$$

also
$$\frac{7x+8}{(x-1)(x+2)} = \frac{A}{x-1} + \frac{B}{x+2}$$

$$\frac{7x+8}{x+2} = A + \frac{B(x-1)}{x+2}.$$

Hieraus folgt entsprechend obiger Entwicklung

$$A = \frac{7+8}{1+2} = 5 \quad \text{und} \quad B = \frac{-14+8}{-3} = 2$$

bzw.

$$y = \int \frac{(7x+8)\,dx}{x^2+x-2} = 5\int \frac{dx}{x-1} + 2\int \frac{dx}{x-2}$$

oder

$$y = 5\,ln\,(x-1) + 2\,ln\,(x+2) + C.$$

VI. Durch Partialbruchzerlegung kann man z. B. folgende Integrale lösen:

$$1. \quad \int \frac{(6x+4)\,dx}{x^2+x} = 4\,lnx + 2\,ln\,(x+1) + C$$

$$2. \quad \int \frac{(3x+2)\,dx}{x^2-x-2} = \tfrac{1}{3}\,ln\,(x+1) + 2\tfrac{2}{3}\,ln\,(x-2) + C$$

$$3. \quad \int \frac{(2x+6)\,dx}{2x^2+3x+1} = 10\,ln\,(x+0{,}5) - 8\,ln\,(x+1) + C$$

$$4. \quad \int \frac{dx}{x^2-b^2} = \frac{1}{2b}\,ln\left(\frac{x-b}{x+b}\right) + C.$$

§ 39. Weitere Aufgaben über bestimmte Integrale.

$$\text{I.} \quad 1. \int_0^1 \frac{dx}{\alpha x+\beta} \qquad\qquad \frac{1}{\alpha}\cdot ln\left(\frac{\alpha+\beta}{\beta}\right)$$

$$2. \int_0^1 e^{2x}\,dx \qquad\qquad \tfrac{1}{2}\,(e^2-1)$$

$$3. \int_0^{+\infty} e^{-x}\,dx \qquad\qquad 1$$

$$4. \int_0^{\frac{\pi}{k}} \sin\,(kx)\,dx \qquad\qquad \frac{2}{k}$$

$$5. \int_0^a \frac{dx}{\sqrt{a^2-x^2}} \qquad\qquad \frac{\pi}{2}$$

$$6. \int_0^a x\cdot\sqrt{a^2-x^2}\cdot dx \qquad\qquad \tfrac{1}{3}a^3$$

$$7. \int_0^a \frac{dx}{a^2+x^2} \qquad\qquad \frac{\pi}{4a}$$

$$8. \int_0^1 x\cdot e^x\,dx \qquad\qquad 1$$

9. $\displaystyle\int_0^{\frac{\pi}{2}} \sin^2 x\, dx$　　　　　　$\dfrac{\pi}{4} = 0{,}7854$

10. $\displaystyle\int_0^{\frac{\pi}{2}} \cos^2 x\, dx$　　　　　　$\dfrac{\pi}{4}$

11. $\displaystyle\int_0^{a} \dfrac{x\, dx}{\sqrt{a^2 - x^2}}$　　　　　　a

12. $\displaystyle\int_0^{\frac{\pi}{4}} \operatorname{tg} x\, dx$　　　　　　$\tfrac{1}{2} ln\,(2) = \tfrac{1}{2}\cdot 0{,}6931 = 0{,}34655$

13. $\displaystyle\int_1^{e} ln(x)\, dx$　　　　　　1

14. $\displaystyle\int_0^{a} \sqrt{a^2 - x^2}\, dx$　　　　　　$\dfrac{a^2\,\pi}{4}$

15. $\displaystyle\int_0^{\pi} \sin x \cdot \sin(x - \varphi)\, dx$　　　　　$\dfrac{\pi}{2}\cdot \cos\varphi.$

II. a) Wie groß ist der von der Kurve $y^2 = x^2(a^2 - x^2)$ eingeschlossene Flächeninhalt? $(\tfrac{4}{3}a^3.)$

b) Welchen Flächeninhalt bildet die Kettenlinie $y = \tfrac{1}{2}(e^x + e^{-x})$ in den Grenzen $x = -a$ und $x = +a$ mit der X-Achse?

$$(e^a - e^{-a}.)$$

c) Flächeninhalt der Ellipse:

Aus　　　$\dfrac{x^2}{a^2} + \dfrac{y^2}{b^2} = 1$　folgt　$y = \dfrac{b}{a}\sqrt{a^2 - x^2};$

somit　　　$F = 4\displaystyle\int_0^{a} \dfrac{b}{a}\sqrt{a^2 - x^2}\, dx = \pi a b.$

d) Die Länge der Kettenlinie $y = \tfrac{1}{2}(e^x + e^{-x})$:

Nehmen wir als Grenzen $x = 0$ und $x = a$, so wird:

$$1 + \left(\dfrac{dy}{dx}\right)^2 = 1 + \tfrac{1}{4}(e^x - e^{-x})^2 = \tfrac{1}{4}(e^x + e^{-x})^2,$$

somit　　　$L = \displaystyle\int_0^{a} \tfrac{1}{2}(e^x + e^{-x})\, dx = \tfrac{1}{2}(e^a - e^{-a}).$

(Deutung?)

e) Welchen Rauminhalt erzeugt die Ellipse bei der Drehung um die große Achse? (Rotationsellipsoid.)

$$V = 2 \cdot \pi \int_0^a \frac{b^2}{a^2}(a^2 - x^2)\,dx = \tfrac{4}{3}\pi a\,b^2.$$

III. a) Ein sinusförmiger Wechselstrom habe die Gleichung:

$$i = J \cdot \sin\left(\frac{2\pi}{T}\cdot t\right),$$

worin die Veränderliche t die Zeit, die Veränderliche i die Stromstärke zur Zeit t, J die maximale Stromstärke und T die Dauer einer ganzen Periode bedeutet. Welche **Arbeit** leistet dieser **Wechselstrom** bei induktionsfreiem Widerstand r während einer Periode?

Hat der Strom im Zeitpunkt t die Stärke i, so leistet er in der nun folgenden kleinen Zeit dt die Arbeit

$$dA = r \cdot i^2 \cdot dt$$

$$= r \cdot J^2 \cdot \sin^2\left(\frac{2\pi}{T}\cdot t\right) \cdot dt.$$

Die gesuchte Arbeit ist daher

$$A = r \cdot J^2 \int_0^T \sin^2\left(\frac{2\pi}{T}\cdot t\right)dt.$$

Setzt man $\qquad \dfrac{2\pi}{T}\cdot t = z, \quad dz = \dfrac{2\pi}{T}\,dt, \quad dt = \dfrac{T}{2\pi}\,dz,$

so wird $\qquad A = r \cdot J^2 \cdot \dfrac{T}{2\pi} \int_{z=0}^{z=2\pi} \sin^2 z \cdot dz$

$$= r \cdot J^2 \cdot \frac{T}{2\pi} \cdot \pi = \tfrac{1}{2} \cdot r \cdot J^2 T.$$

Deutung. Die Arbeit ist halb so groß wie diejenige, die ein Gleichstrom mit der konstanten maximalen Stromstärke J leisten würde.

b) Welche Stromstärke i_e müßte ein Gleichstrom haben, der die gleiche Arbeit leistet wie der obige Wechselstrom mit der maximalen Stromstärke J?

$$r \cdot i_e^2 \cdot T = \tfrac{1}{2}r \cdot J^2 T$$

$$i_e = \frac{J}{\sqrt{2}} \quad \text{(effektive Stromstärke)}.$$

In entsprechender Weise wird auch die effektive Spannung gefunden:

$$e_e = \frac{E}{\sqrt{2}}.$$

c) Gegeben sei die eines sinusförmigen Wechselstroms

$$i = J \cdot \sin\left(\frac{2\pi}{T}t\right) = J \cdot \sin z.$$

Man soll ein Rechteck zeichnen, das die gleiche Basis und den gleichen Flächeninhalt hat wie ein Bogen (etwa von 0 bis π) dieser Sinuslinie.

Ist i_m diese Höhe, so soll also sein

$$\pi \cdot i_m = \int_0^\pi J \sin z \, dz$$

oder
$$\pi \cdot i_m = J \cdot 2,$$

$$i_m = J \frac{2}{\pi} \quad \text{(mittlere oder durchschnittliche Stromstärke)}.$$

IV. Leistung eines Wechselstroms bei Widerstand mit Selbstinduktion.

Ist der Widerstand nicht induktionsfrei, dann haben Stromstärke und Spannung eine Phasenverschiebung gegeneinander. Es sei in diesem Fall

$$\text{die momentane Stromstärke} \quad i = J \cdot \sin\left(\frac{2\pi}{T} t\right),$$

$$\text{\qquad\qquad\qquad Spannung} \quad e = E \cdot \sin\left(\frac{2\pi}{T}[t - t_1]\right).$$

Wir setzen zur Abkürzung:

$$\frac{2\pi}{T} \cdot t = x, \qquad \frac{2\pi}{T} \cdot t_1 = \varphi,$$

dann werden $\quad i = J \sin x, \qquad e = E \sin (x - \varphi).$

Die Arbeit während der kleinen Zeit dt wird

$$dA = i e \, dt = J \cdot E \sin x \cdot \sin (x - \varphi) \cdot dt,$$

oder weil
$$dx = \frac{2\pi}{T} dt, \qquad dt = \frac{T}{2\pi} dx,$$

$$dA = J \cdot E \cdot \sin x \cdot \sin (x - \varphi) \cdot \frac{T}{2\pi} dx.$$

Die Arbeit während einer halben Periode wird nun:

$$A = J \cdot E \cdot \frac{T}{2\pi} \int_0^\pi \sin x \cdot \sin (x - \varphi) \cdot dx$$

$$= J \cdot E \cdot \frac{T}{2\pi} \cdot \frac{\pi}{2} \cdot \cos \varphi = \frac{J \cdot E}{4} \cdot T \cdot \cos \varphi.$$

Um hieraus die Leistung des Wechselstroms, d. h. die Arbeit in der Sekunde, zu erhalten, muß man noch durch die Zeit $\frac{T}{2}$ dividieren. Man findet dann: $\quad$ Leistung des Wechselstroms $= \dfrac{J \cdot E}{2} \cos \varphi$.

Führt man die effektiven Werte

$$i_e = \frac{J}{\sqrt{2}}, \qquad e_e = \frac{E}{\sqrt{2}}$$

ein, so ergibt sich die

$$\text{Leistung} = i_e \cdot e_e \cdot \cos \varphi,$$

d. h.: Die Leistung eines Wechselstroms ist gleich dem Produkt der effektiven Stromstärke und Spannung und des Cosinus des Phasenverschiebungswinkels zwischen Strom und Spannung.

VIII. Ergänzungen zu den letzten Abschnitten.

§ 40. Polarkoordinaten. (Jak. Bernoulli 1691.)

I. Wir haben bisher, um die Lage eines Punktes P in einer Ebene zu bestimmen, stets die rechtwinkligen Koordinaten x und y verwendet. Eine andere oft benutzte Art, einen Punkt festzulegen, besteht darin, daß man seinen Abstand vom Nullpunkt durch $OP = r$ und den Winkel $XOP = \varphi$ angibt. Man nennt dann r den **Leitstrahl** (radius vector), φ den **Polarwinkel** (Anomalie), beide zusammen die **Polarkoordinaten** von P. (Abb. 86.) Wandert ein Punkt von der positiven X-Achse durch alle vier Quadranten, so ändert sich φ von 0^0 bis 360^0 bzw. von 0 bis 2π; macht P einen zweiten Umlauf, so nimmt φ Werte an, die größer

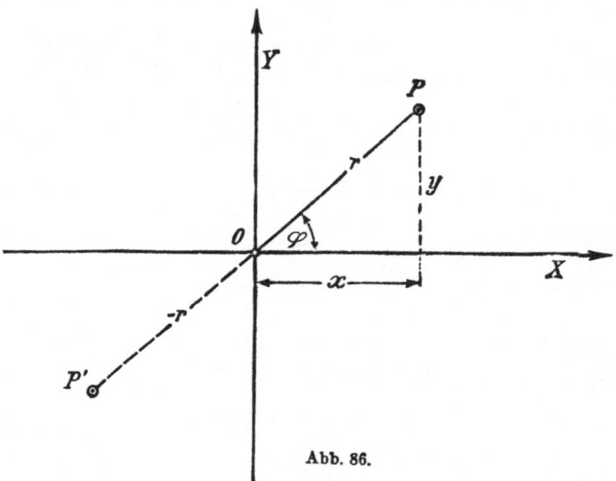

Abb. 86.

als 360^0 oder 2π sind. Macht P seine Bewegung im negativen Umlaufssinn, dann nimmt φ negative Werte an. Ein festliegender Punkt P hat also nicht einen einzigen genau bestimmten Polarwinkel φ, sondern beliebig viele positive und negative, die sich aber nur um Vielfache von $360^0 = 2\pi$ unterscheiden. Diese „Vieldeutigkeit" ist für manche Kurven von Vorteil.

Hat man einen Polarwinkel φ durch Ziehen eines Halbstrahls festgelegt, so wird man jetzt auf dem Halbstrahl den Leitstrahl r auftragen müssen, um zu P zu gelangen. Trägt man r jedoch auf der Verlängerung des Halbstrahls auf, so gelangt man zu einem anderen Punkt P', dem man dann die Polarkoordinaten φ und $-r$ beilegt.

Zeichne folgende Punkte in das Achsensystem ein:

a) $\varphi = 0^0$ $r = 2$,   e) $\varphi = 450^0$ $r = 3$,

b) $\varphi = 45^0$ $r = 1$,   f) $\varphi = -120$ $r = 2$,

c) $\varphi = 45^0$ $r = -1$,   g) $\varphi = $ beliebig $r = 0$.

d) $\varphi = 180^0$ $r = 5$,

II. Hat man irgendeine Gleichung zwischen den beiden Veränderlichen r und φ, z. B. $r = \sin \varphi$ oder $r = 3\varphi$, oder allgemein $r = f(\varphi)$, und läßt man nun φ sich fortwährend ändern, so wird auch r sich ändern, und je ein zusammengehöriges Paar φ und r bestimmt einen Punkt P. Man wird also eine Reihe von Punkten erhalten, die sich zu einer **Kurve** ordnen. Wir wollen einige solche **Polarkurven** zeichnen.

a) Was bedeuten die beiden einfachsten Fälle

$$\varphi = \text{Konstante und } r = \text{Konstante?}$$

I. $\varphi = \text{Konstante}$, z. B. $\varphi = 30^0$ bedeutet eine Gerade durch den Nullpunkt unter dem Polarwinkel 30^0.

II. $r = \text{Konstante}$, z. B. $r = 2$ bedeutet einen Kreis um den Nullpunkt mit dem Radius 2.

Das Wesen der Polarkoordinaten besteht also darin, daß man die Punkte der Ebene als Schnittpunkte einer Schar von konzentrischen Kreisen mit einem vom Mittelpunkt ausgehenden Büschel von Strahlen auffaßt.[1])

b) $$r = a \cdot \varphi \text{ z. B. } r = \tfrac{1}{4}\varphi, \text{ somit } a = \tfrac{1}{4}$$
$$\text{(archimedische Spirale).}$$

Der Leitstrahl ist also proportional dem Polarwinkel. Um die Kurve zu zeichnen, entwerfen wir nebenstehende Tabelle. Der leichteren Übersicht halber ist für $\dfrac{\pi}{16}$ der Buchstabe m gesetzt.

φ	r
$0^0 = 0$	0
$45^0 = \dfrac{\pi}{4}$	$\dfrac{\pi}{16} = m$
$90^0 = \dfrac{\pi}{2}$	$2\,m$
$135^0 = \dfrac{3\pi}{4}$	$3\,m$
$180^0 = \pi$	$4\,m$
$225^0 = \dfrac{5\pi}{4}$	$5\,m$
$\vdots$	$\vdots$
$360^0 = 2\pi$	$8\,m$
$405^0 = \dfrac{9\pi}{4}$	$9\,m$
$450^0 = \dfrac{5\pi}{2}$	$10\,m$
$\vdots$	$\vdots$

Läßt man φ um immer gleiche Werte zunehmen, so nimmt auch r um gleiche Strecken zu. In der Tabelle nimmt φ stets um 45^0, r dann stets um $m = \dfrac{\pi}{4}$ zu. Hiernach ist die Kurve leicht zu zeichnen. (Abb. 87.)

Für negative φ würde man einen zweiten, symmetrisch nach links liegenden Zweig erhalten, der in der Abbildung nicht gezeichnet ist.

c) Eine Gerade dreht sich mit konstanter Winkelgeschwindigkeit ω um ihren Endpunkt O. Gleichzeitig bewegt sich ein Punkt P mit konstanter Geschwindigkeit c von O aus auf der Geraden. Was für eine Kurve beschreibt P?

Nach t Sekunden hat die Gerade den Winkel
$$\varphi = \omega t,$$
der Punkt P den Weg
$$r = ct$$
zurückgelegt. Aus beiden Gleichungen ergibt sich durch Auflösung nach t die Bahnkurve
$$r = \frac{c}{\omega} \cdot \varphi,$$

also eine archimedische Spirale mit dem Faktor

$$a = \frac{c}{\omega}.$$

---

1) Für die bequeme Zeichnung der nachfolgend erwähnten Kurven eignet sich besonders das Polarkoordinatenpapier, dessen Vordruck aus zahlreichen konzentrischen Kreisen besteht mit Strahlenbüscheln vom gemeinsamen Mittelpunkt. Näheres hierüber vgl. in dem Werke von Grosse, „Graphische Papiere und ihre vielseitige Anwendung". Düren 1919.

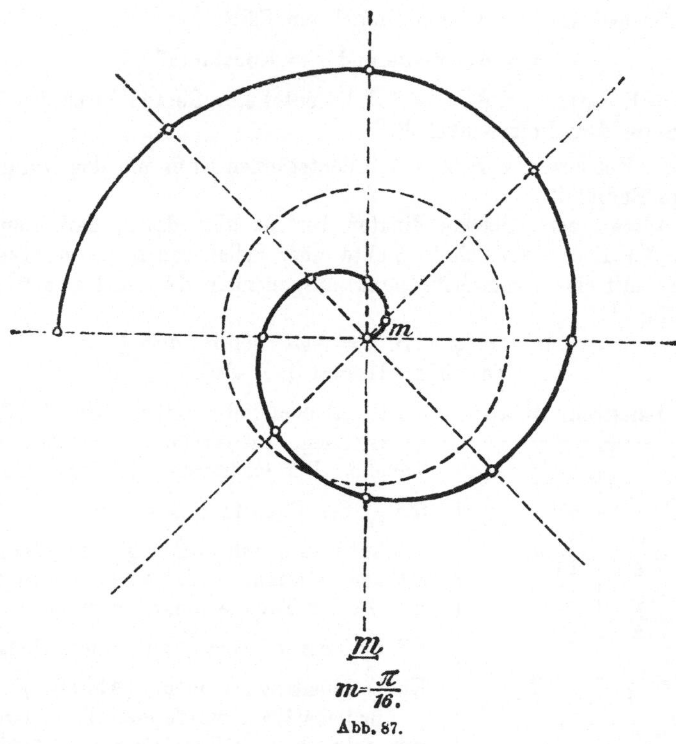

Abb. 87.

d) $r = \dfrac{a}{\varphi}$ z. B. $r = \dfrac{1}{\varphi}$ (hyperbolische Spirale).

e) $r = e^{\varphi}$ (logarithmische Spirale).

f) $r = \sin \varphi$ (Kreis).

g) $r = 1 + \sin \varphi$ (herzförmige Kurve, Kardioide).

h) $r = \sqrt{\cos(2\varphi)}$ (schleifenförmige Kurve, Lemniskate).

III. Es ist nicht schwer, von einer Gleichung in rechtwinkligen Koordinaten zu Polarkoordinaten überzugehen. Man braucht nur gemäß der Abb. 86 an Stelle von x und y die Werte

$$x = r \cdot \cos \varphi, \qquad y = r \cdot \sin \varphi \qquad \text{zu setzen.}$$

Ebenso einfach ist der umgekehrte Übergang.

$$r = \sqrt{x^2 + y^2}; \qquad \varphi = \operatorname{arc\,tg} \frac{y}{x}.$$

a) Gleichung der Ellipse in Polarkoordinaten:

$$\frac{x^2}{a^2} + \frac{y^2}{b^2} = 1, \quad \frac{r^2\cos^2\varphi}{a^2} + \frac{r^2\sin^2\varphi}{b^2} = 1 \text{ oder } r = \pm \frac{a\,b}{\sqrt{b^2\cos^2\varphi + a^2\sin^2\varphi}}.$$

b) Gleichung der Parabel:

$$y^2 = 2px, \quad r^2 \sin^2\varphi = 2pr\cos\varphi \qquad \text{oder} \qquad r = \frac{2p\cos\varphi}{\sin^2\varphi},$$

c) Gleichung der archimedischen Spirale in rechtwinkligen Koordinaten:

$$r = a\varphi, \quad \sqrt{x^2 + y^2} = a \cdot \text{arc tg}\, \frac{y}{x}.$$

IV. Allgemeine Polargleichung der Kegelschnitte.[1]

Wird der Brennpunkt als Nullpunkt benutzt, so ist nach der Erläuterung des Kegelschnittes (Abb. 88)

$$PF = \varepsilon \cdot PL \quad \text{oder} \quad r = \varepsilon \cdot (\delta - r \cdot \cos\varphi),$$

also

$$r = \frac{\varepsilon\,\delta}{1 + \varepsilon\cos\varphi} \quad \text{oder endlich} \quad r = \frac{p}{1 + \varepsilon \cdot \cos\varphi}.$$

Für $\varepsilon = 0$ erhält man einen Kreis,

„ $\varepsilon < 1$ „ „ eine Ellipse,

„ $\varepsilon = 1$ „ „ „ Parabel,

„ $\varepsilon > 1$ „ „ „ Hyperbel.

V. Tangente an eine Polarkurve.

Der Punkt P (Abb. 89) habe die Polarkoordinaten φ und r, der Nachbarpunkt P_1 die Koordinaten $\varphi + \varDelta\varphi$ und $r + \varDelta r$. Die Sehne PP_1 bildet mit dem Leitstrahl des Punktes P_1 den Winkel QP_1P. Zu dessen Berechnung ergibt sich aus dem sehr kleinen rechtwinkligen Dreieck PQP_1:

$$\text{tg}\,QP_1P = \frac{r \cdot \varDelta\varphi}{\varDelta r} = \frac{r}{\left(\dfrac{\varDelta r}{\varDelta\varphi}\right)}.$$

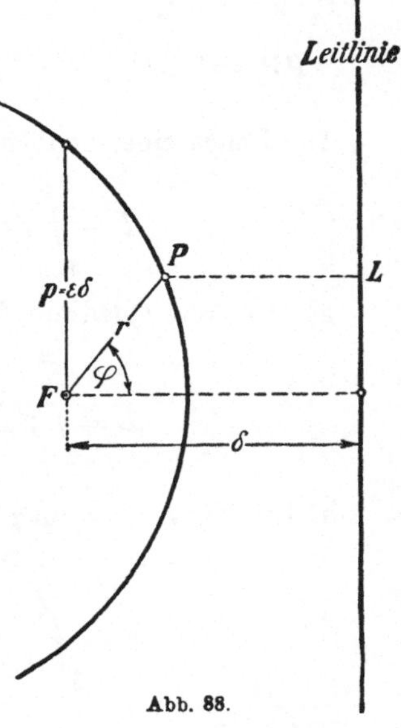

Abb. 88.

Fällt P_1 wieder mit P zusammen, so wird die Sehne PP_1 zur Tangente PT. Für den Winkel μ zwischen dieser Tangente und dem Leitstrahl OP ergibt sich nun:

$$\text{tg}\,\mu = \frac{r}{\dfrac{dr}{d\varphi}} = \frac{r}{r'}, \qquad \left(r' = \frac{dr}{d\varphi}\right)$$

d. h. die Tangente im Punkt P einer Polarkurve bildet mit dem zugehörigen Leitstrahl OP einen Winkel μ, der sich nach der Formel berechnet

$$\text{tg}\,\mu = \frac{r}{r'}.$$

Mit Hilfe dieses Winkels μ kann man leicht die Tangente zeichnen.

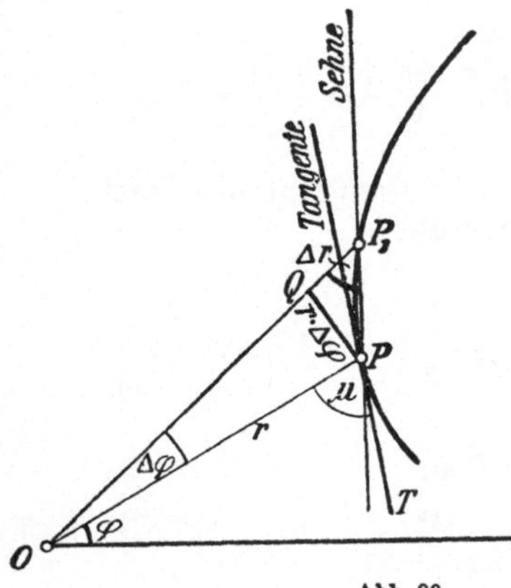

Abb. 89.

a) Tangente an die logarithmische Spirale:

$$r = e^\varphi, \quad r' = e^\varphi, \quad \text{tg}\,\mu = \frac{r}{r'} = 1, \quad \mu = 45^0 \;(\text{Deutung?}).$$

---

1) Vgl. P. Crantz, Analytische Geometrie der Ebene. 4. Aufl. Verlag von B. G. Teubner in Leipzig und Berlin 1926.

b) Die Kardioide $r = 1 + \sin\varphi$.

$$\operatorname{tg}\mu = \frac{r}{r'} = \frac{1+\sin\varphi}{\cos\varphi} = \operatorname{tg}\left(\frac{\varphi}{2} + 45^0\right), \quad \mu = \frac{\varphi}{2} + 45^0 \text{ (Deutung?)}.$$

VI. Länge einer Polarkurve.

Aus der gleichen Abb. 89 findet man für den kleinen Kurvenbogen PP_1 den Wert:

$$PP_1 = \sqrt{dr^2 + r^2 \cdot d\varphi^2} = \sqrt{r^2 + \left(\frac{dr}{d\varphi}\right)^2} \cdot d\varphi = \sqrt{r^2 + r'^2} \cdot d\varphi.$$

Die Länge eines endlichen Kurvenstückes P_1P_2 wird daher

$$L = \int_{\varphi_1}^{\varphi_2} \sqrt{r^2 + r'^2} \cdot d\varphi.$$

a) Der erste Quadrant der logarithmischen Spirale:

$$L = \int_0^{\frac{\pi}{2}} \sqrt{e^{2\varphi} + e^{2\varphi}}\, d\varphi = \sqrt{2} \cdot \left(e^{\frac{\pi}{2}} - 1\right).$$

b) Die Kurve $r = \sin\varphi$ von $\varphi = 0$ bis $\varphi = \frac{\pi}{2}$.

$$L = \int_0^{\frac{\pi}{2}} \sqrt{\sin^2\varphi + \cos^2\varphi}\, d\varphi = \int_0^{\frac{\pi}{2}} d\varphi = \frac{\pi}{2}.$$

VII. Inhalt einer von einer Polarkurve und zwei Leitstrahlen begrenzten Fläche. (Abb. 90.)

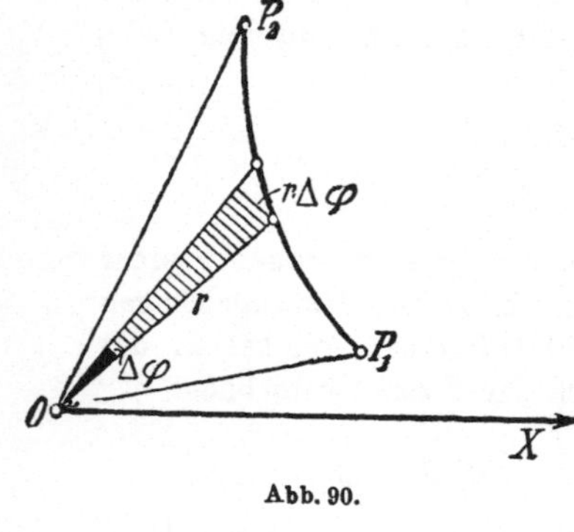

Abb. 90.

Durch die in der Zeichnung angedeutete Zerlegung in Kreisausschnitte erhält man sofort:

$$F = \int_{\varphi_1}^{\varphi_2} \frac{r \cdot d\varphi \cdot r}{2} = \frac{1}{2}\int_{\varphi_1}^{\varphi_2} r^2\, d\varphi.$$

a) Der erste Quadrant der archimedischen Spirale.

$$F = \frac{1}{2}\int_0^{\frac{\pi}{2}} a^2\varphi^2\, d\varphi = \frac{1}{2} \cdot \frac{a^2}{3} \cdot \left(\frac{\pi}{2}\right)^3 = \frac{a^2\pi^3}{48}.$$

b) Flächeninhalt der Lemniskate $r = \sqrt{\cos 2\varphi}$.

$$F = \frac{4}{2}\int_{0^0}^{45^0} \cos 2\varphi\, d\varphi = \left[\sin 2\varphi\right|_{0^0}^{45^0} = 1.$$

c) Flächeninhalt der Kurve $r = 1 + \cos\varphi$.

$$F = \frac{3\pi}{2}.$$

§ 41. Näherungsweise Integration.[1])

I. Es soll die Fläche der Parabel

$$y = ax^2 + 2bx + c$$

für die Abszissen 0 bis $2h$ ermittelt und für die Koeffizienten a, b und c die zu den Abszissen 0, h und $2h$ gehörigen Ordinaten y_0, y_1 und y_2 eingesetzt werden.

Die gesuchte Fläche ist

$$F = \int_0^{2h} (ax^2 + 2bx + c)\,dx = \frac{8}{3}ah^3 + 4bh^2 + 2ch.$$

Setzt man für x der Reihe nach die Werte 0, h und $2h$ in die Gleichung $y = ax^2 + 2bx + c$, so wird

$$y_0 = c; \quad y_1 = ah^2 + 2bh + c \quad \text{und} \quad y_2 = 4ah^2 + 4bh + c$$

Hieraus folgt:

$$c = y_0; \quad 2ah^2 = y_0 - 2y_1 + y_2 \quad \text{und} \quad 4bh = -3y_0 + 4y_1 - y_2.$$

Beim Einsetzen dieser Werte in obige Flächenformel wird

$$F = \frac{1}{3}h\,(y_0 + 4y_1 + y_2).$$

Die Lage der Ordinatenachse ist ohne Bedeutung für diese Formel und letztere bildet die Grundlage zur näherungsweisen Berechnung einer Fläche, von der nur ein beliebiger Kurvenbogen P_0P, die Endpunktsordinaten y_0 und y und das zugehörige Stück M_0M der Abszissenachse gegeben sein müssen, während die Kurvengleichung nicht bekannt zu sein braucht. — Teile die Strecke M_0M, um für die Fläche $P_0M_0MPP_0$ den Inhalt annähernd bestimmen zu können, in $2n$ (also eine gerade Zahl) gleicher Teile h und errichte in den Teilpunkten die Ordinaten, durch die dann die gesuchte Fläche in $2n$ Streifen oder n-Doppelstreifen zerlegt wird, welch letztere oben durch die Kurvenstücke P_0P_2, P_2P_4, $P_4P_6 \ldots P_{2n-2}\,P$ begrenzt werden (vgl. Abb. 91).

Angenommen diese Kurvenstücke gehören verschiedenen Parabeln an, die Gleichungen von der Form $y = ax^2 + 2bx + c$ besitzen, so sind die Inhalte der einzelnen Doppelstreifen

$$\frac{h}{3}(y_0 + 4y_1 + y_2),\quad \frac{h}{3}(y_2 + 4y_3 + y_4),\quad \cdots\quad \frac{h}{3}(y_{2n-2} + 4y_{2n-1} + y_{2n}),$$

wobei wir die Ordinate des Punktes P mit y_{2n} statt mit y bezeichnen.

Die Addition der Inhalte der einzelnen Flächeninhalte ergibt die **Flächenformel von Simpson (1743):**

---

[1]) Ausführlich behandelt in der „Sammlung von Aufgaben zur Anwendung der Differential- und Integralrechnung" von F. Dingeldey. Leipzig 1923. Bd. 2.

$$F = \frac{h}{3}\left[y_0 + y_{2n} + 4\left(y_1 + y_3 + y_5 + \cdots + y_{2n-1}\right)\right.$$
$$\left. + 2\left(y_2 + y_4 + y_6 + \cdots + y_{2n-2}\right)\right].$$

II. Es soll für die Abszissen 0 bis 1 die Fläche der Kurve

$$y = \frac{1}{1+x^2}$$

ermittelt werden — Durch Integration erhalten wir bekanntlich

$$F = \int_0^1 \frac{1}{1+x^2}\cdot dx = \left[\mathrm{arc\,tg\,}x\right]_0^1 = \frac{\pi}{4} = 0{,}7853.$$

Wir prüfen nun die Genauigkeit der Simpsonschen Formel, indem wir die Kurve aufzeichnen und in Abständen $h = 0{,}1$ die Ordinaten y_0 bis y_{10} zeichnen, für die sich die folgenden Werte ergeben:

$$
\begin{array}{lll}
& y_1 = 0{,}990 & \\
y_0 = 1{,}000 & y_3 = 0{,}917 & y_2 = 0{,}962 \\
y_{10} = 0{,}500 & y_5 = 0{,}800 & y_4 = 0{,}862 \\
\hline
& y_7 = 0{,}671 & y_6 = 0{,}735 \\
\text{Summe: } 1{,}500 & y_9 = 0{,}553 & y_8 = 0{,}610 \\
\hline
& \text{Summe: } 3{,}931 & \text{Summe: } 3{,}169
\end{array}
$$

Setze diese Werte in die Simpsonsche Formel, die also für diesen Fall lautet:

$$F = \frac{h}{3}\left[y_0 + y_{10} + 4\left(y_1 + y_3 + y_5 + y_7 + y_9\right) + 2\left(y_2 + y_4 + y_6 + y_8\right)\right],$$

so wird $\quad F = \dfrac{0{,}1}{3}\left[1{,}5 + 4\cdot 3{,}931 + 2\cdot 3{,}169\right] = 0{,}7854,$

also weicht dieser Wert von dem durch Integration gewonnenen nur um 0,0001 ab.

III. Zur Ermittelung der Fläche, die durch den Kurvenbogen $P_0 P_n$ (Abb. 92) und die Abszissen x_0 bis x_n bestimmt ist, zerlegt man sich die Abszissenachse, soweit sie die gesuchte Fläche begrenzt, durch die Punkte M_0 bis M_n in n gleiche Teile, deren jeder also die Länge $h = \dfrac{1}{n}\left(x_n - x_0\right)$ hat, und errichtet in den Punkten M_0 bis M_n die Ordinaten, wodurch die gesuchte Fläche F in Trapeze zerlegt wird vom Inhalt

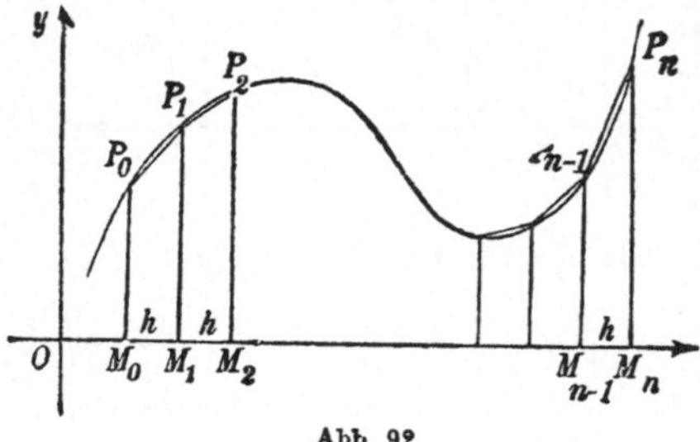

Abb. 92.

$$\frac{h}{2}(y_0 + y_1),\quad \frac{h}{2}(y_1 + y_2),\quad \frac{h}{2}(y_2 + y_3)\ \cdots\ \frac{h}{2}(y_{n-1} + y_n),$$

also ist die gesuchte Gesamtfläche

$$F = \frac{h}{2}\left[y + 2y_1 + 2y_2 + 2y_3 + 2y_4 + \cdots + 2y_{n-1} + y_n\right]$$

oder $\quad F = \dfrac{x_n - x_0}{2n}\,[y_0 + 2y_1 + 2y_2 + 2y_3 + \cdots + 2y_{n-1} + y_n].$

Dies ist die **Trapezformel** für die Flächenberechnung.

IV. Andere Verfahren zur angenäherten Bestimmung von Flächeninhalten:

a) Aufzeichnen der Kurve auf Millimeterpapier und Abzählen der eingeschlossenen Quadrate. Die von der Kurve geschnittenen Randquadrate werden besonders gezählt und ihre **halbe** Anzahl wird der Anzahl der Quadrate zugezählt.

b) Die Fläche wird auf starkes, gutes Zeichenpapier aufgetragen, ausgeschnitten und mit einer feinen Wage gewogen. Alsdann wiegt man eine Quadrateinheit des Papiers und vergleicht die beiden Gewichte miteinander.

c) Mechanische Bestimmung mittels verschiedenartig gebauter Apparate (**Planimeter**).[1]

§ 42. Entwicklung der Funktionen in Reihen.

I. Die Reihe $\qquad 1 + x + x^2 + x^3 + \cdots$

ist bekanntlich eine **unendliche geometrische Reihe.** Es ist leicht einzusehen, daß, sobald der absolute Wert von x gleich oder gar größer als 1 ist, die Summe dieser Reihe unendlich groß oder unbestimmt wird; man sagt: die Reihe „**divergiert**". Ist jedoch der absolute Wert von x kleiner als 1, so ist die Möglichkeit vorhanden, daß die Reihe einen endlichen Summenwert erlangt oder „**konvergiert**". In der Tat kann man dann, wenn man die gesuchte Summe mit s bezeichnet, setzen:

$$s = 1 + x + x^2 + x^3 + \cdots$$

oder $\qquad s = 1 + x[1 + x + x^2 + x^3 \cdots],$

also $\qquad s = 1 + x \cdot s,$

und hieraus folgt: $\qquad s = \dfrac{1}{1-x},$

d. h.: Die obige Reihe läßt sich, im Fall ihrer Konvergenz, durch die Funktion $\dfrac{1}{1-x}$ ersetzen.[2]

Man kann auch umgekehrt sagen, daß sich die Funktion $\dfrac{1}{1-x}$ in eine nach Potenzen von x fortschreitende Reihe, eine „**Potenzreihe**", verwandeln läßt, die allerdings nur für einen bestimmten Bereich der Größe x konvergiert, nämlich solange x zwischen -1 und $+1$ liegt.

---

1) Vgl. A. **Galle**, Mathematische Instrumente. Leipzig und Berlin 1912, B. G. Teubner.

2) Über die Konvergenzbedingungen der Reihen vgl. **Lietzmann-Zühlke**, Leitfaden der Mathematik, Ausgabe B, Oberstufe, 5. Aufl. Leipzig 1927, B. G. Teubner.

Die Formel

a)
$$\frac{1}{1-x} = 1 + x + x^2 + x^3 + \cdots$$

läßt sich, wenn man x durch $-x$ ersetzt, auch schreiben:

b)
$$\frac{1}{1+x} = 1 - x + x^2 - x^3 + \cdots$$

Ersetzen wir x durch z^2, so kommen wir zu einer später benutzten Formel:

c)
$$\frac{1}{1+z^2} = 1 - z^2 + z^4 - z^6 + \cdots$$

Man prüfe diese Formeln etwa für $x = 0$, $\frac{1}{4}$, $\frac{1}{2}$, $0{,}8 \ldots$

II. Ebenso wie man die Funktion $\dfrac{1}{1-x}$ in eine Potenzreihe verwandeln kann, ist man auch imstande, dies für andere Funktionen durchzuführen. Wir wollen dies gleich mit der allgemeinen Funktion $f(x)$ tun und dabei, um schwierigen Untersuchungen aus dem Wege zu gehen, von vornherein annehmen, daß es für diese Funktion eine solche, für gewisse Grenzen von x konvergente Reihe tatsächlich gibt. Wir machen dann folgenden Ansatz:

$$f(x) = A + Bx + Cx^2 + Dx^3 + Ex^4 + \cdots$$

und haben nun die noch unbekannten Konstanten A, B, C, D, $E \ldots$ zu bestimmen. Ein einfaches Mittel hierzu ist die wiederholte Differentiation der angesetzten Gleichung. Allein auch dieser Schritt ist nur unter gewissen einschränkenden Bedingungen, die wir hier nicht erörtern können, zulässig. Durch fortgesetztes Differenzieren ergibt sich folgendes System von Gleichungen:

$$\begin{aligned}
f\ (x) &= A + Bx + Cx^2 + Dx^3 + Ex^4 + \cdots \\
f'\ (x) &= \quad\ \ B + 2Cx + 3Dx^2 + 4Ex^3 + \cdots \\
f''\ (x) &= \quad\quad\quad 2C + 2\cdot3\cdot Dx + 3\cdot4\cdot Ex^2 + \cdots \\
f'''\ (x) &= \quad\quad\quad\quad\quad\ 2\cdot3\cdot D + 2\cdot3\cdot4\cdot Ex + \cdots \\
f^{\mathrm{IV}}(x) &= \quad\quad\quad\quad\quad\quad\quad\quad\ 2\cdot3\cdot4\cdot E + \cdots
\end{aligned}$$

Wir setzen nun in allen diesen Gleichungen für x den Wert 0, wodurch wir erhalten:

$$\begin{aligned}
f\ (0) &= A, &\text{also}\quad A &= f(0), \\[4pt]
f'\ (0) &= B, &\text{,,}\quad B &= \frac{f'(0)}{1}, \\[4pt]
f''\ (0) &= 2C, &\text{,,}\quad C &= \frac{f''(0)}{1\cdot2}, \\[4pt]
f'''\ (0) &= 2\cdot3\cdot D, &\text{,,}\quad D &= \frac{f'''(0)}{1\cdot2\cdot3}, \\[4pt]
f^{\mathrm{IV}}(0) &= 2\cdot3\cdot4\cdot E, &\text{,,}\quad E &= \frac{f^{\mathrm{IV}}(0)}{1\cdot2\cdot3\cdot4}, \\
&\ \ \vdots & &\ \ \vdots
\end{aligned}$$

Damit sind die Konstanten bestimmt und wir erhalten durch Einsetzen in die obige Gleichung:

$$f(x) = f(0) + \frac{f'(0)}{1}\,x + \frac{f''(0)}{1\cdot 2}\,x^2 + \frac{f'''(0)}{1\cdot 2\cdot 3}\,x^3 + \frac{f^{IV}(0)}{1\cdot 2\cdot 3\cdot 4}\,x^4 + \cdots$$

Dies ist die Reihe von **Mac-Laurin** († 1746) zur Verwandlung von Funktionen in Reihen.

Das Verfahren ist folgendes: Man bildet die aufeinanderfolgenden Differentialquotienten von $f(x)$ also: $f'(x)$, $f''(x)$ .. und setzt in allen diesen Ausdrücken für x den Wert 0 ein; die so gefundenen Werte

$$f(0) \quad f'(0) \quad f''(0) \ldots$$

werden dann in die obige Formel eingesetzt.

Verwandt mit der Reihe von Mac-Laurin ist die **Reihe von Taylor** († 1731):

$$f(x + h) = f(x) + \frac{h}{1}f'(x) + \frac{h^2}{1\cdot 2}f''(x) + \frac{h^3}{1\cdot 2\cdot 3}f'''(x) \ldots$$

Zur Entwicklung dieser Reihe geht man von der Funktion

$$f(x) = ax^3 + bx^2 + cx + d$$

aus, in der die Veränderliche x um die Größe h wächst. Hierdurch erhält man

$$f(x + h) = a(x + h)^3 + b(x + h)^2 + c(x + h) + d$$

oder

$$f(x+h) = (ax^3 + bx^2 + cx + d) + (3ax^2 + 2bx + c)h + (3ax + b)h^2 + ah^3.$$

Setze hierin

$$ax^3 + bx^2 + cx + d = A$$
$$3ax^2 + 2bx + c \qquad = B$$
$$3ax + b \qquad\qquad = C \quad \text{und} \quad a = D.$$

(Durch Annahme höherer Potenzen für x in der Gleichung $f(x) = ax^3 + bx^2 + cx + d$ kann man sich die Reihe beliebig verlängert denken.) Jetzt wird

$$f(x + h) = A + Bh + Ch^2 + Dh^3 + Eh^4 \cdots$$
$$f'(x + h) = B + 2Ch + 3Dh^2 + 4Dh^3 \cdots$$
$$f''(x + h) = 2C + 2\cdot 3 Dh + 3\cdot 4 Dh^2 \cdots$$

und wenn h sich der Grenze 0 nähert, wird

$$f(x) = A$$
$$f'(x) = B$$
$$f''(x) = 2C \quad \text{usw.}$$

also

$$A = f(x)$$
$$B = \frac{f'(x)}{1}$$
$$C = \frac{f''(x)}{1\cdot 2}$$

$$D = \frac{f'''(x)}{1 \cdot 2 \cdot 3}$$

und beim Einsetzen dieser Werte erhält man die Reihe von **Taylor**:

$$f(x + h) = f(x) + \frac{h}{1} f'(x) + \frac{h^2}{1 \cdot 2} f''(x) + \frac{h^3}{1 \cdot 2 \cdot 3} f'''(x) \cdots$$

III. a) Die Reihe für e^x: (folgend aus der Reihe von Mac-Laurin)

Aus $\qquad f(x) = e^x, \qquad\qquad f'(x) = e^x, \qquad f''(x) = e^x \cdots$

folgt $\qquad f(0) = e^0 = 1, \qquad f'(0) = 1, \qquad f''(0) = 1 \cdots$

und $\quad e^x = 1 + \frac{1}{1} x + \frac{1}{1 \cdot 2} x^2 + \frac{1}{1 \cdot 2 \cdot 3} x^3 + \frac{1}{1 \cdot 2 \cdot 3 \cdot 4} x^4 + \cdots$

also die Exponentialreihe (vgl. § 20).

b) Die Reihe für $\sin x$:

$$
\begin{aligned}
f\ (x) &= \ \sin x, & f\ (0) &= \ \ 0, \\
f'\ (x) &= \ \cos x, & f'\ (0) &= \ \ 1, \\
f''\ (x) &= -\sin x, & f''\ (0) &= \ \ 0, \\
f'''\ (x) &= -\cos x, & f'''\ (0) &= -1, \\
f^{IV}(x) &= \ \sin x, & f^{IV}(0) &= \ \ 0, \\
f^{V}\ (x) &= \ \cos x, & f^{V}\ (0) &= \ \ 1 \\
\ \vdots \qquad &\quad \vdots & \vdots \qquad &\quad \vdots
\end{aligned}
$$

$$\sin x = x - \frac{x^3}{1 \cdot 2 \cdot 3} + \frac{x^5}{1 \cdot 2 \cdot 3 \cdot 4 \cdot 5} - \cdots$$

c) In gleicher Weise ergibt sich die Reihe für $\cos x$:

$$\cos x = 1 - \frac{x^2}{1 \cdot 2} + \frac{x^4}{1 \cdot 2 \cdot 3 \cdot 4} - \frac{x^6}{1 \cdot 2 \cdot 3 \cdot 4 \cdot 5 \cdot 6} + \cdots{}^1)$$

d) Aus den drei letzten Formeln läßt sich ein bemerkenswerter Satz ableiten.

Zu diesem Zwecke wollen wir die Reihe für e^x einmal für einen imaginären Exponenten aufschreiben; es sei also $x = u \cdot \sqrt{-1} = u \cdot i$, worin i in bekannter Weise die „imaginäre Einheit $\sqrt{-1}$" bezeichnet. Es wird also

$$e^{ui} = 1 + \frac{ui}{1} + \frac{u^2 i^2}{1 \cdot 2} + \frac{u^3 i^3}{1 \cdot 2 \cdot 3} + \frac{u^4 i^4}{1 \cdot 2 \cdot 3 \cdot 4} + \frac{u^5 i^5}{1 \cdot 2 \cdot 3 \cdot 4 \cdot 5} + \frac{u^6 i^6}{1 \cdot 2 \cdot 3 \cdot 4 \cdot 5 \cdot 6} + \cdots$$

Nun ist aber gemäß der Bedeutung von $i = \sqrt{-1}$:

$$
\begin{aligned}
i^1 &= \ \ i & i^5 &= \ \ i \\
i^2 &= -1 & i^6 &= -1 \\
i^3 &= -i & i^7 &= -i \\
i^4 &= \ \ 1 & i^8 &= \ \ 1 \qquad \text{usw.}
\end{aligned}
$$

---

1) Die beiden letztgenannten Reihen entdeckte Newton 1666—1669.

d. h. alle Potenzen von i lassen sich durch i oder 1 ausdrücken. Damit nimmt unsere Gleichung die Gestalt an:

$$e^{ui} = 1 + \frac{u}{1} \cdot i - \frac{u^2}{1 \cdot 2} - \frac{u^3}{1 \cdot 2 \cdot 3} \cdot i + \frac{u^4}{1 \cdot 2 \cdot 3 \cdot 4} + \frac{u^5}{1 \cdot 2 \cdot 3 \cdot 4 \cdot 5} \cdot i$$
$$- \frac{u^6}{1 \cdot 2 \cdot 3 \cdot 4 \cdot 5 \cdot 6} \cdots$$

Nehmen wir jetzt die reellen Größen für sich und ebenso die imaginären (mit i multiplizierten) für sich zusammen, so ergibt sich:

$$e^{ui} = \left(1 - \frac{u^2}{1 \cdot 2} + \frac{u^4}{1 \cdot 2 \cdot 3 \cdot 4} - \frac{u^6}{1 \cdot 2 \cdot 3 \cdot 4 \cdot 5 \cdot 6} + \cdots\right)$$
$$+ i\left(\frac{u}{1} - \frac{u^3}{1 \cdot 2 \cdot 3} + \frac{u^5}{1 \cdot 2 \cdot 3 \cdot 4 \cdot 5} - \cdots\right).$$

In den Klammern stehen die vorhin für $\cos u$ bzw. $\sin u$ gefundenen Reihen. Wir finden also schließlich:

$$e^{ui} = \cos u + i \sin u.$$

Diese „**Eulersche Gleichung**" zeigt einen merkwürdigen Zusammenhang zwischen den trigonometrischen Funktionen und der Exponentialfunktion.

IV. Andere Funktionen, bei denen das gezeigte Verfahren auf Schwierigkeiten stößt, lassen sich zuweilen durch Integrieren einer bekannten Reihe finden.

So folgt aus

$$\frac{1}{1 + z^2} = 1 - z^2 + z^4 - z^6 + \cdots$$

$$\int_0^z \frac{dz}{1 + z^2} = \int_0^z (1 - z^2 + z^4 - z^6 + \cdots)\, dz \quad \text{und da} \quad \int_0^z \frac{dz}{1 + z^2} = \operatorname{arc\,tg} z,$$

so erhalten wir die **Reihe von Gregory**:

$$\operatorname{arc\,tg} z = z - \frac{z^3}{3} + \frac{z^5}{5} - \frac{z^7}{7} + \cdots,$$

also eine Reihe für die Funktion $\operatorname{arc\,tg} z$.

a) Setze in dieser Reihe $z = 1$; dann ist $\operatorname{arc\,tg} z = \frac{\pi}{4}$ und es entsteht die **Reihe von Leibniz** (1673):

$$\frac{\pi}{4} = 1 - \frac{1}{3} + \frac{1}{5} - \frac{1}{7} + \cdots$$

b) Aus der Reihe

$$\frac{1}{1 + x} = 1 - x + x^2 - x^3 + x^4 \cdots$$

folgt
$$\int_0^x \frac{dx}{1 + x} = \int_0^x (1 - x + x^2 - x^3 + x^4 + \cdots)\, dx$$

und da
$$\int_0^x \frac{dx}{1+x} = ln(1+x),$$

ergibt sich:
$$ln(1+x) = x - \frac{x^2}{2} + \frac{x^3}{3} - \frac{x^4}{4} + \cdots$$

(Reihe von Mercator, 1668.)

c) Für $x = 1$ ergibt sich:
$$ln(2) = 1 - \tfrac{1}{2} + \tfrac{1}{3} - \tfrac{1}{4} \cdots$$

V. Wenn die in der Reihe vorkommende Veränderliche einen sehr kleinen Wert hat, so kann man die Potenzen dieser Veränderlichen vernachlässigen und man erhält dann **Näherungsformeln zur Rechnung mit kleinen Größen.** Z. B.:

$$\frac{1}{1-x} \sim 1 + x$$

$$\frac{1}{1+x} \sim 1 - x$$

$$e^x \sim 1 + x$$

$$\sin x \sim x$$

$$\cos x \sim 1$$

$$ln(1+x) \sim x$$

$$\sqrt{1+x} \sim 1 + \frac{x}{2}$$

$$\frac{1}{\sqrt{1+x}} \sim 1 - \frac{x}{2}.$$

§ 43. Einige Differentialgleichungen[1]).

I. Eine Gleichung zwischen den veränderlichen Größen x und y, in der auch noch die Differentiale dx und dy vorkommen, heißt eine „Differentialgleichung". Z. B.:

$$xdy + ydx = 0, \qquad \frac{dy}{dx} + ay = b \quad \text{usw.}$$

Die Lösung einer solchen Gleichung besteht darin, durch Integrieren die Gleichung so umzuformen, daß die Differentiale nicht mehr vorkommen, also eine Gleichung herzustellen, die nur die Größen x und y selbst und Konstante enthält.

Wenn irgendeine Differentialgleichung vorgelegt ist, so wird man zunächst versuchen, die „**Trennung der Variablen**" durchzuführen, d. h. die Gleichung so zu schreiben, daß auf der linken Seite alle x und dx, auf der rechten Seite alle y und dy stehen. Ist die Trennung erfolgt, dann kann man sofort die beiden Seiten der Gleichung integrieren.

Beispiele:

a)
$$\frac{dy}{dx} + \sqrt{\frac{1-y^2}{1-x^2}} = 0.$$

1) Vgl. M. Lindow, Differentialgleichungen, Leipzig 1921.

Hier kann man die Trennung in sehr einfacher Weise herbeiführen:

$$\frac{dy}{\sqrt{1-y^2}} = -\frac{dx}{\sqrt{1-x^2}};$$

$$\int \frac{dy}{\sqrt{1-y^2}} = -\int \frac{dx}{\sqrt{1-x^2}};$$

$$\text{arc sin } y = -\text{ arc sin } x + C.$$

(Die beiden Integrationskonstanten faßt man in eine einzige zusammen.)

$$\text{arc sin } x + \text{arc sin } y = C.$$

Dies ist die „Lösung" der Differentialgleichung. Sie enthält die willkürliche Konstante C.

b)
$$x\,dy + y\,dx = 0;$$

$$\frac{dy}{y} = -\frac{dx}{x},$$

$$\int \frac{dy}{y} = -\int \frac{dx}{x},$$

$$ln(y) = -ln(x) + ln(C).$$

(Man kann als beliebige Konstante natürlich auch $ln(C)$ schreiben.)

$$ln(x) + ln(y) = ln(C),$$

$$ln(xy) = ln(C),$$

$$xy = C.$$

Die letzte Gleichung gibt für einen bestimmten Wert von C eine gleichseitige Hyperbel. Da nun C ganz beliebig ist, so sind in der Gleichung $xy = C$ unendlich viele Hyperbeln oder eine Hyperbelschar enthalten. Die Differentialgleichung $x\,dy - y\,dx = 0$ kennzeichnet also eine Schar von Kurven.

c) Ein Punkt bewegt sich auf einer geraden Linie so, daß seine Geschwindigkeit proportional seinem Abstand vom Nullpunkt ist. Man stelle die Bewegungsgleichung auf.

$$\frac{ds}{dt} = k \cdot s,$$

$$\int \frac{ds}{s} = \int k \cdot dt,$$

$$ln(s) = k \cdot t + C,$$

$$s = e^{kt+C} = e^C \cdot e^{kt},$$

$$s = A \cdot e^{kt} \qquad (A = e^C).$$

d) Für eine stromdurchflossene Spule mit Selbstinduktion lautet das Ohmsche Gesetz:

$$E = r \cdot i + L \cdot \frac{di}{dt}.$$

Man berechne hieraus die Stromstärke i.

$$\frac{1}{L} dt = \frac{di}{E - ri},$$

$$\int \frac{1}{L}\,dt = \int \frac{di}{E-ri},$$

$$\frac{1}{L}\cdot t = -\frac{1}{r}\cdot ln(E-ri) - C,$$

$$ln\,(E-ri) = -\frac{r}{L}t - rC,$$

$$E - ri = e^{-\frac{r}{L}t}\cdot e^{-rC} = A\cdot e^{-\frac{r}{L}t} \qquad (A = e^{-rC}),$$

$$i = \frac{E}{r} - \frac{A}{r}\cdot e^{-\frac{r}{L}t}.$$

Diese Gleichung enthält noch die neuhinzugekommene Konstante A. Für den Stromanfang ($t = 0$) ist $i = 0$; daher

$$0 = \frac{E}{r} - \frac{A}{r}, \qquad A = E;$$

also

$$i = \frac{E}{r} - \frac{E}{r}e^{-\frac{r}{L}t},$$

d. h.: Die Stromstärke setzt sich zusammen aus dem nach dem Ohmschen Gesetz berechneten konstanten Teil $\frac{E}{r}$ und dem durch die Selbstinduktion hervorgerufenen:

$$\frac{E}{r}\cdot e^{-\frac{r}{L}t}.$$

II. Die Gleichungen

$$a)\quad \frac{d^2y}{dx^2} - a^2y = 0; \qquad \frac{d^2y}{dx^2} + a^2y = 0$$

heißen **Differentialgleichungen zweiter Ordnung,** weil sie den II. D. Q. enthalten[1]). Zu ihrer Lösung setzt man probeweise $y = e^{\lambda x}$ und bestimmt dann λ durch Einsetzen in die Gleichung.

$$a)\qquad \frac{d^2y}{dx^2} - a^2y = 0$$

$$y = e^{\lambda x}, \quad \frac{dy}{dx} = \lambda\cdot e^{\lambda x}, \quad \frac{d^2y}{dx^2} = \lambda^2\cdot e^{\lambda x}.$$

Die Gleichung a) lautet nun:

$$\lambda^2 e^{\lambda x} - a^2 e^{\lambda x} = 0;$$

hieraus:

$$\lambda^2 - a^2 = 0,$$

also

$$\lambda_1 = a \qquad \lambda_2 = -a.$$

Wir erhalten also die beiden „partikulären" Lösungen

$$y = e^{a x} \quad \text{und} \quad y = e^{-a x},$$

aus denen man die „allgemeine Lösung" bildet:

$$y = C_1 e^{a x} + C_2 e^{-a x}.$$

Probe durch Einsetzen in Gleichung a).

---

1) Die bisher besprochenen sind dementsprechend **Differentialgleichungen erster Ordnung.**

Welches ist der innere Grund für **2** Konstanten C_1 und C_2?

b) $$\frac{d^2y}{dx^2} + a^2 y = 0.$$

Setzt man wieder $\quad y = e^{\lambda x}, \quad \dfrac{d^2y}{dx^2} = \lambda^2 \cdot e^{\lambda x},$

so entsteht $\quad \lambda^2 + a^2 = 0,$

$$\lambda = \sqrt{-a^2},$$

$$\lambda_1 = a \cdot i, \qquad \lambda_2 = -a \cdot i \qquad (i = \sqrt{-1}).$$

Die Lösung wird also lauten:

$$y = C_1 e^{ai} + C_2 e^{-ai}$$
$$= C_1 \left(\cos a + i \sin a\right) + C_2 \left(\cos a - i \sin a\right)$$
$$= \left(C_1 + C_2\right) \cdot \cos a + \left(C_1 - C_2\right) i \cdot \sin a.$$

Setzt man $\qquad\qquad C_1 + C_2 \;= M,$
$$\left(C_1 - C_2\right)i = N,$$

so ergibt sich als Lösung:

$$y = M \cdot \cos a + N \sin a.$$

IX. Die Wahrscheinlichkeit und ihre Anwendungen.

§ 44. Wahrscheinlichkeitsrechnung [1])

(Fermat und Pascal 1650 und Jak. Bernoulli 1713).

I. Bei vielen technischen und physikalischen Untersuchungen, ebenso im Wirtschaftsleben, spielt die Anwendung der Wahrscheinlichkeitsrechnung eine große Rolle. Bei Messungen und sonstigen zahlenmäßigen Auswertungen ist es z. B. von Wichtigkeit zu ermitteln, welcher von den gefundenen Werten mit größter Wahrscheinlichkeit der richtigste ist (Fehlerausgleichrechnung), bei Wagnisgeschäften jeder Art, wie beim Börsenhandel, Lotteriespiel und Versicherungswesen, kommt es auf die Wahrscheinlichkeit des Eintritts eines bestimmten Ereignisses an.

II. Es wird z. B. ein Würfel geworfen, dessen Seiten mit den Zahlen I bis VI bezeichnet sind. Es soll die Zahl VI geworfen werden. Von den 6 möglichen Fällen des Ausgangs des Wurfes sind 5 ungünstig und einer günstig (nämlich der, daß VI geworfen wird). Die Wahrscheinlichkeit w, die VI zu werfen, ist demnach nur $\frac{1}{6}$, dagegen die Unwahrscheinlichkeit u, die VI zu werfen, gleich $\frac{5}{6}$. Wir erhalten somit

$$w + u = \tfrac{1}{6} + \tfrac{5}{6} = 1.$$

Die mathematische Wahrscheinlichkeit für den Eintritt eines bestimmten Ereignisses ist demnach der Quotient gebildet aus

---

1) Vgl. O. Meissner, Wahrscheinlichkeitsrechnung, Bd. 1/2, 2. Aufl. Leipzig und Berlin 1919, B. G. Teubner.

der Zahl der dem Ereignis günstigen Fälle, durch die Zahl der überhaupt möglichen Fälle.

Ist m die Zahl der möglichen Fälle, g diejenige der günstigen und n die der nicht günstigen, so ist also $m = g + n$ und die Wahrscheinlichkeit $w = \dfrac{g}{m}$, dagegen die Unwahrscheinlichkeit $u = \dfrac{n}{m}$. Hieraus folgt

$$w + u = \frac{g}{m} + \frac{n}{m} = \frac{g+n}{m} = \frac{m}{m} = 1,$$

also $$w + u = 1.$$

III. Es werden 2 Würfel geworfen und es soll untersucht werden, wie groß die Wahrscheinlichkeit ist, daß bei einem Wurfe sich als Summe entweder 8 oder 9 ergibt. Von den 36 überhaupt möglichen Fällen (jede Zahl des einen Würfels kann mit jeder Zahl des anderen Würfels zusammentreffen, also $6 \cdot 6 = 36$ Fälle), sind für 8 fünf günstige Fälle vorhanden, nämlich II + VI, VI + II, III + V, V + III und IV + IV; für 9 dagegen nur vier günstige Fälle, nämlich III + VI, VI + III, IV + V und V + IV. Bezeichnet man die Wahrscheinlichkeit für 8 mit w_1 und diejenige für 9 mit w_2, so ist die Wahrscheinlichkeit, daß 8 oder 9 geworfen wird, $$w = w_1 + w_2 = \tfrac{5}{36} + \tfrac{4}{36} = \tfrac{9}{36} = \tfrac{1}{4}.$$

Die Wahrscheinlichkeit w, daß eines von 2 Ereignissen mit den Wahrscheinlichkeiten w_1 und w_2 eintritt, ist also gleich der Summe dieser beiden Wahrscheinlichkeiten.

Wie groß ist entsprechend die Wahrscheinlichkeit, daß 8 oder 9 oder 11 geworfen wird? $(w = w_1 + w_2 + w_3.)$

IV. Es soll die Wahrscheinlichkeit untersucht werden, daß mit den 2 Würfeln in 2 Würfen das erste Mal 8 und das zweite Mal 9 geworfen wird. Hier ist die Zahl der günstigen Fälle gleich $5 \cdot 4$; denn man kann jeden der fünf Fälle, die der 8 günstig sind, mit jedem der vier Fälle, die der 9 günstig sind, zusammenstellen, während die Gesamtzahl der möglichen Fälle hier $36 \cdot 36$ beträgt. Somit ist hier die Wahrscheinlichkeit

$$w = \frac{5 \cdot 4}{36 \cdot 36} = \frac{5}{36} \cdot \frac{4}{36} = w_1 \cdot w_2.$$

Die Wahrscheinlichkeit w, daß zwei Ereignisse mit den Wahrscheinlichkeiten w_1 und w_2 entweder gleichzeitig oder in bestimmter Reihenfolge nacheinander eintreten, ist demnach gleich dem Produkt dieser beiden Wahrscheinlichkeiten.

Wie groß ist demnach die Wahrscheinlichkeit, daß 3 Ereignisse gleichzeitig oder in bestimmter Reihenfolge nacheinander eintreten?

V. Ein Geschäftsmann sei an verschiedenen Unternehmungen beteiligt, die ihm mit den Wahrscheinlichkeiten w_1, w_2, w_3, ... Gewinne in den Höhen G_1, G_2, G_3, ... erhoffen lassen, dann ist seine mathematische Erwartung (Hoffnung):

$$E = w_1 \cdot G_1 + w_2 \cdot G_2 + w_3 \cdot G_3 \ldots$$

Im Falle des Verlustes wird G natürlich negativ. Ist z. B. bei einem Geschäft $G = 200\,000\ \mathfrak{M}$, dabei nur $w = 0{,}1$, so wird $E = 20\,000\ \mathfrak{M}$

Wir erkennen sofort, daß die Erwartung hier eine Funktion der Wahrscheinlichkeit ist, also $E = f(w)$, je geringer w, je kleiner wird auch E; die Aussicht (Sicherheit) des Wagnisgeschäftes wächst also mit der Wahrscheinlichkeit. — Ist z. B. bei einem Glücksspiel die Wahrscheinlichkeit $w = 0{,}1$, so wäre für einen Gewinn $G = 100 \mathit{M}.$ die Erwartung $E = 10 \mathit{M}.$ — Ein Fehler wäre aber nun die Annahme, daß diese Erwartung und der vom Spieler zu leistende Einsatz gleich sein müßten. Angenommen 50 Personen sind am Spiele beteiligt, jede mit 10 $\mathit{M}.$, so daß 500 $\mathit{M}.$ in der Kasse sind, so müßte man von jedem Spieler tatsächlich $\frac{500}{50} = 10 \mathit{M}$ erheben. Da aber erst bei sehr häufig wiederholtem Spiele, nach den Lehren der Wahrscheinlichkeitsrechnung, der Fall eintritt, daß der einzelne Spieler weder Verlust noch Gewinn hat, so wird die mathematische Erwartung stets kleiner als der Einsatz sein, welch letzterer sich übrigens, bei den öffentlichen Verlosungen, infolge von Unkosten der Veranstaltung und Besteuerung der Gewinne noch bedeutend erhöht.

Ähnliche Erwägungen gelten für die Wahrscheinlichkeit der Kapitalanlage in Form von Geschäftsanteilen und Grundstücksbeleihungen (Hypotheken). Eine unmittelbare Verbindung zwischen Geldgeber und Empfänger bietet ersterem höheren Zinsgewinn als durch die Bankvermittelung, aber andererseits geringere Sicherheit als auf letzterem Wege Es ist daher empfehlenswerter, daß alle diejenigen, die Geld in dieser Weise zinstragend anlegen wollen, die betreffende Summe bei einer Bank oder Sparkasse einzahlen, von wo aus das Geld dann weiter verliehen wird — Die Banken besitzen hinsichtlich der Höhe der zulässigen Hypothekenbelastung eines Grundstücks oder der Kreditfähigkeit eines Geldsuchenden eine vielseitige fachmännische Erfahrung. — Hat aber die Bank trotzdem mal bei ihren vielen Unternehmungen einen Ausfall, so ist der Gesamtschade nur verhältnismäßig gering und verteilt sich auf die Gesamtheit der Geldgeber der Bank, wodurch der Verlust des einzelnen nur unbedeutend wird (vgl. die entsprechenden Ausführungen beim Versicherungswesen).

§ 45. Fehlerausgleichsrechnung.[1)]

(Gauß 1795. Legendre 1806)

> Der Wert der Erfahrung ist, gleiche Befähigung des Sammelnden vorausgesetzt, prozentual der Größe und Anzahl der Kreise, in denen dieselbe erworben wurde. In zu kleinen Sphären gemachte Erfahrungen sind eher schädlich als nützlich; denn nichts ist gefährlicher als auf wenige Beobachtungen gegründete allgemeine Schlüsse.
>
> Max Maria v. Weber.

I. Bei physikalischen und technischen Messungen ist es praktisch unmöglich, den wahren Wert einer Größe zu bestimmen, da alle Untersuchungen mit Fehlern behaftet sind. — Beim Ablesen des Barometer-

---

1) Ausführliche Behandlungen der Fehlerausgleichsrechnung in bezug auf physikalisch-technische Messungen finden sich in den Werken: Kohlrausch, Lehrbuch der prakt. Physik. 15. Aufl. Leipzig 1927. V. Happach, Ausgleichsrechnung nach der Methode der kleinsten Quadrate. Leipzig 1923.

standes werden z. B. verschiedene Beobachter ungleiche Werte erhalten, infolge ungleich genauen Ablesens. Besonders häufig werden hierbei parallaktische Fehler gemacht werden, indem die Beobachter das Auge nicht genau in der Höhe der Quecksilberkuppe halten. Dies und ähnliche sind zufällige Beobachtungsfehler, im Gegensatz zu den systematischen und instrumentalen Fehlern.

Systematische Fehler beruhen auf unrichtiger Versuchsanordnung, z B. wenn bei der soeben genannten Messung das Barometer zu hoch oder zu tief für den Beobachter hängt und diesem infolgedessen die genaue Einstellung des Auges in der Höhe der Quecksilberkuppe unmöglich ist.

Instrumentale Fehler dagegen nennt man die Ungenauigkeiten der Meßwerkzeuge, also wenn z. B. die Skalenteilung oder die Kalibrierung des Barometers ungleichmäßig ist. Man bestimmt die Instrumentalfehler durch Vergleich mit einem Normalbarometer und trägt die für die einzelnen Werte erforderlichen Korrektionen in eine Tabelle ein, die man am geprüften Barometer anbringt. Ist $n =$ Normalwert (Wert des Normalbarometers), $a =$ Ablesungswert und $f =$ Instrumentalfehler des geprüften Barometers, sowie $k =$ erforderliche Korrektion desselben, so bestehen zwischen diesen Größen die Beziehungen:

$$n = a + k, \; a = n + f \text{ und } f = -k.$$

Die Werte für k fügt man wie folgt dem Barometer in einer Tabelle bei:

Unter 750,0 mm	Korrektur 0,0 mm
Von 750,0 bis 760,0 mm	„ 0,2 „
Über 760,0 mm	„ 0,1 „

II. Die Ausgleichsrechnung bezweckt nun, nach Beseitigung der systematischen und instrumentalen Fehler, aus den Messungsergebnissen den wahrscheinlichsten Wert zu ermitteln. Das Beobachtungsergebnis weicht stets um eine gewisse, unbestimmbare Konstante C vom wahren Werte ab. Bezeichnet man nun die Abweichung der einzelnen Messung vom Durchschnittsergebnis sämtlicher Messungen als den scheinbaren Fehler f_s, im Gegensatz zum wirklichen Fehler f_w, der gleich der Differenz zwischen dem wahren Wert der zu messenden Größe und dem Ergebnis der Einzelbeobachtung ist, so besteht die Beziehung:

$$f_s = f_w + C.$$

III. Bei einer Reihe von Beobachtungen des Barometerstandes sind folgende Ergebnisse gefunden worden:

$$752,7 \text{ mm}; \; 752,6 \text{ mm}; \; 752,9 \text{ mm}; \; 752,8 \text{ mm}; \; 752,5 \text{ mm}.$$

Durch Addition dieser Werte und Division der erhaltenen Summe durch die Zahl der Beobachtungen (hier in diesem Falle also durch 5) erhält man das arithmetische Mittel der Beobachtungen, nämlich 752,7 mm. Die scheinbaren Fehler der Einzelbeobachtungen sind dann in diesem Falle

$$0,0 \text{ mm}; \; - 0,1 \text{ mm}; \; + 0,2 \text{ mm}; \; + 0,1 \text{ mm}; \; - 0,2 \text{ mm}.$$

IV. Bedingung für die volle Bedeutung der Einzelbeobachtungen ist es natürlich, daß sie voneinander unabhängig ausgeführt werden, daß also in unserem Beispiel vor jeder neuen Bestimmung des Barometerstandes die Lupe frisch eingestellt wird.

Hat der Vergleich mit einem Normalbarometer für obige Messungen als wahren Wert etwa 752,3 mm ergeben, so wären also die wirklichen Fehler:

$$+ 0,4 \text{ mm}; + 0,3 \text{ mm}; + 0,6 \text{ mm}; + 0,5 \text{ mm}; + 0,2 \text{ mm}.$$

Grobe Beobachtungsfehler sind bei der Mittelbildung auszuschließen. Ist also z. B. bei der oben erwähnten Bestimmung des Barometerstandes 742,7 mm als ein Wert angegeben worden, so liegt mit Sicherheit ein Ablesungsfehler von 10 mm vor, der von der Mittelbildung daher auszuschließen ist.

V. Addiert man die scheinbaren Fehler der in Absatz III dieses Paragraphen angeführten Beobachtungen ohne Rücksicht auf das Vorzeichen, also 0,0 mm + 0,1 mm + 0,2 mm + 0,1 mm + 0,2 mm = 0,6 mm, und dividiert durch die Zahl der gemachten Messungen (hier also durch 5), so erhält man + 0,12 mm als durchschnittlichen Fehler, der uns ein für die Auswertung der Beobachtung schon recht brauchbares Ergebnis liefert, dem man das doppelte Vorzeichen ± gibt, da die einzelne Abweichung eines scheinbaren Fehlers positiv oder negativ sein kann. Die Fortschaffung des doppelten Vorzeichens erfolgt auch durch Quadrieren der einzelnen scheinbaren Fehler. — Die Addition der Fehlerquadrate und Division der erhaltenen Summe durch die Zahl der Werte liefert dann nach Gauß das Quadrat des mittleren Fehlers und diese Größe radiziert den mittleren Fehler μ selbst. Wir erhalten aus obigem Beispiel:

$$5\,\mu^2 = 0,00 + 0,01 + 0,04 + 0,01 + 0,04 = 0,10, \quad \text{also } \mu^2 = 0,02$$

und $\mu = 0,14$. Somit ist der mittlere Fehler größer als der durchschnittliche Fehler. — Gauß hat ferner durch seine Theorie der kleinsten Quadrate (1795) nachgewiesen, daß das arithmetische Mittel der Beobachtungswerte den wahrscheinlichsten Wert der Messung liefert. Hierbei denkt man sich die Differenzen gebildet zwischen dem wahren Wert x einer zu messenden Größe und den für sie beobachteten Werten $x_1, x_2, x_3, \cdots x_n$, also $(x - x_1), (x - x_2)$ usw. Diese Differenzen ergeben die wirklichen Fehler der einzelnen Messungen. — Man muß nun denjenigen Wert von x suchen, für den die Summe S der Quadrate der Beobachtungsfehler ein Minimum wird. Wir haben also die Gleichung

$$S = (x - x_1)^2 + (x - x_2)^2 + \cdots\cdots + (x - x_n)^2$$

zu differenzieren und erhalten

$$\frac{dS}{dx} = 2(x - x_1) + 2(x - x_2) + \cdots\cdots + 2(x - x_n) = 0$$

oder
$$nx - (x_1 + x_2 + \cdots\cdots + x_n) = 0,$$

also
$$x = \frac{x_1 + x_2 \cdots\cdots + x_n}{n}.$$

Dieser Wert (das arithmetische Mittel aus den Beobachtungswerten) macht also die Summe der Fehlerquadrate zu einem Minimum und wird daher als der wahrscheinlichste Wert von x angesehen.

VI. In vielen Fällen bestimmt man auch den relativen Fehler, worunter wir das Verhältnis der Größe des Fehlers zu derjenigen des gemessenen Wertes verstehen.

a) In der Aufgabe k des § 16 berechnet sich der in die Wheatstonesche Brücke eingeschaltete unbekannte Widerstand y aus dem Abschnitt x des Meßdrahtes nach der Formel

$$y = \frac{x}{1-x},$$

wenn der Vergleichswiderstand 1 Ohm beträgt. Ist dieser jedoch r Ohm, so lautet die Formel

1. $$y = \frac{x}{1-x} \cdot r.$$

Wir wollen nun annehmen, daß die Ablesung x mit einem kleinen Fehler behaftet sei, den wir durch dx bezeichnen wollen; dann wird natürlich auch das aus x nach Formel 1. errechnete Ergebnis für y etwas fehlerhaft sein; der Fehler sei dy. Die Beziehung zwischen den beiden Fehlern dx und dy pflegt man durch Differenzieren der Gleichung 1. herzustellen. Also:

2. $$\frac{dy}{dx} = \frac{r}{(1-x)^2}.$$

Man deutet diese Gleichung derartig, daß die kleinen Fehler dy und dx sich zueinander wie r zu $(1-x)^2$ verhalten, und schreibt auch

3. $$dy = \frac{r}{(1-x)^2} \cdot dx,$$

d. h.: Der Fehler von y berechnet sich aus dem Fehler von x durch Multiplizieren des letzteren mit dem Ausdruck $\dfrac{r}{(1-x)^2}$.

Der Fehler dy verglichen mit dem Wert von y, also der Quotient $\dfrac{dy}{y}$ oder relative Fehler von y ist in unserem Falle:

$$\frac{dy}{y} = \frac{dx}{(1-x) \cdot x}.$$

Nimmt man nun an, daß mit der Ablesung von x ein Fehler $dx = \varepsilon$ unvermeidlich verbunden ist, dann wird das für y errechnete Ergebnis für denjenigen Wert von x am genauesten, für den der relative Fehler, also

$$\frac{\varepsilon}{(1-x) \cdot x}$$

ein Minimum wird; dies tritt ein für $x = \frac{1}{2}$.

Die Wheatstonesche Brücke liefert demnach die genauesten Ergebnisse, wenn der Brückendraht in der Mitte des Meßdrahtes aufliegt, wenn also der Vergleichswiderstand (ungefähr) gleich dem gesuchten Widerstand ist.

b) Die Stromstärke i ergibt sich bei der Messung mit der Tangentenbussole aus dem Ausschlagswinkel φ nach der Formel

$$i = A \cdot \operatorname{tg} \varphi,$$

worin A eine dem Instrument eigentümliche Konstante ist. Begeht man beim Ablesen von φ den kleinen Fehler $d\varphi$, so wird auch i fehlerhaft; der Fehler sei di. Man erhält die Beziehung zwischen di und $d\varphi$ durch Differentiation:

$$\frac{di}{d\varphi} = A \cdot \frac{1}{\cos^2\varphi}.$$

Der relative Fehler wird: $\dfrac{di}{i} = \dfrac{d\varphi}{\cos\varphi \cdot \sin\varphi}.$

Läßt man nun für φ einen konstanten Fehler $d\varphi = \varepsilon$ zu, so wird das für i gefundene Ergebnis dann am genauesten, wenn der relative Fehler

$$\frac{\varepsilon}{\cos\varphi \cdot \sin\varphi}$$

ein Minimum wird. Dies tritt ein für $\varphi = 45^0$.

VII. In vielen Fällen kann man den Fehlerausgleich durch ein graphisches Verfahren erreichen. Bei Versuchen über das Mariottesche Gesetz sind z. B. bei verschiedenen Drucken p bestimmte Volumina v beobachtet worden; da $p \cdot v = C$ ist, so muß die zeichnerische Darstellung eine gleichseitige Hyperbel ergeben. Trägt man nun die einzelnen Größen v als Abszissen und die einzelnen Größen p als Ordinaten in einem recht-winkligen Koordinatensystem auf, so werden nicht alle erhaltenen Schnitt-punkte von zusammengehörigen Abszissen und Ordinaten (infolge der Beobachtungsfehler) auf der Hyperbel liegen und aus dem Abstand des betreffenden Punktes von der Kurve ergibt sich der Beobachtungsfehler, der so leicht berichtigt werden kann, wie Abb. 93 zeigt.

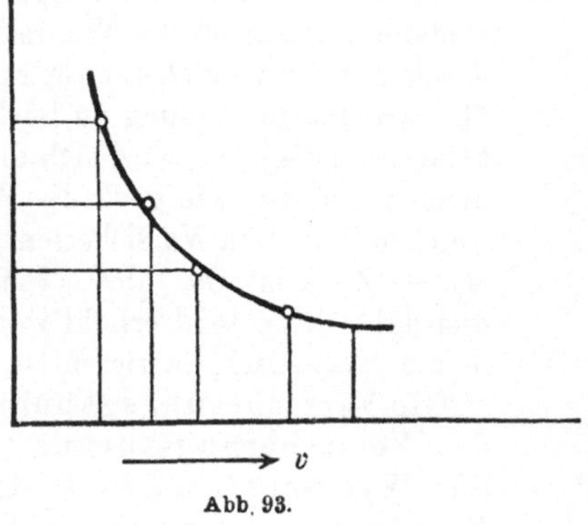

Abb. 93.

VIII. In ähnlicher Weise, wie die Messungen auf Grund physikalischer und technischer Versuche, werden auch die Ergebnisse der Statistik (Geburten, Todesfälle, Krankheiten, Berufe usw.) unter gewissen Verhältnissen einer Ausgleichsrechnung unterworfen, um z. B. Grundlagen für Kranken-, Unfall-, Lebensversicherungen usw. zu erhalten (vgl. § 46).

§ 46. Versicherungsrechnung (Halley 1693).

Die Mitteilung wirtschaftlicher Dinge untergräbt nicht das wissenschaftliche Interesse; sie läßt vielmehr die rein wissenschaftliche Forschung in ihrem Wesen nur noch klarer und reiner erkennen.   Timerding.

I. Die wichtigste Anwendung findet die Wahrscheinlichkeitsrechnung außer bei allen Wagnisgeschäften (Spekulationen), wie bei der Veranstaltung öffentlicher Glücksspiele (Lotterien), unter gewissen Voraussetzungen beim Handel mit Wertpapieren (Börsengeschäft), vor allem aber bei allen Zweigen des Versicherungswesens.

Unter einer Versicherung verstehen wir eine wirtschaftliche Einrichtung, durch die es dem einzelnen ermöglicht wird, durch Vereinigung mit einer größeren Anzahl anderer Personen für einen zukünftigen Geldbedarf vorzusorgen, sei es durch einmalige oder innerhalb gewisser Zeiträume wiederkehrende Geldeinzahlungen (Prämien). Man unterscheidet dabei:

a) Sach- und Vermögensversicherungen, also z. B. gegen Sachschäden, die durch Feuer, Hagel, Wasserrohrbrüche entstehen, bei der Beförderung von Fracht- und Postsendungen auf dem Land- oder Seewege. Hierzu gehören ferner die Glas-, Einbruchdiebstahl- und die Viehversicherung. Während diese bisherigen Beispiele sich auf die Versicherung gegen Sachschädigung bezogen, handelt es sich hier um einen Schutz gegen Vermögensschädigungen bei der Haftpflichtversicherung, der Bürgschafts- und Unterschlagungsversicherung, sowie bei der Versicherung gegen Schäden infolge Kursrückgang und Auslosung von Wertpapieren.

b) Personenversicherung, also z. B. die durch die Reichsversicherungsordnung (zwangsweise) vorgeschriebene Kranken-, Unfall-, Invaliden-, Alters- und Hinterbliebenenversicherung der Arbeiter und Angestellten. Außerdem die (freiwillige) Kranken-, Unfall- und vor allem die Lebensversicherung.

Bei all diesen Versicherungen[1]) wird es sich also darum handeln, festzustellen, wie groß die Wahrscheinlichkeit ist, daß ein Ereignis eintritt, durch das der Versicherer vertragsmäßig gezwungen ist, dem Versicherten die vereinbarte Zahlung zu leisten. Ist die Versicherungssumme (Policenhöhe) festgelegt, so wird sich die Höhe der Versicherungsgebühr (Prämie) danach richten, wie groß die Wahrscheinlichkeit ist, daß und innerhalb welcher Zeit dem Versicherten eine Zahlung vom Versicherer zu leisten ist. — Z. B. ist im Jahre 1919 die Versicherungsgebühr für Einbruchdiebstähle bedeutend erhöht worden, da deren erhebliche Zunahme zahlenmäßig (statistisch) erwiesen ist.

Die Versicherungsgebühr (Prämie) ist bei einmal festliegender Versicherungssumme (Policenhöhe) somit eine Funktion der Wahrscheinlichkeit, daß und innerhalb welcher Frist das Ereignis eintritt, das den Versicherer zur Zahlung des vereinbarten Betrages an den Versicherten verpflichtet.

Außerordentlich mannigfaltig gestaltet sich mit Rücksicht auf die verschiedenen Versicherungsarten die Versicherungsrechnung, die daher ein besonderes und sehr umfangreiches Gebiet der Mathematik bildet. Wir werden als Beispiel dafür hier nachfolgend die Grundzüge der Lebensversicherungsberechnung besprechen, die sich von allen anderen Versicherungsarten dadurch unterscheidet, daß man es hier mit einem einmal eintretenden Schaden (z. B. bei der Erreichung des für die Auszahlung der Summe vereinbarten Lebensalters oder infolge des Todes) zu tun hat.

---

1) Jeder Versicherungsvertrag (mit Ausnahme bei den reichsgesetzlichen Zwangsversicherungen) ist die Police.

II. Die Lebensversicherungen sind erst nach den See- und Feuerversicherungen entstanden (die erste Feuerversicherung 1667 als Fire-office, 1706 die erste Lebensversicherung als Amicable Society in London). — Für die Prämienberechnungen bilden die Sterblichkeitstabellen die Grundlage, die angeben, wie viele von 10 000 Neugeborenen nach 1, 2, 3, . . ., 95 Jahren noch leben. Die Herstellung einer solchen Tabelle kann natürlich nicht in der Weise erfolgen, daß man feststellt, wie viele von den Neugeborenen nach einer bestimmten Zahl von Jahren noch leben; denn die Übersicht wäre infolge Wegzuges und Auswanderung praktisch unmöglich, und außerdem würde die zahlenmäßige Erhebung annähernd 100 Jahre dauern. Man stellt daher mit Hilfe der Volkszählung fest, wie sich eine Bevölkerungszahl von 10 000 Einwohnern auf die verschiedenen Lebensalter verteilt. Findet man also z. B., daß es unter 10 000 Einwohnern 9000 gibt, die das erste, und 8500, die das zweite Lebensjahr überschritten haben, so folgt daraus, daß von 10 000 Neugeborenen im ersten Lebensjahr 1000 und im zweiten 500 Kinder sterben. — Nach diesen Grundsätzen ist die umstehende Sterblichkeitstafel für Lebensversicherungen der 23 deutschen Lebensversicherungsgesellschaften entstanden.

Die Anwendung dieser Sterblichkeitstabelle beruht auf einem wichtigen Satz der Wahrscheinlichkeitsrechnung, dem sogenannten „Gesetz der großen Zahlen" (Bernoulli-Laplace): Eine Reihe von Ereignissen, deren Eintritt oder Nichteintritt sehr häufig beobachtet wurde, wiederholt sich auch weiterhin nach dem gleichen Zahlenverhältnis, vorausgesetzt, daß sich an den Vorbedingungen nichts ändert. — Z. B. die durch viele Volkszählungen bestätigte Erfahrung, daß die Zahl der Fünfzigjährigen in Deutschland mehr wie doppelt so groß als die der Siebzigjährigen ist, rechtfertigt hiernach die Annahme, daß in größeren Landesteilen die Gesamtzahl der Fünfzigjährigen und Siebzigjährigen im obigen Verhältnis stehen wird, also in Provinzen, dichtbevölkerten Kreisen und Großstädten, nicht aber in kleinen Orten. (Warum?)

Nach demselben Grundsatz erfolgt die Kapitalisierung der Renten der Kriegsbeschädigten, indem die einmalige Abfindungssumme mit zunehmendem Alter des Anspruchsberechtigten kleiner wird, weil seine voraussichtliche Lebensdauer, also auch die Zahl der ihm noch zu zahlenden Jahresrenten abnimmt. Er würde also bei der Kapitalisierung einer Rente Anspruch haben:

Im 21. Lebensjahre auf den 18,5fachen Jahresbetrag
„ 27.   „   „ „ 17,0 „   „
„ 43.   „   „ „ 13,0 „   „
„ 55.   „   „ „ 8,25 „   „

Die umstehende Sterblichkeitstafel ist nur ein Beispiel für viele ähnliche Tabellen dieser Art. Wenn z. B., wie dies bei einigen Gesellschaften geschieht, der Versicherungsabschluß ohne vorherige ärztliche Untersuchung erfolgt, so wird man die Höhe der Prämie nach anderen Tafeln berechnen. Ebenso benutzt man bei den beiden Zweigen der Lebensversicherung, nämlich der Rentenversicherung einerseits und der Kapitalversicherung andererseits, etwas voneinander abweichende Tafeln.

Sterblichkeitstafel der 23 deutschen Gesellschaften für normal versicherte Männer und Frauen mit vollständiger ärztlicher Untersuchung.

Alter in Jahren x	Anzahl der Lebenden l_x	Diskontierte Zahl der Lebenden D_x	Summe der diskontierten Lebenszahlen S_x	Alter in Jahren x	Anzahl der Lebenden l_ι	Diskontierte Zahl der Lebenden D_x	Summe der diskontierten Lebenszahlen S_x
20	100 000	50 257	1 031 224	60	55 892	7 094,6	72 808,2
21	99 081	48 111	980 967	61	53 916	6 612,3	65 713,6
22	98 173	46 058	932 856	62	51 878	6 147,3	59 101,3
23	97 286	44 098	886 798	63	49 781	5 699,3	52 954,0
24	96 425	42 230	842 700	64	47 632	5 268,8	47 254,7
25	95 590	40 449	800 470	65	45 435	4 855,9	41 985,9
26	94 774	38 747	760 021	66	43 189	4 459,7	37 130,0
27	93 970	37 119	721 274	67	40 887	4 079,3	32 670,3
28	93 173	35 560	684 155	68	38 532	3 714,3	28 591,0
29	92 378	34 064	648 595	69	36 133	3 365,3	24 876,7
30	91 578	32 627	614 531	70	33 701	3 032,6	21 511,4
31	90 770	31 246	581 904	71	31 249	2 716,9	18 478,8
32	89 952	29 917	550 658	72	28 794	2 418,8	15 761,9
33	89 121	28 639	520 741	73	26 358	2 139,3	13 343,1
34	88 280	27 409	492 102	74	23 952	1 878,2	11 203,8
35	87 424	26 225	464 693	75	21 592	1 635,9	9 325,6
36	86 551	25 085	438 468	76	19 293	1 412,3	7 689,7
37	85 662	23 988	413 383	77	17 083	1 208,3	6 277,4
38	84 756	22 932	389 395	78	14 980	1 023,7	5 069,1
39	83 828	21 914	366 463	79	12 998	858,2	4 045,4
40	82 878	20 933	344 549	80	11 150	711,29	3 187,2
41	81 903	19 987	323 616	81	9 420	580,61	2 475,91
42	80 897	19 074	303 629	82	7 821	465,75	1 895,30
43	79 862	18 193	284 555	83	6 378	366,97	1 429,55
44	78 799	17 344	266 362	84	5 114	284,30	1 062,58
45	77 707	16 525	249 018	85	4 034	216,67	778,28
46	76 590	15 737	232 493	86	3 138	162,85	561,61
47	75 450	14 978	216 756	87	2 423	121,488	398,76
48	74 281	14 247	201 778	88	1 857	89,962	277,272
49	73 077	13 543	187 531	89	1 415	66,232	187,310
50	71 831	12 861	173 988	90	1 071	48,435	121,078
51	70 528	12 201	161 127	91	724	31,635	72,643
52	69 166	11 561	148 926	92	463	19,546	41,008
53	67 741	10 940	137 365	93	275	11,217	21,462
54	66 251	10 337,5	126 425	94	149	5,872	10,245
55	64 695	9 753,3	116 087,5	95	72	2,742	4,373
56	63 074	9 187,4	106 334,2	96	30	1,104	1,631
57	61 383	8 638,7	97 146,8	97	11	0,391	0,527
58	59 624	8 107,4	88 508,1	98	3	0,103	0,136
59	57 792	7 592,5	80 400,7	99	1	0,033	0,033
60	55 892	7 094,6	72 808,2	100	0	0	0

Bei der Rentenversicherung zahlt der zu Versichernde einmal eine größere Summe (Mise) ein, und der Versicherer zahlt ihm dafür jährlich einen bestimmten Betrag (Rente) bis zum Tode. Dem Versicherer ist es hier also von wirtschaftlichem Vorteil, wenn der zu Versichernde nicht mehr lange voraussichtlich leben wird.

Bei der Kapitalversicherung haben Versicherer und Versicherter genau entgegengesetzte Zahlungen wie bei der Rentenversicherung zu leisten, indem meistens der Versicherte jährlich einen gewissen Betrag, die Prämie, entrichtet und dafür beim Tode oder nach einer bestimmten Anzahl von Jahren vom Versicherer eine größere einmalige Zahlung, das Kapital, erhält, so daß es hier für den Versicherer um so günstiger ist, je älter der Versicherte wird.

Die folgenden Berechnungen ergeben nur die Zahlungen, die der Versicherte zu leisten hat, ohne den Zuschlag für die Geschäftsunkosten des Versicherers, vor dem Kriege etwa $20\,^0/_0$, jetzt wesentlich höher. — Unsere Berechnungen berücksichtigen also weder Spesen noch etwaigen Gewinn des Versicherers.

III. Die Tabelle enthält in der ersten linken Spalte das Lebensalter in Jahren (x) vom 20.—100. Lebensjahre. In der zweiten Spalte wird die Anzahl der Lebenden (l_x) angegeben, die von 100 000 Zwanzigjährigen nach x Jahren noch nicht verstorben sind. Wir sehen, daß 82 878 Personen das 40. und 55 892 Personen das 60. Lebensjahr voraussichtlich erreichen werden.

Aus diesen Zahlen (l_x) lassen sich nun 3 für die weiteren Berechnungen wichtige Größen ableiten, nämlich:

Die **Toten der Sterbetafel:**

$$d_9 = l - l_{x+1}.$$

Die **Lebenswahrscheinlichkeit eines x-jährigen Menschen:**

$$p_x = \frac{l_{x+1}}{l_x}.$$

Die **Todeswahrscheinlichkeit** (Lebensunwahrscheinlichkeit) eines x-jährigen:

$$q_x = \frac{d_x}{l_x}.$$

Nach § 44 muß also die Beziehung bestehen:

$$p_x + q_x = 1.$$

IV. a) Gehen wir zunächst von der Rentenversicherung aus unter der Annahme, daß sich eine gewisse Anzahl von Personen (etwa l_x) im Alter von x Jahren eine sofort beginnende, vorschüssige Leibrente erwerben wollen, d. h. eine solche, bei der der Versicherte gegen eine einmalige Zahlung einer größeren Summe b (Mise) eine Jahresrente im Betrage von 1 ℳ (als Einheit angenommen) sichert, erstmalig sofort und in Zukunft je zu Jahresanfang zahlbar, bis zum Tode des Versicherten. Der Versicherer hat demnach sofort den Betrag l_x zu zahlen, nach einem Jahre nur noch l_{x+1} und nach k Jahren l_{x+k}. — Um seine Gesamtverpflichtungen den Versicherten gegenüber zu berechnen, diskontiert (vgl. § 4) der Versicherer sämtliche zu leistenden Zahlungen auf das Geburtsjahr der Versicherten, unter Annahme eines Zinsfußes von 3,5 %, also dem Zinsfaktor $q = 1,035$. (Vgl. § 15.) In unserem Beispiel beträgt dann die auf das Geburtsjahr der Versicherten diskontierte Zahlung, die sofort an diese zu entrichten ist,

$$\frac{l_x}{q_x}.$$

Man bezeichnet diesen Quotienten abgekürzt auch mit D_x, also

$$D_x = \frac{l_x}{q_x},$$

und nennt die Größe D_x auch die **diskontierte Zahl der x-jährigen Lebenden.** Für das folgende Jahr ist diese Größe D_{x+1}, also vom x-ten bis zum 100. Lebensjahre der Versicherten, mit welch letzterem die Zahlungen sicher aufhören dürften,

$$D_x + D_{x+1} + D_{x+2} + D_{x+3} + D_{x+4} + \cdots + D_{99} + D_{100} = S_x.$$

Letztere Größe (S_x) ist die **Summe der diskontierten Lebenszahlen,** die gesamte Zahlungsverpflichtung des Versicherers, die gleich derjenigen der Versicherten sein muß, zu welch letzterer aber noch der Zuschlag für Spesen und Gewinn des Versicherers kommt, der hier nicht berücksichtigt wird. Hat nun der einzelne Versicherte für die Rente die einmalige Zahlung b zu leisten, so beträgt diese auf sein Geburtsjahr diskontiert $\dfrac{b}{q^x}$ und für die l_x Versicherten zusammen

$$l_x \frac{b}{q^x} = b\,D_x = S_x, \text{ also } b = \frac{S_x}{D_x} \text{ und wenn die Rente den Betrag } r \text{ hat,}$$

$$b = r\frac{S_x}{D_x}.$$

b) Durch welche Zahlung kann sich ein 45 jähriger Mann eine vorschüssige, sofort beginnende Leibrente von 3000 $\mathcal{M}$ sichern?

c) Wie hoch ist die sofort beginnende vorschüssige Rente, die sich ein 50 jähriger Mann durch Zahlung von 20000 $\mathcal{M}$ sichern kann?

d) Wie ändert sich die Formel $b = r\dfrac{S_x}{D_x}$, wenn die Zahlung der Rente erst nach k Jahren beginnt bzw. nach k Jahren aufhört? (Aufgeschobene bzw. kurze vorschüssige Leibrente.)

$$b = r\frac{S_{x+k}}{D_x} \text{ bzw. } b = r\frac{S_x - S_{x-k}}{D_x}.$$

e) Wieviel muß jede von l_x Personen im Alter von x Jahren einzahlen, wenn jede von ihnen, die nach k Jahren noch lebt, dann das Kapital a ausgezahlt erhalten soll? (Kapitalversicherung auf Erlebensfall.)

Nach k Jahren leben noch l_{x+k} Personen, so daß der Versicherer den Betrag $a l_{x+k}$ zu zahlen hat, der auf das Geburtsjahr der Versicherten diskontiert gleich $a D_{x+k}$ ist, und daher die Einkaufssumme für jede Person

$$b = a \cdot \frac{D_{x+k}}{D_x}.$$

V. a) Wollen l_x Personen, die x Jahre alt sind, für den Zeitpunkt ihres Todes ihren Hinterbliebenen das Kapital a sichern (Kapitalversicherung auf Todesfall) durch einmalige Bezahlung eines Betrages b, so ist es üblich, daß der Betrag a erst am Ende des Todesjahres ausgezahlt wird. Durch einen kleinen Zuschlag zu b wird die Auszahlung von a sofort beim Eintritt des Todes gesichert.

Da im ersten Versicherungsjahre $l_x - l_{x+1}$ Todesfälle eintreten, hat der Versicherer nach einem Jahre $a\,(l_x - l_{x+1})$ zu zahlen, welcher Betrag, auf das Geburtsjahr des Versicherten diskontiert, gleich

$$\frac{a(l_x - l_{x+1})}{q^{x+1}}$$

wird, ebenso diejenigen der 2 und 3 Jahre fälligen Zahlungen des Versicherers

$$\frac{a(l_{x+2} - l_{x+3})}{q^{x+2}} \quad \text{bzw.} \quad a\frac{(l_{x+3} - l_{x+4})}{q^{x+3}}$$

und nach k Jahren

$$\frac{a\,(l_{x+k-1} - l_{x+k})}{q^{x+k}}.$$

Die Summe aller dieser Zahlungen vom x-ten bis zum 100-sten Jahre ist dann

$$\frac{a}{q}\left(\frac{l_x}{q^x} + \frac{l_{x+1}}{q^{x+1}} \cdots + \frac{l_{100}}{q^{100}}\right) - a\left(\frac{l_{x+1}}{q^{x+1}} + \frac{l_{x+2}}{q^{x+2}} \cdots + \frac{l_{100}}{q^{100}}\right)$$

$$\frac{a}{q}(D_x + D_{x+1} + \cdots + D_{100}) - a(D_{x+1} + D_{x+2} + \cdots D_{100})$$

$$\frac{a}{q} S_x - a S_{x+1} \quad \text{oder} \quad a\left(\frac{1}{q} S_x - S_{x+1}\right)$$

und

$$b = \frac{a\left(\dfrac{1}{q} S_x - S_{x+1}\right)}{D_x}.$$

b) Durch welche Summe kann ein 32 Jahre alter Mann seinen Hinterbliebenen bei seinem Tode ein Kapital von $15\,000\ \mathcal{M}$ sichern?

c) Wie ändert sich die Formel $b = \dfrac{a\left(\dfrac{1}{q} S_x - S_{x+1}\right)}{D_x}$, wenn die Zahlungsverpflichtung des Versicherers erst in Kraft tritt, wenn der Versicherte frühestens nach k Jahren stirbt?

(Todesfallversicherung mit Karenzzeit.)

$$b = \frac{a\left(\dfrac{1}{q}\,S_{x+k} - S_{x+k+1}\right)}{D_x}.$$

d) Wie ändert sich diese Formel, wenn die Zahlungsverpflichtung des Versicherers nur in Kraft tritt, wenn der Versicherte innerhalb k Jahren stirbt?

(Abgekürzte Todesfallversicherung.)

$$b = \frac{a\left[\dfrac{1}{q}\,(S_x - S_{x+k}) - (S_{x+1} - S_{x+k+1})\right]}{D_x}$$

e) Wie hoch stellt sich die Einkaufssumme b, wenn der Versicherer den Betrag a nach k Jahren, spätestens aber beim Tode des Versicherten zu zahlen hat?

(Gemischte Versicherung.)

$$b = \frac{a\left[\dfrac{1}{q}\,(S_x - S_{x+k}) - (S_{x+1} - S_{x+k})\right]}{D_x}.$$

(Dies ist die Vereinigung der abgekürzten Todesfallversicherung mit der einfachen Kapitalversicherung auf den Erlebensfall.)

VI. a) Meistens wird die Leistung des Versicherten aber nicht in einer einmaligen Zahlung b, sondern aus vielen einzelnen über t Jahre (auch Halb- und Vierteljahre sind gebräuchlich) verteilten Einzelzahlungen, den Prämien p bestehen. Die Summe aller dieser Zahlungen muß aber gleich der Leistung des Versicherers, also gleich dem von diesem zu zahlenden Kapitale sein. Während also bisher der Versicherte eine einmalige und der Versicherer viele einzelne Zahlungen zu leisten hatte, ist es bei der Prämienzahlung gerade umgekehrt, so daß sich die zu entrichtende Jahresprämie als Quotient aus dem Werte der abzuschließenden Versicherung und dem der Leibrente ergibt, die der Prämienzahlung entspricht. Auf diese Weise ergeben sich folgende Prämien:

1. Lebenslängliche Jahresprämien für Kapitalversicherung auf Todesfall ohne Karenzzeit:

$$p = a\left(\frac{D_x}{S_x} - \frac{q-1}{q}\right).$$

2. Desgl. mit Karenzzeit von k Jahren:

$$p = a\left(\frac{\dfrac{1}{q}\,S_{x+k} - S_{x+k+1}}{S_x}\right).$$

Bei den auf Todesfall abgeschlossenen Versicherungen hat der Versicherte nach Erreichung des 85. Lebensjahres keine Prämie mehr zu entrichten.

3. Jahresprämien während t Jahren für Kapitalversicherung auf Todesfall ohne Karenzzeit:

$$p = a\left(\frac{\frac{1}{q}S_x - S_{x+1}}{S_x - S_{x+t}}\right).$$

4. Jahresprämien während t Jahren für Kapitalversicherung auf Todesfall mit k-jähriger Karenzzeit:

$$p = \frac{a\left(\frac{1}{q}(S_{x+k} - S_{x+k+1})\right)}{S_x - S_{x+t}}.$$

5. Jahresprämien während t Jahren für Kapitalversicherung auf Erlebensfall ohne Karenzzeit:

$$p = a\left(\frac{D_{x+k}}{N_x - N_{x+t}}\right).$$

6. Jahresprämien während t Jahren für eine gemischte Versicherung ohne Karenzzeit, auszahlbar nach k Jahren oder beim Tode:

$$p = \frac{a\left[\frac{1}{q}(S_x - S_{x+k}) - (S_{x+1} - S_{x+k})\right]}{S_x - S_{x+t}}.$$

b) Wieviel kostet einem 30jährigen Manne eine Kapitalversicherung auf Todesfall im Betrage von 20000 $\mathscr{M}$ a) bei einmaliger Zahlung, b) bei Jahresprämien?

(7277,80 $\mathscr{M}$ bzw. 386,80 $\mathscr{M}$.)

c) Wie gestaltet sich die gleiche Aufgabe, wenn der Versicherte bei Abschluß der Versicherung schon 40 bzw. 50 Jahre alt ist?

(Einmalige Zahlung 8893,00 bzw. 10 891,80 $\mathscr{M}$., Jahresprämien 541,60 bzw. 808,80 $\mathscr{M}$.)

d) Welche Jahresprämie muß ein 30 Jahre alter Mann zahlen, der eine gemischte Versicherung über 10000 $\mathscr{M}$. auf das Alter von 65 Jahren abschließt?

(233,50 $\mathscr{M}$.)

e) Wie gestaltet sich die letzte Aufgabe, wenn die Versicherung nur auf Todesfall abgeschlossen worden ist? (185 $\mathscr{M}$.)